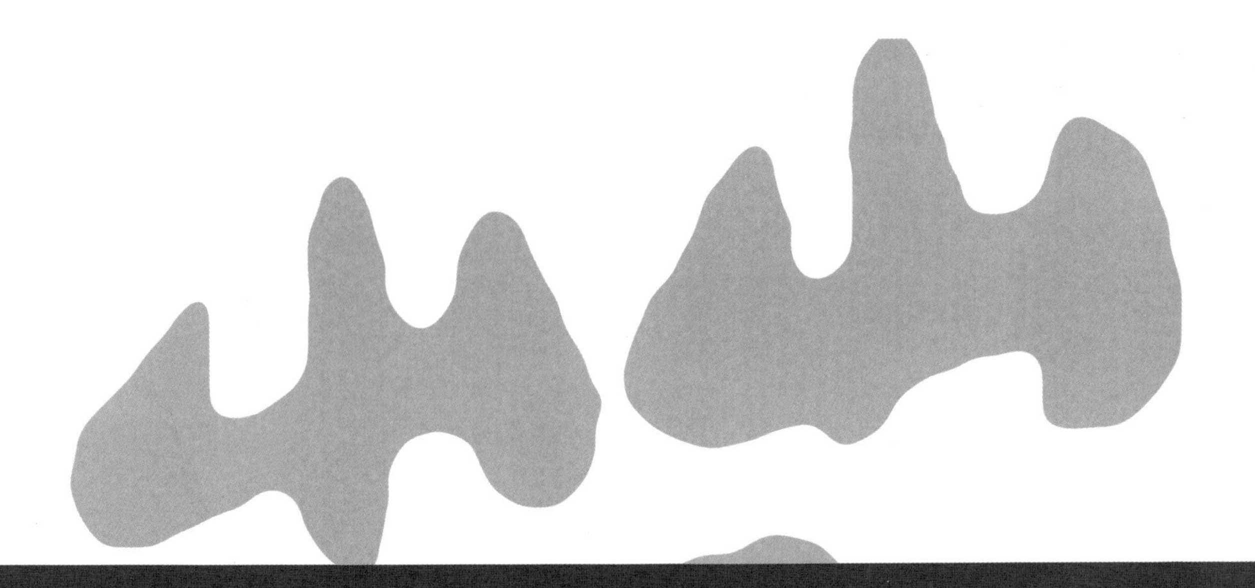

滇菜 特殊生态食材概览

张豫昆 编著

云南出版集团公司
云南人民出版社

图书在版编目（CIP）数据

滇菜特殊生态食材概览 / 张豫昆编著. -- 昆明 :
云南人民出版社, 2015.4
ISBN 978-7-222-13035-7

Ⅰ. ①滇… Ⅱ. ①张… Ⅲ. ①食品－原料－介绍－云
南省 Ⅳ. ①TS202.1

中国版本图书馆CIP数据核字(2015)第079988号

出 品 人 刘大伟
策　　划 任梦鹰　张豫昆
责任编辑 范晓芬　任梦鹰
责任校对 范晓芬　王以富等
责任印制 马文杰

书　名 滇菜特殊生态食材概览
作　者 张豫昆　编著
出　版 云南出版集团公司　云南人民出版社
发　行 云南人民出版社
社　址 昆明市环城西路609号
邮　编 650034
网　址 http://ynpress.yunshow.com
E-mail rmszbs@public.km.yn.cn
开　本 889×1194　1/16
印　张 18.75
字　数 200千
版　次 2015年6月第1版第1次印刷
设　计 昆明德格图文设计有限公司
印　刷 昆明富新春彩色印务有限公司
书　号 ISBN 978-7-222-13035-7
定　价 68.00元

前言

食物原料，是人类赖以生存和发展的物质基础。“靠山吃山，靠水吃水”这种获取食物的潜意识和实践，就是到了信息、物流、运输颇为发达的今天，其思想和行为方式仍在毫不停顿地运行。虽然说生产在不断地发展，互通有无的节奏在加快，但也无法从根本上改变其地域、物产、食俗等的特性。任何地方都有其特定的物产及有别于其他地方的特殊烹饪原料，以及特殊的烹调方法和肴馔。“一方水土养一方人，一方人制作一方风味。”一个地区或一个民族的人们所喜食的食物、烹调方法、菜式及口味的形成不知经历了多少风风雨雨的洗礼和耗费了多少时光。它的形成，与当地的历史、地理状况、气候、物产、民族、风俗及民族的变迁、居民的成分、经济发展的状况有着十分密切的关系。

云南地处云贵高原，历史悠久、民族众多、文化厚实。其复杂的地理状况，立体的气候，众多的大江小河、高原湖泊、森林、草地，自古以来造就了云南四季蔬菜瓜果不断，野生食用菌、野菜、野笋、野花、野果、食用昆虫遍野、鲜鱼活虾满市的状况。故“食野、品鲜、嗜嫩”，尽情享受大自然赐予的“天然绿色食品”的习惯自然而然地形成了云南各族人民的一种食性和民族风味、风情丰富多彩的风貌。赵荣光先生在《大时空视野下的云南餐饮文化》（2007）一文中说：“……今天能够最大限度印证西方人视野中中华饮食文化优秀传统特征，并能够充分体现‘四大基础理论’食生活状态的饮食文化区域就是云南……由于主要由食材资源，社会文化决定的食生活生态没有其他许多区域那样过度的改变，因此中华饮食文化传统的因素在云南得到较多的保留。原生食物的品种与数量，以植物性食料为主的膳食结构，较传统的食事风俗习惯，浓厚的民族饮食风情，这一切均可以让专业眼光的考察者不难发现云南饮食文化区域的‘原生态’和中华民族饮食文化‘传统’的大量存在。以这种角度看问题，把今天云南饮食文化界定为中华民族饮食文化的‘历史缩影’和‘现实代表’，应当说不过分……它应当首先成为‘云南人的观点’，它是认识云南、发展云南的观点。”赵荣光先生将云南饮食文化的内涵阐述得是那样的深邃和精辟，定位定得是那样的前沿，然而，我们又怎样来解读和实践呢?

社会在进步，经济在腾飞，各行各业蒸蒸日上。“滇菜进京、入沪、下南洋”工程的步伐正稳健地向前迈进。滇菜也以“自然朴实，生态食材多样，民族风味、风情多彩浓郁”的身姿展现在中国餐饮市场的这个大舞台上，生机勃勃。

民以食为天。在当代，吃什么，怎么吃，是摆在人们面前的大课题。“安全、卫生、美味、营养、健康”是人们的向往。食物优劣本质的根首先在于自身生态的状况，所以，“返璞归真、回归自然”成了当今的时尚。食品原料是烹饪的物质基础，云南丰富的五光十色的生态食材也将随着滇菜在中国餐饮舞台上的身姿靓影而崭露头脚，滇菜也逐渐地会让世人熟悉，然而其内涵又是什么呢？难道不应该揭示它吗？因为它是研究和发展滇菜文化的支撑点，同时也是滇菜生命的原动力。在这个问题上，我以为赵荣光先生在上述文章中已做出了明确的回答。直白地说：“自然、绿色、健康”就是滇菜的内涵。这也许还可以成为展示滇菜的广告词，因为，这是滇菜的本质，我们应该加强对它的研究和宣传。

云南素有“植物王国”的称誉，其植物性的食材到底有多少，我是说不上，但观山望景和市场上见得到的可谓数量不少。俗话说：各司其职、各尽所能。虽然我不是植物学家，更不是烹饪原料方面的专家，我只是一个从事烹饪行业多年的人员。为了丰富广大人民群众餐桌，促进人们身体素质的提高，为了餐饮行业的发达兴旺，为了滇菜的不断发展，我本着边学习、边收集整理的态度，将本人多年收集整理的476款（560余种）滇菜特殊生态食材汇编成图（一料一照或二照）文并茂的册子，对文中的每一种食料均对照有关文献（主要参考文献名称列后）注明了学名、别名、产地、产季及其所含的营养物质、药用价值等。以图为根、以文释料，文字简单易懂，可使你一目了然。只要你是饮食者，特别是烹饪行业的年轻之士，只要你认真阅读了，一定会有所收益。然而，本书仅仅只是一个概览而已，进一步的发掘、采集、整理等工作还盼有关专家、学者、同行与我们一起共同努力来完成。

由于本人的文化水平有限，加之有关方面的知识不足，书中难免出现疏漏和错误，敬请原谅，并恳请有关专家、学者、同行、读者不吝赐教，在此深表感谢。

此外，上述文中有些观点实属个人之感悟，如有不妥，还望多多海涵！

张豫昆

二〇一三年十二月二十六日于昆明

目录

云南各地野生食用菌、野菜、野花集市（摊）

昆明市木水花野生食用菌交易市场

昆明篆新野生食用菌、野菜市场

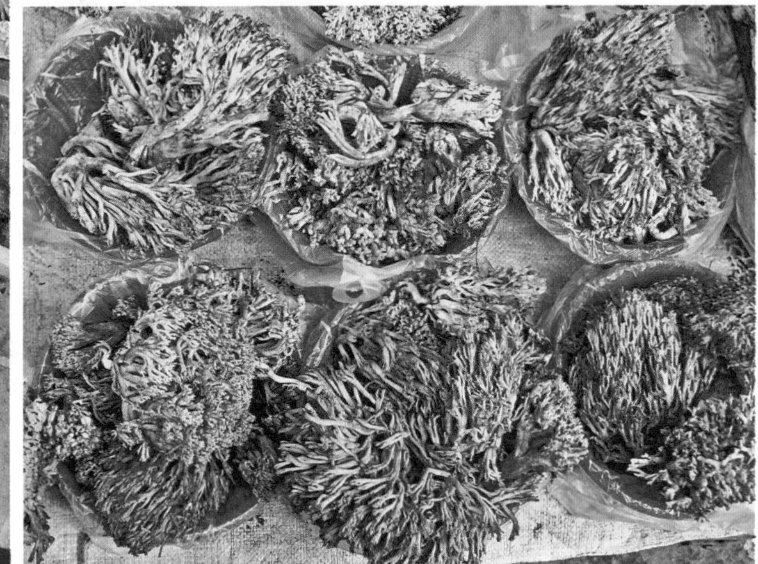

昆明市和平村野生食用菌、野菜市场

菌、
摊）

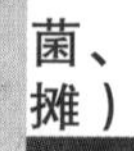

昆明市东站野生食用菌、野菜市场

天麻
正宗昭通(小草坝)天麻

昆明市菊花村中药市场

文山三七

南华野生食用菌市场

易门野生食用菌集市

兰坪野生食用菌市场

梅河
秋田小町

德宏野菜市场

常见食用菌

云南地处祖国的西南边疆，地域辽阔，地势为西北高、东南低，高低落差近6700米。江河纵横，平坝湖泊众多，地形地貌错综复杂，气候类型复杂多样，森林植被类型和土壤种类丰富。在这块肥沃的红土地上，生长着几乎是全国乃至全世界大多数的食用菌种类。

据有关专家研究统计：全世界真菌种类约在150万种以上，中国自然存在的真菌约在25万种以上，云南估计至少在15万种以上。截至2005年底，中国已知的真菌约为3800种以上。其中伞菌类1600种，多孔菌类1300种，腹菌类300种，胶质菌类100种，大型子囊菌类400多种；食药用大型真菌978种。云南已知的大型真菌约为3200种，食药用真菌882种，占中国现知的食药用真菌总数的90.1%以上。云南是中国乃至世界的“食药用真菌王国”。

云南食药用菌品类繁多，而且食用菌种类特有化程度高，其中又以牛肝菌、鸡纵的资源最为丰富。全国有牛肝菌390种以上，其中可食的有199种；云南有牛肝菌224种，可食的有144种，居中国之冠。《中国大型真菌》中所列的鸡纵属20种鸡纵菌，云南几乎都有分布。而且还是世界上华鸡纵类种质资源最丰富的地区，为云南特有属的有3个。中国及邻近地区的特有食用菌代表有43个，云南就有36个，占83.7%，其中如菌核侧耳、干巴菌、空柄华鸡纵、灰色华鸡纵等仅云南有分布。

食用菌多长于深山、野林、树窝、草丛、野地、道边、岸旁，自然生长，不受农药、化肥的污染，是世界公认的“健康食品”、“保健食品”。它以诱人的清香、滑爽脆嫩的口感、鲜美的滋味、丰富多样的营养物质及较高的药用价值而深受世界广大人民的喜爱和推崇，成为人们日常餐桌和筵席上的珍馐美味。

松茸

SongRong

松茸，主要别名有松口蘑、松蕈、松菌、青冈菌、大花菌、老鹰菌、剥皮菌、大脚菇、臭鸡纵等。属担子菌亚门，伞菌目，白蘑科，口蘑属。

在云南，松茸产于海拔1200—4200米的温带、寒带的针阔叶混交林或阔叶林中地上，而以海拔1900—3000米为主要分布区域。林内树种多为云南松、高山松、华山松与栎树、杜娟等混交林。单生至群生。产期为5至11月，7月至9月是产菇旺季。云南的丽江、香格里拉、维西、德钦、兰坪、鹤庆、大姚、巍山、剑川、洱源、楚雄、元谋、禄丰、姚安、禄劝、武定、嵩明、曲靖、昆明、永胜、腾冲等地区均有分布。

松茸菇体肥大，肉质洁白细嫩，香味独特醇厚，有“蘑菇之王”的美称。内含丰富的蛋白质、脂肪、碳水化合物、灰分、维生素B_1、B_2、维生素C等及铁、钙、锌、钾等多种微量元素。松茸的蛋白质中含有18种氨基酸，其中有8种人体必需的氨基酸，营养价值极高。

据多种文献记载，松茸具有强身、益肠胃、止痛、理气化痰、驱虫的功效。现代医学研究证明，松茸还具有治疗糖尿病、抗癌等特殊作用。松茸的药用价值极高。

松茸有鲜品、保鲜品、冻品、干品等种，制肴以鲜品为佳。可单料为菜，也可以与各种禽畜、河鲜、海鲜、时蔬等搭配。常用的烹调办法有烧、烤、拌、炒、爆、炸、蒸、炖、焖、烩、瓤等。

竹荪

ZhuSun

竹荪，主要别名有长裙竹荪、竹参、竹笙、面纱菌、网纱菌、仙人笠、臭角菌、竹姑娘等。属担子菌纲，鬼笔目，鬼笔科，竹荪属。

竹荪是寄生在苦竹、平竹、楠竹等根部的一种隐花菌类，产于夏秋之季，在云南分布于昭通、楚雄、丽江、普洱、红河、西双版纳、瑞丽、元江、澜沧等地。

竹荪洁白如雪、色彩艳丽、形态美貌俊俏，有“竹荪姑娘”、“纱罩女人”、“真菌之花”、“蘑菇女皇”的美称。竹荪营养丰富，内含粗蛋白、脂肪、粗纤维、碳水化合物、维生素B_2、维生素C以及多种矿物质。在蛋白质中富含16种氨基酸，其中谷氨酸、蛋氨酸的含量较高。

竹荪味甘、性平，具有清热润肺、止咳、补气、活血的功效。对慢性支气管炎、痢疾有治疗作用。现代医学研究认为，竹荪有降血脂、降胆固醇、降腹壁脂肪过厚和抑制肿瘤细胞的作用。

竹荪还有较好的防腐作用，在傣族地区，竹荪与肉同煮，或将竹荪汁浇在鲜肉上，可在炎热的夏天保持肉的鲜味而不腐坏。

竹荪鲜甜脆嫩、清香鲜美，不仅可主素为肴，还能与各种荤素食料配伍制作各类菜肴。可烩、烧、炒、爆、扒、焖、瓤、蒸、煮、炸、炖等。

竹荪分干品和鲜品两种，干品较多，鲜品较少。

竹荪蛋

尖顶羊肚菌 JianDingYangDuJun

尖顶羊肚菌，主要别名有圆锥羊肚菌、锥羊肚菌、地羊肚子、羊肚子、阳雀菌、羊肚菜、鸡足蘑菇等。属子囊菌亚门，盘菌目，羊肚菌科，羊肚菌属。

尖顶羊肚菌春末夏初之际，生长于针阔叶混交林地上和林缘空旷处、草丛中。散生至群生，也有丛生。因羊肚菌菌盖近球形至卵形，表面有许多小凹坑，外观形似羊肚，故名羊肚菌。在云南主要分布于滇西、滇西北、滇东北及昆明以及周边地区。

尖顶羊肚菌肉质脆嫩、香醇可口，含有丰富的蛋白质、氨基酸、碳水化合物、维生素和矿物质等多种营养成分，是较为珍贵的食用菌。据历史记载，云南纳西族的头人曾经把羊肚菌作为向皇帝朝贡的珍品。现在是出口欧美、日本的主要珍贵食用菌之一。

据《本草纲目》载，羊肚菌性平，味甘。能“益肠胃、化痰理气”。有治疗消化不良、痰多气喘和健胃益脾、清肺化痰的作用。

尖顶羊肚菌分干品和鲜品两种，干品较多，鲜品较少。用其制肴，操作便捷，无论是做主料或做辅料都好。它可单料为菜，还能与多类荤素食料相搭配，烹制出多种美味佳肴。一般的烹调方法有炒、烧、烩、爆、炖、焖、瓤、蒸、拌等。

黑块菌 HeiKuaiJun

黑块菌，学名印度块菌。主要别名有猪拱菌、无粮藤果、隔山撬、土菇、松露。属子囊菌亚门，块菌目，块菌科，块菌属。

云南省的黑块菌多生长于混交林及北亚热带针叶林，海拔1600—2550米的中亚热带的云南松、华山松、麻栎、黄背栎、光叶高山栎、桤木、旱冬瓜、水冬瓜、棠梨、马桑、火把果、地石榴等针阔叶混交林下的浅土表层和以上植物根际外生菌根菌的土中。黑块菌的产季为每年的11月至翌年的4月份。此一时期的块菌已经成熟，子囊果内部已由白色变为黑色，并具有浓郁的清香味。在云南的贡山、双柏、东川、永仁、大姚、永胜、华坪、香格里拉、玉龙、易门、澄江、昆明、南华、昭通、会泽、宣威、丘北、砚山、福贡、保山、腾冲等地均有分布。其中以东川、贡山、双柏等地的品质较好。

黑块菌，是深受云南广大群众喜爱的珍贵食用菌，也是备受欧美地区、日本欢迎的珍贵菌类。有“黑色钻石”、“菌中之圣”的美称。黑块菌不但味美可口，而且营养丰富，含有丰富的蛋白质、氨基酸、碳水化合物、多种微量元素和维生素。现代医学研究表明，黑块菌有提高人体免疫功能、增强体质、保肝、免疫调节、抗肿瘤等作用。

用黑块菌可以制作多种保健食品，如：块菌酒、块菌酱、块菌糕饼等。用其制肴，可单料为菜，还能与各种畜禽、海河鲜及一些素食料为伍，烹制出多种各具特色的美味佳肴。一般的烹调方法有：拌、炒、爆、烤、瓤、蒸、炖、焖、烧、炸、烩等。

香肉齿菌

XiangRouChiJun

鲜

干

香肉齿菌，主要别名有黑虎掌、褐紫肉齿菌、香茸（日本）、皮茸。属担子菌亚门，非褶菌目，齿菌科，肉齿菌属。

在云南，香肉齿菌分布于滇南、滇中及滇西北的禄丰、禄劝、南华、景东、镇沅、云县、香格里拉、德钦、维西、丽江玉龙、泸水、福贡。夏秋季生长于落叶阔叶林地上，群生，常与树木形成外生菌根关系。每年的6—9月是出产的季节。

香肉齿菌是云南食用菌中的珍品之一，是古时向朝廷纳贡的贡品。其出产稀少，尤为珍贵。香肉齿菌实体胶质，柔软，分短柄和无柄，在菌体的一面长满一层纤细的茸毛，呈黄褐色，并有明显的黑色花纹，形同虎掌，故名虎掌菌。

香肉齿菌富含蛋白质，多种氨基酸和矿物质元素。在含有的17种氨基酸中，其中有8种是人体必需的氨基酸，占游离氨基酸总量的37.09%，营养物质十分丰富。据现代有关文献记载，香肉齿菌还有抑制癌细胞生长的作用。

香肉齿菌，鲜食清香糯嫩，制成干品后，其香味更为浓郁，而且嚼味无穷，回味醇厚。食用香肉齿菌，加工简单，操作方便。它可单料为菜，还能与各种禽畜、海河鲜以及一些时蔬为伍，制作出多种形色、口味各异的美味佳肴。一般的烹调方法有炒、爆、煸、卷、炸等。

香肉齿菌分鲜品与干品两种。在泡发干品时注水不要多，不能用沸水，泡的时间不能太长，漂去泥沙，泡透即可，以防营养素及香味的流失。

干巴菌

GanBaJun

干巴菌，主要别名有绣球菌、对花菌、花椰菜菌、马牙菌、干巴革菌等。属担子菌亚门，非褶菌目，革菌科，革菌属。

在云南，干巴菌主要产于昆明的西山区、官渡区及安宁、富民、玉溪、峨山、易门、宜良、澄江、江川、嵩明、师宗、禄丰、楚雄、大姚、丽江、巍山、祥云、保山、腾冲、昌宁、普洱、华坪、永胜、宾川、宣威、马龙、寻甸等地。夏秋之际生于海拔600—2500米间的针阔叶林中地上。与云南松、思茅松的根际形成外生的菌根关系。

干巴菌内富含蛋白质、脂肪、膳食纤维、碳水化合物、灰分、硫胺素、核黄素、尼克酸、维生素E及钾、钠、钙、镁、铁、锰、锌、铜、磷、硒等多种矿物质，营养价值较高。

干巴菌是云南特有的食用菌，深受广大群众喜爱。该菌芳香浓郁，香味特别，滋味鲜甜，嚼味无穷，回味醇香悠长，味美可口。干巴菌可以与各类荤素食料配伍制肴，一般的烹调方法为：腌、拌、油浸、煎、蒸、炒、炸、煸、卷、烧等。

以下为笔者收集的12种鸡㙡的图片及品名（供参考）：

鸡㙡菌，主要别名有灰鸡㙡、蚁㙡、伞把菇、豆鸡菇、鸡肉丝菇、鸡脚蘑菇、鸡㙡蕈、鸡㚇、鸡菌等。属担子菌亚门，伞菌目，白蘑科，鸡㙡菌属（鸡㙡菌属亦称蚁巢伞属，白蚁伞属。在全球已报道的有28个种，是分布于亚洲、非洲两大洲热带、亚热带地区，与白蚁群共生，与白蚁群分布明显相关的美味食药用菌）。据有关文献报道，云南的鸡㙡菌种类有20种，可占世界鸡㙡菌种的70%。云南不仅是中国，也是全世界鸡㙡菌类最多的地区。

乌黑白蚁伞

白皮鸡㙡

黑皮鸡㙡

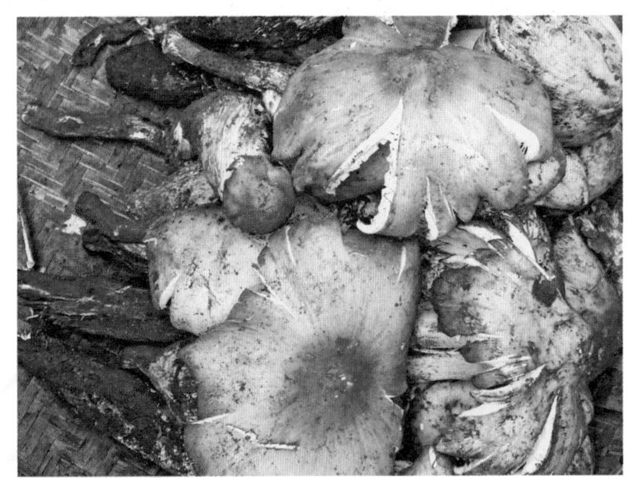

盾尖鸡㙡（大）

盾尖鸡㙡（小）

粗柄鸡纵

青皮鸡纵

谷堆鸡纵

小果鸡纵

乳头鸡㙡

白皮空心华鸡㙡

条纹鸡㙡

黄皮鸡㙡

鸡㙡的产季为每年的6月—10月。常见于针阔叶林地上、荒山地上和乱坟堆、苞谷地中，其柄与白蚁巢相连，散生至群生。盛夏高温湿润时，白蚁窝上先长出小白球菌，之后再生突起状的幼鸡㙡，最后突破覆土伸出地面，就成为常见的鸡㙡。

鸡㙡菌在云南的中、东、西、南部地区均有广泛的分布，而且产量大、品质佳。鸡㙡菌肉质细腻白嫩，清香而鲜甜，是世界上不可多得的珍贵食（药）用菌。鸡㙡自古以来就是云南各族人民特别喜食之美味。早在明代以前已成为国中"珍品"。明《广菌谱》云："鸡㙡出云南，生沙地间。"清朝乾隆年间，多年在云南为官的张泓在《滇南新语》中云："蕈中有鸡㙡，大者如棒盘，厚逾口蘑，初色黑，鲜妙无媲。蒙自县多产之。土人渍以盐，蒸存可耐久，余卤浮腻，别贮为㙡油。或连卤蒸杵为鸡㙡酱，当事珍之。家常干之以佐馔。"相传，明熹宗朱由校最喜欢食鸡㙡，每年命"镇守索之，动以百斤"（明张志淳《南国漫录》）。由驿站飞骑传递至京城，吃时只分一点点给宠妃和当时独揽大权、称为九千岁的太监魏忠贤。即使像张皇后这样的正宫娘娘也得不到吃。诗曰："翠篱飞擎驿骑遥，中貂分赐笑前朝。金盘玉筋成何事，何须山厨伴寂寥。"（湘潭张紫岘诗）由此可见鸡㙡之风韵及魅力矣。难怪清代文人赵翼在《路南食鸡㙡》一文中感慨道：老饕惊叹得未有，异哉此鸡是何族，无骨乃有皮，无血乃有肉。鲜于锦雉膏，腴于锦在腹。只有婴儿肤比嫩，转觉妇子乳犹俗。

鸡㙡营养丰富，富含蛋白质、碳水化合物、水溶性多糖、灰分、核黄素、尼克酸，无论是氨基酸、维生素、微量元素的种类和数量都很丰富。据明李时珍《本草纲目》载，鸡㙡有"益味、清神、治痔"的作用。据现代医学研究证明，鸡㙡还有增强人体免疫功能，预防肠癌、养血、润燥、健脾胃的功能。

鸡㙡菌多数菌体肥大，洁白如雪，脆嫩清香，是制肴的佳品。它可单料为菜，还能与各类荤素食料相搭配，制作高、中、低档的各种肴馔。一般的烹调方法有：腌、拌、炒、烩、贴、瓤、爆、烤、煎、炸、蒸、烧、炖、焖等。

猴头菇 HouTouGu

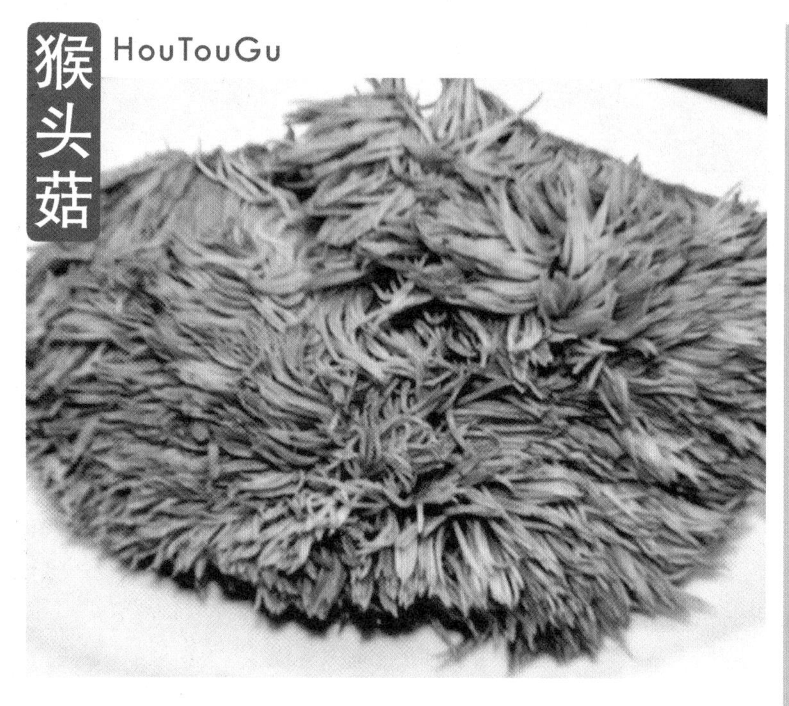

猴头菇，主要别名有刺猬菌、花菜菌、山伏菌、熊头菌。属担子菌亚门，非褶菌目，猴头菌科，猴头菌属。

在云南，猴头菇主要分布在丽江玉龙、香格里拉、德钦、维西、兰坪、大理鹤庆、南涧、宁蒗、永胜、双柏、楚雄、牟定、景东、腾冲、澜沧、墨江、昭通、富源、宣威等地区海拔在2000—3000米的亚高山林区。常常生长于麻栎、栓皮栎、胡桃、高山栎等阔叶枯立木或腐木上。

猴头菇肉质肥厚、细腻，滋味鲜美，自古以来就是名贵的山珍，并与熊掌、鱼翅、海参齐名。

猴头菇内含丰富的蛋白质、脂肪、碳水化合物、粗纤维、钙、磷、铁及维生素B_1、B_2和胡萝卜素。在其所含的16种氨基酸中，有7种人体必需的氨基酸。现代医学研究证明，猴头菇内含多糖体、多肽类物质。有抗溃疡、抗炎症、抗肿瘤、保肝护肝、抗衰老、提高人体免疫功能等作用。

猴头菇可单料为菜，还能与各种禽畜、海河鲜及一些时蔬为伍，制作出多种档次不一、口味风味不一的菜式。一般的烹调方法为：拌、炝、炒、爆、烩、炖、焖、烧、蒸、瓤、贴等。

鸡油菌 JiYouJun

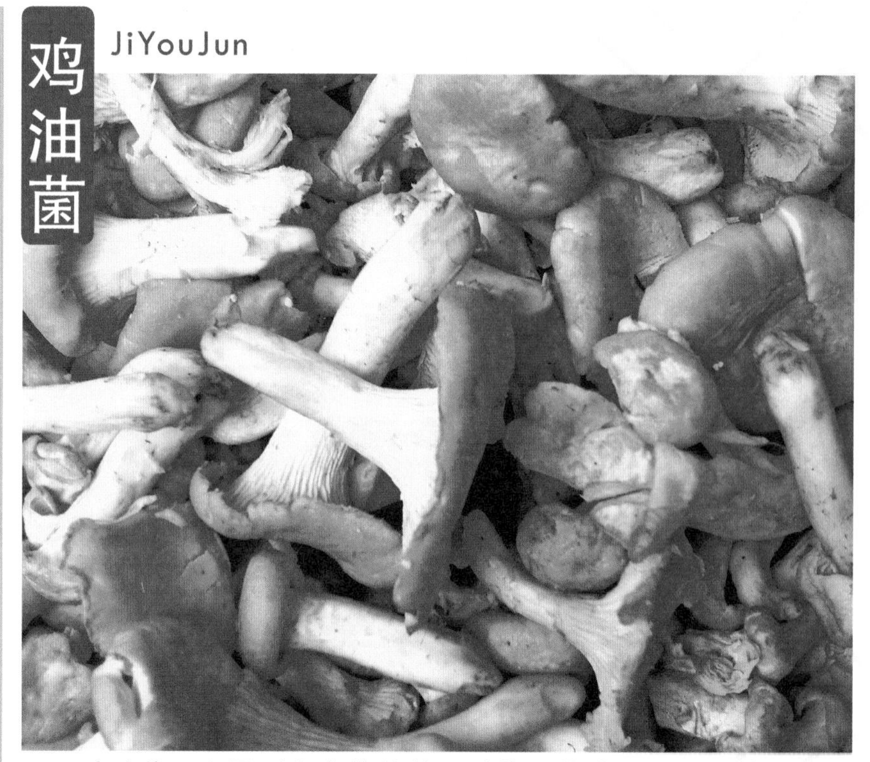

鸡油菌，主要别名有黄丝菌、香菌、黄菌、鸡蛋黄等。属担子菌亚门，鸡油菌目，鸡油菌科、鸡油菌属。

鸡油菌子实体肉质，全菌杏黄色。产于春秋季，8月份是出产的旺季。常生于排水良好的缓坡上的针阔叶林地上，如松树下、腐烂的松毛下面或麻栎下草丛中，群生或近丛生，属外生菌根菌。鸡油菌在云南分布较广，大部分县市场有产出。

鸡油菌营养丰富，是世界著名的食用菌，其内含蛋白质、脂肪、碳水化合物、粗纤维、灰分、胡萝卜素、维生素A和C以及钙、铁、磷等多种矿物质。中医认为：鸡油菌性温、味甘，有清目利肺、益肠胃的功效。经常食用可治疗维生素A缺乏所引起的一些疾病。鸡油菌内含18种氨基酸，有8种是人体不能合成的。据有关文献报道，鸡油菌具有抗癌活性，对癌细胞有一定的抑制作用。

鸡油菌肉质细嫩，色彩艳丽，鲜香味美，是上等的制肴食材，它可以与各种荤素食料为伍。一般的烹调方法有：拌、炝、炒、爆、烩、炖、蒸、瓤、煎、炸等。

冬虫夏草

DongChongXiaCao

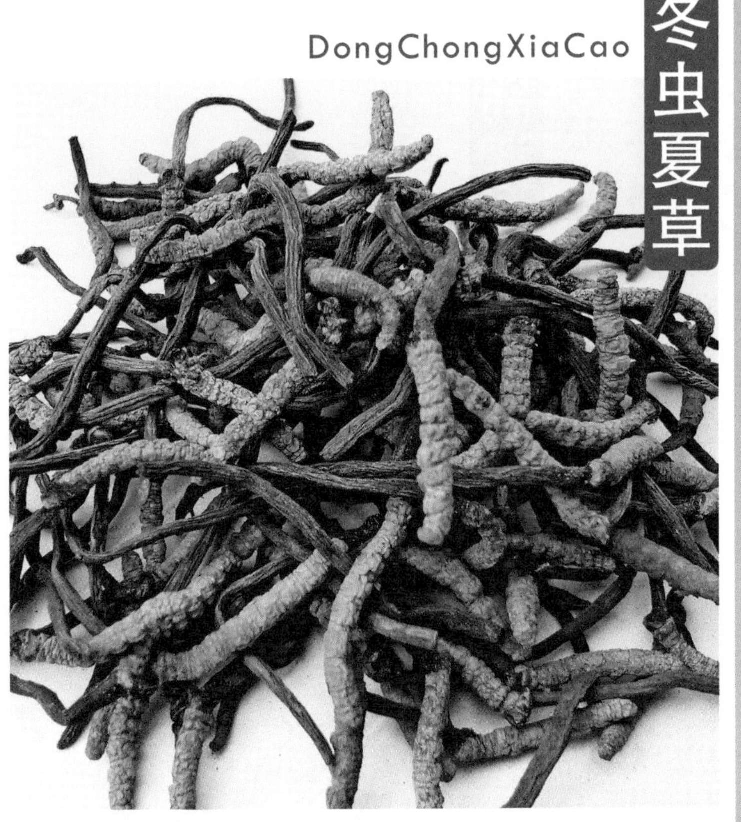

冬虫夏草，主要别名有虫草、冬虫草、夏草冬虫、雅扎贡布、中华虫草。属子囊菌亚门，麦角菌目，麦角菌科，虫草菌属。

冬虫夏草菌寄生于鳞翅目蝙蝠蛾科昆虫上，系虫草蝙蝠蛾幼虫上的子座与虫尸体经干燥而得，故简称虫草。常见于海拔4000米以上的高山上，多见于积雪、排水良好的高原草甸上、山地草甸土和高山草甸中，但以高原草甸土中产量较多。在云南，冬虫夏草主要分布在德钦（四莽大雪山）、香格里拉（原中甸哈巴雪山）、丽江（玉龙雪山）、维西、贡山、高黎贡山等地。

冬虫夏草是世界著名的珍贵食（药）用菌。其子实体含粗蛋白质、碳水化合物、脂肪、粗纤维、灰分。并含有18种氨基酸，其中有8种人体必需的氨基酸。腺苷是冬虫夏草的主要活性物质，草（子座）部分腺苷的含量比虫（寄主幼虫体）要高得多，草的部分保健药理功能同样也优于虫，故千万不能弃草。

冬虫夏草性温，味甘，后微辛。吴道程《草本丛书》云："冬虫夏草，甘平，保肺、益肾、止血化痰、已劳嗽。"现代医学研究证明：虫草具有提高人体免疫功能、滋补身体、润肺、活血和治疗心脑血管病及防癌、抗癌的功能。

自古以来，虫草是云南广大人民群众制作"补膳"最喜追求的材料。清杨仲魁《冬虫夏草》诗咏："蛮荒产异物，耳目为之新。变为寒喧候，循环动静因。萋萋原是梦，蠕蠕亦作真。服食推奇品，囊中自可珍。"

用冬虫夏草制作"补膳"，可精选禽畜、海河鲜等食料的整体或某个部位配伍。一般的烹调方法为蒸、炖、煨、熬等，或将冬虫夏草制成粉末兑沸上汤服食。

蛹虫草

YongChongCao

蛹虫草春至秋季生于半埋于林地土中或腐枝落叶层下的鳞翅目昆虫的蛹上。在云南，主要分布于昆明市西山区、官渡区及禄劝、香格里拉、维西、丽江玉龙、宁蒗、兰坪、景东、景谷、昌宁、泸水、福贡等地区。

蛹虫草同冬虫夏草一样，具有很高的药用、食用价值。其富含蛋白质、氨基酸、虫草多糖、多种微量元素和常量元素、虫草素、虫草酸等营养物质。中医认为蛹虫草"味甘、性平，有益肺肾，补精髓，止血化痰"的功能。现代医学研究证明：蛹虫草中所含的虫草多糖、虫草素、虫草酸等物质有调节人体免疫力、抗菌、抗病毒、抗癌，治疗心脑血管疾病的作用。

蛹虫草柔软细嫩、清香味醇，是制肴、制作"补膳"的佳品。它可单料为菜，还能与多种荤素食料相配搭，烹制出多种口味、形色不一的佳肴来。

蛹虫草，主要别名有蛹草、北冬虫夏草、北蛹草、北虫草。属子囊菌亚门，麦角菌目，麦角菌科，虫草菌属。

离褶伞

LiZheSan

离褶伞，主要别名有北风菌、一窝鸡块根蘑等。属担子菌纲，伞菌目，口蘑科，离伞菌属。

离褶伞菌盖初为半球形、扁半球形，后平展，暗灰色、灰色至灰褐色，光滑，菌褶白色，菌肉白色、淡灰色，菌柄圆柱形，白色至淡灰色，幼菌密集成块根状。夏秋季生于针阔叶混交林地上，群生至丛生，常与松属形成外生菌根关系。在云南的香格里拉、丽江均有分布。

离褶伞肉质细嫩、清香鲜甜，内含丰富的蛋白质、多种氨基酸、维生素和微量元素，是制作馔肴的上等食料。它可单料为菜，还能与各种荤素食料为伍，制作出多种风味不一的菜式。一般的烹调方法有：拌、腌、炸、炒、炝、烩、炖、烧、卷、蒸、炸等。

荷叶离褶伞

HeYeLiZheSan

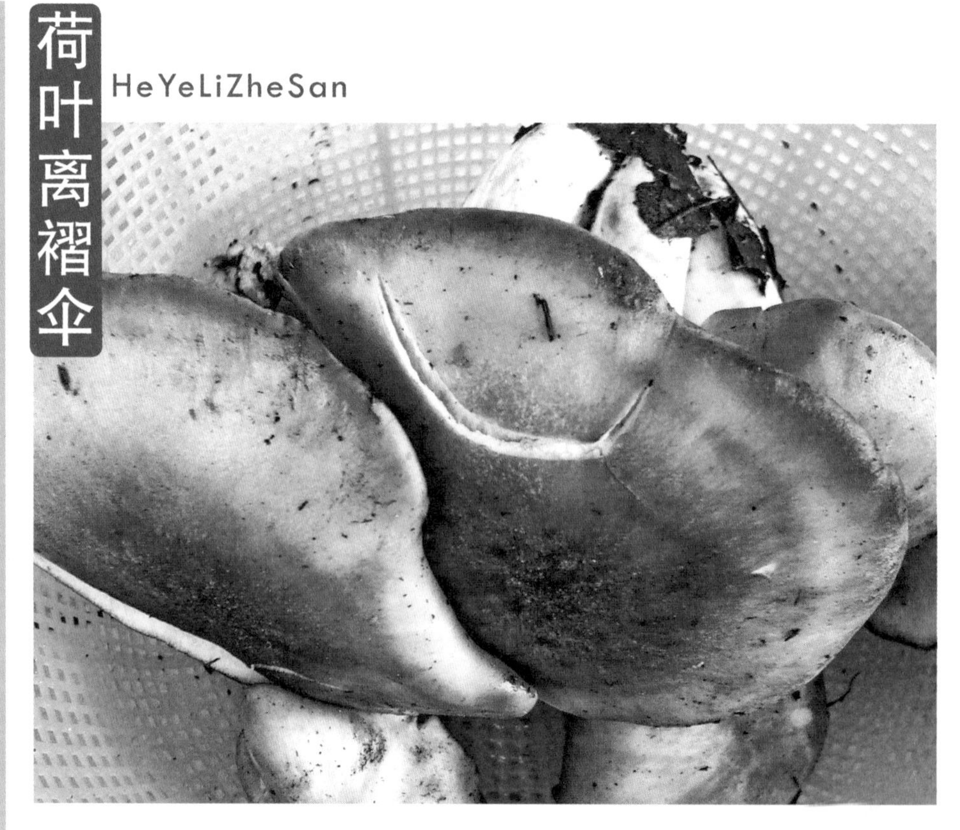

荷叶离褶伞，主要别名有北风菌、冻菌、冷菌、一窝羊、一窝鸡、树窝、栗窝、荷叶蘑。属担子菌亚门，伞菌目，白蘑科，离褶伞属。

荷叶离褶伞在云南分布于丽江玉龙、德钦、香格里拉、宾川、昌宁、腾冲、楚雄、巍山、曲靖、宣威、会泽、昭通、玉溪、保山、昆明的西山区、官渡区以及宜良、禄劝、富民等地区。夏秋季生于针阔叶林中地上，丛生。菌根真菌，常与松属等植物的一些种形成外生菌根关系。

荷叶离褶伞营养丰富，内含丰富的蛋白质、碳水化合物、多种维生素和矿物质。在其所含的18种氨基酸中，有8种是人体必需的氨基酸。

荷叶离褶伞肉质清香细嫩、鲜醇味美，深受国内外各类人士的喜爱。用其制肴，可单料为菜，还可以与各类荤素食料相搭配，制作出多种档次、风味不一的菜式。一般的烹调方法为：拌、腌、炸、炒、炝、烩、卷、瓤、炖、煮、烧等。

灰离褶伞

HuiLiZheSan

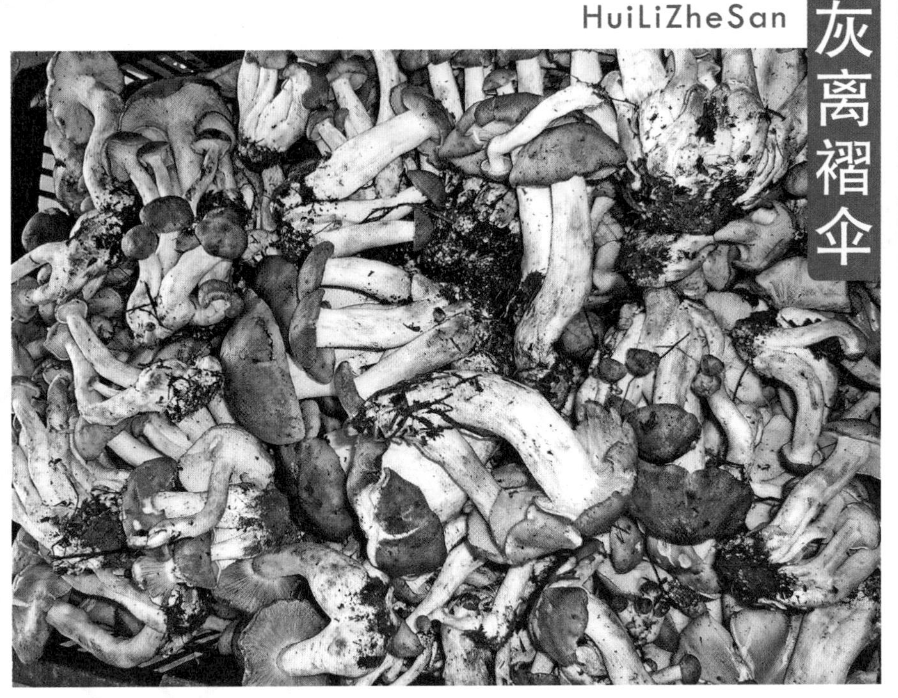

灰离褶伞，主要别名有一窝蜂、块根菌、丛生口蘑、草白蘑、一窝鸡、松香菌、北风菌、冻菌、栗窝、树窝等。属担子菌纲，伞菌目，口蘑科，离褶菌属。

灰离褶伞多于夏末秋季生于松林等针叶林及混交林中较为干燥的地上或草地上，群生至丛生。在云南的昆明、富民、玉溪、宜良、宣威、曲靖、富源、罗平、寻甸、昭通、镇雄、丽江、维西、大理、宾川、巍山、南涧、华坪、保山、丘北、楚雄、南华均有分布。

灰离褶伞肉质细嫩肥厚，清香滑润，味美可口。内含丰富的蛋白质、氨基酸、维生素、矿物质等营养成分。《滇南本草》云："专治小便不通或不禁，可以分利水道亦治五淋白浊，食之最良。"

灰离褶伞是上等制肴食材。它可单料为菜，还能与多类荤素食料配伍，制作出多种味美可口的佳肴。一般的烹调方法为：拌、炒、烩、炖、烧、瓤、蒸、炸等。

玉蕈离褶伞

YuXunLiZheSan

玉蕈离褶伞，主要别名有冷菌（鸡足山）、真姬离褶伞、九月茹（景谷）、一窝鸡等。属担子菌亚门，伞菌目，白蘑科，离褶伞属。

玉蕈离褶伞产于夏末至秋季，群生至丛生于栎等阔叶林或松栎等针阔叶林中地上。属于外生菌根真菌。在云南，玉蕈离褶伞主要分布于宾川（鸡足山）、景谷、景东、镇沅、永胜、丽江玉龙、香格里拉、维西、宁蒗等地区。

玉蕈离褶伞内质细嫩、清香鲜甜，营养丰富，内含蛋白质、脂肪、碳水化合物，膳食纤维、维生素及多种微量元素。是深受广大群众喜爱的珍贵食用菌，有"香气在松茸，味美在冷菌"的评赞。是一种不可多得的上等食材。它可单料为肴，还能与多种禽畜、海河鲜及一些素食材为伍，烹制出多种风味、档次不一的菜式来。一般的烹调方法有：拌、炝、腌、炒、煮、爆、烩、炖、煨、蒸、瓤、烤等。

白参 BaiShen

白参，学名裂褶菌。主要别名有天花菌、八担柴、白蕈菜。属担子菌亚门，伞菌目，裂褶菌科，裂褶菌属。

白参的产季为每年的春天至秋天,生于栎、杨、桦、赤杨等阔叶树或松等针叶树的腐木、树桩、枯枝上，是一种森林木材腐朽菌，单生至群生，往往呈叠瓦状。在云南全省各个地区均有分布。

白参是云南著名的食药兼用菌，其质地柔软细嫩，芳香爽口，且营养丰富。内含丰富的蛋白质、氨基酸、多种微量元素、维生素和裂褶菌多糖。白参所含17种氨基酸，其中的8种是人体必需氨基酸。中医认为：白参性平、味甘。能滋补强身，清肝明目，是一种很好的滋补剂和妇科良药。据现代医学研究说明，裂褶菌多糖具有很好的抗癌活性。

白参是制肴的优质食材，它不但可单料为菜，还能与各种荤素食料为伴。一般的烹调方法有：腌、拌、舂、炒、烤、煎、炸、炖、烧、煨、蒸等。

金耳 Jin'er

金耳，主要别名有黄金银耳、黄木耳、茂若色尔布（藏语）。属担子菌亚门，银耳目，银耳科，银耳属。

在云南，金耳分布于海拔1900—3300米的丽江、香格里拉、鹤庆、永胜、华坪、德钦、贡山、维西、兰坪、云龙、永平、永仁、剑川、巍山、昭通、彝良、巧家等地区的向阳透风的阔叶落叶林和针阔混交林的黄栎、水青冈、石栗、高山栎等壳斗科植物腐木上，单生至群生，产于夏秋季。

金耳被海内外誉为“最有价值的大补品”。富含蛋白质、脂肪、碳水化合物、灰分、膳食纤维、B胡萝卜素、酸性异多糖、多种维生素和多种矿物质，并含有17种氨基酸，其中的8种是人体必需的氨基酸，中医认为：金耳性温带寒，味甘，具有化痰止咳、定喘调气、平肝阳、理肺热的功能。现代医学研究证明：金耳中富含的酸性异多糖等物质，可抗衰老、抗炎症、抗放射及抗癌等。

金耳胶质细腻，滑润糯香，味醇色美，是补益身心、防病治病、延年益寿的著名滋补珍品。用来做菜，咸甜均可。一般的烹调方法有的蒸、炖、煮、炸、瓤、拌等。

银耳 Yin'er

银耳，主要别名有白木耳、白耳子、雪耳等。属担子菌亚门，银耳目，银耳科，银耳属。

银耳子实体纯白色，间带黄色，光滑，胶质，半透性，耳状或鸡冠状。在云南，银耳主要分布在富宁、广南、丘北、西畴、禄春、昌宁、腾冲、瑞丽、云龙、元江、墨江、普洱、西双版纳、宾川、凤庆、临沧、保山等地。晚春至秋末冬初生于栓皮栎、麻栎、抱栎、青冈栎、桦木、杧果、木蜡树、山杜类、山柏、枫树、相思树、柏树、榆树等一百余种阔叶树腐木上。单生至群生。银耳不是木腐菌，而是寄生菌。

银耳是我国著名的“山珍”兼滋补品。其内含蛋白质、脂肪、碳水化合物、粗纤维、灰分、热量、多种维生素和多种矿物质。中医认为，银耳有“润肺生津、滋阴养胃、益气和血、强心、补脑、滋嫩皮肤、延年益寿”的神效。现代医学研究证明，银耳的主要活性成分是多糖类化合物，有抗放射、抗炎症、抗肿瘤、抗衰老，降低高血脂，降底血小板黏附率和血液黏度的功效。

清香糯润、胶质浓厚的银耳是制肴的上等食材，它可以与多类荤素食料相搭配，制作多种肴馔，甜咸均可。

木耳 Mu'er

木耳，主要别名有黑木耳、老木耳、细木耳、云耳等。属担子菌亚门，木耳目，木木科，木耳属。

鲜

干

木耳子实体胶质，半透性，耳片薄，有弹性，中凹，往往呈耳状、杯状，后渐变为叶状或花瓣状。春、夏、秋季雨后生于林中或庭院中的栓皮栎、麻栎、柞栎、桤木、柳、槐、榆、桑、杨、枣、栗、榕树等120多种阔叶树的腐木上，单生至群生，多群生。在云南，省内大部分县市区域均有分布。

木耳营养丰富，内含丰富的蛋白质、脂肪、碳水化合物、微量元素、维生素等营养成分，在其所含的18种氨基酸中，有8种是人体必需的氨基酸。中医认为，木耳性平，味甘，有益气、强身、止血止痛、补血活血、通便的功效。现代医学研究表明，木耳多糖有降血糖、降血脂、降胆醇、降低血黏液、抗动脉硬化、抗血栓形成的功能；木耳子实体的提取物酸性异葡聚糖还具有很好的抗癌作用。

木耳是制作菜肴的优质食材，有“素中荤”的美称。它可单料为菜，还能与多种荤素食料配伍。一般的烹调方法有：拌、炝、炒、烩、瓤、蒸、炖、焖等。

灵芝 LingZhi

灵芝，主要别名有赤芝、红芝、木灵芝、瑞草、万年草、仙草等。属担子亚门，非褶菌目，灵芝科，灵芝属。

灵芝在云南省的大部分地区均有分布。灵芝大多为一年生，多长于栎属或其他属阔叶树的木桩旁或倒木上，有时也生在铁杉等针树叶上，单生至群生。云南多生长在海拔800—3000米的范围内。

灵芝是古今中外著名的食药兼用菌，在中国民间称之为“仙草”“吉祥的象征”。灵芝内含极丰富的营养物质：纤维素、木质素、粗纤维、粗蛋白、粗脂肪、水溶性多糖、不饱和脂肪酸、亚油酸、多种微量元素、18种氨基酸等等。中医认为，灵芝性温苦涩，有滋补、健脑、强身、消炎、利尿、益胃等功效。可治疗神经衰弱、心悸头晕、失眠健忘、慢性胃炎、支气管哮喘、支气管炎、胃病、冠心病、动脉硬化、解食物中毒等病患。现代医学研究证明，灵芝内所含的多糖类：三萜类化合物、梭苷类、甾醇类、生物碱类、氨基酸多肽类、呋喃衍生物、脂肪酸、无机元素等150多种成分有抗肿瘤，调节免疫功能，抗放射，镇静、安眠、镇痛，降低血清和胆固醇、甘油三酯的含量，镇咳、祛痰、平喘，防治肝炎，降血糖，抗人类免疫缺陷病毒等作用。

用灵芝做菜应选用幼嫩的，炒、爆、烩、炖均可。成熟的灵芝已木质化，可用于制作补膳或药膳，可泡成“药酒”。应精选荤料相配。

紫灵芝 ZiLingZhi

在云南，紫芝主要分布在昆明、禄劝、宜良、新平、峨山、绿春、思茅、景谷、景东、保山、昌宁、腾冲、泸水、丽江玉龙、剑川、维西等地区。紫灵芝子实体中等，一年生。生长于阔叶林腐木或木桩上，亦生于竹类枯死的兜上。

紫灵芝是著名的药用真菌。其子实体中含有多种活性成分物质。中医认为，紫芝性温味淡，有滋补强壮，扶正固本的作用，能健脑、消炎、利尿、益胃。现代医学研究表明，紫芝有提高人体免疫功能，护肝解毒功能，对心血管系统有保护功能和镇定安神功能。

紫灵芝是制作“药膳”的上等材料，可精选荤食料相配，炖、熬、蒸均可，也可烤熟制成粉末兑淋上汤调服，也可泡酒服用。

紫灵芝，学名紫芝。主要别名有黑芝、木芝、灵芝草、菌灵芝等。属担子菌亚门，非褶菌目，灵芝科，灵芝属。

树花菜 ShuHuaCai

干

树花菜，学名贝叶多孔菌。主要别名有灰树花、莲衣菌、彝茸、栗蘑、千佛菌等。属担子菌亚门，非褶菌目，多孔菌科，树花菌属。

树花菜生于栎和其他阔叶林的树干及木桩周围，也生于冷杉干上和云杉等针叶林下，导致木材腐朽，子实体丛生。在云南，树花菜主要分布于禄劝、禄丰、玉龙、维西、贡山、泸水、福贡、禄春、元阳、保山、昌宁等地。

树花菜是著名的食（药）用菌。其质地软嫩，清香解醇，内含丰富的蛋白质、脂肪、碳水化合物、粗纤维、灰分、维生素及多种矿物质。在其所含的18种氨基酸中，有8种是人体必需的氮基酸。树花菜中所含的多糖为β－葡聚糖，具有增强人体免疫力，增强巨噬细胞、Tc细胞、NK细胞的功能，有显著的拮抗常规化疗、放疗引起的免疫功能降低的作用，并且还有较好的抗艾滋病、预防糖尿病和治疗水肿、肝硬化等作用。

树花菜是制菜肴的优质食材，它可单料为菜，还可以和各种荤素食料相搭配。一般的烹调方法有：拌、炒、炝、烩、炖、烧、炸、卷、蒸等。

美味牛肝菌 MeiWeiNiuGanJun

美味牛肝菌，主要别名有白牛肝菌、月脚菇、黄荞巴、牛肝菌等。属担子菌亚门，牛肝菌目，牛肝菌科，牛肝菌属。

在云南，美味牛肝菌分布于滇中、滇东、滇西、滇西北、滇东北、滇南的80多个市县。美味牛肝菌夏秋季生于云南松、高山松、红松、麻栎、栓皮栎、青冈栎等针叶林和混交林地上，单生至群生。常与栎属、松属、云杉属、冷杉属、桦木属、杨属的一些树形成外生菌根关系。一般生长在900—4200米地带的阳坡。

美味牛肝菌是世界著名的食用菌，其营养丰富。富含17种氨基酸（其中的7种是人体必需的氨基酸，多种微量元素，多种维生素，多糖PA_1、PA_2等）。美味牛肝菌具有较好的药用效果，有清热解烦、养血和中、追风散寒、舒筋活络、补虚提神等功效，是中成药“舒筋丸”的原料之一，又是妇科良药，可治妇女白带症及不孕症。现代医学研究表明，美味牛肝菌实体提取物有多种活性成分，具有提高人体免疫功能、抗流感病毒、防止感冒及抗癌的作用。

美味牛肝菌菌体肥厚、菌柄粗状，内质细嫩，清香鲜甜，它不但可以单料为菜，还能与多种畜禽、海河鲜及一些素食材为伍，烹制出多种特色佳肴来。一般的烹调方法有：炒、爆、油浸、煎、炸、烤、烧等。

华丽牛肝菌 HuaLiNiuGanJun

华丽牛肝菌，主要别名有美丽牛肝菌、见手青、见手红、红大巴菌等。属担子菌亚门，牛肝菌目，牛肝菌科，牛肝菌属。

在云南，华丽牛肝菌主要分布于昆明的西山区、官渡区及富民、嵩明、禄劝、宜良、石林、寻甸、曲靖、马龙、富源、文山、保山、昌宁等地区。华丽牛肝菌夏秋季生于华山松、云南松等松林地上，单生至散生，与松属等树形成外生菌根关系。华丽牛肝菌其受伤后，伤口由内向外变为蓝色，故称见手青。

华丽牛肝菌富含蛋白质、氨基酸、碳水化合物、维生素、矿物质等多种营养物质。中医认为，华丽牛肝菌有清热解烦、养血和中等药用效果。

华丽牛肝菌子实体大型，菌内肥厚细嫩，香醇鲜脆，是广大群众较为喜爱的美味食用菌之一。它可单料为菜，还能与各种禽畜、海河鲜及一些素食料相配搭，烹制出多种口味、形色、档次不一的佳肴来。一般的烹调方法有：炒、爆、烤、焗、炸、油浸、炖、蒸、焖、煨、拌等。

茶褐牛肝菌 ChaHeNiuGanJun

茶褐牛肝菌夏秋之季生于油杉、松林、栲树等混交林中地上，散生。基部泥土多为酸性。在云南，茶褐牛肝菌主要分布于昆明、师宗、罗平、宣威、富源、嵩明、马龙、宁蒗、永胜、昌宁、保山、华坪、丽江、剑川、昭通、威信、文山、禄卢、武定、双柏、易门、元江等地区。

茶褐牛肝菌内含丰富的蛋白质、碳水化合物、维生素等多种营养物质。具有清热解毒，养血和中的药用效果。

茶褐牛肝菌鲜香脆嫩、味醇可口，可单料为肴，还能与各种荤食料相配。一般的烹调方法有：炒、爆、炸、烤、煎、油浸、炖、焖、烧等。

茶褐牛肝菌，主要别名有黑牛肝菌、褐盖牛肝菌、黑见手、黑牛头、黑乔巴等。属担子菌纲，伞菌目，牛肝菌科，牛肝菌属。

黄赖头

HuangLaiTou

黄赖头，学名黄皮疣柄牛肝菌。主要别名有黄皮牛肝菌、黄癞头、黄梨头等。属担子菌亚门，牛肝菌目，牛肝菌科，疣柄牛肝菌属。

在云南，黄赖头主要分布于昆明的西山区、官渡区及富民、安宁、石林、宜良、禄劝、寻甸、澄江、易门、双柏、峨山、南华、禄丰、武定、大姚、牟定、剑川、鹤庆、丽江玉龙、永胜、保山、昌宁、泸水、马龙、漾濞、巍山、普洱、宣威、会泽、罗平、师宗、丘北等地区。夏秋季生于针阔叶混交林或阔叶林下，单生至群生，多见于栎属树木周围，常与栎属树木形成外生菌根关系。

黄赖头内含丰富的蛋白质、氨基酸，特别是人体必需的8种氨基酸，多种维生素和微量元素，营养价值很高。黄赖头菌体肥大，肉质脆嫩，清香鲜甜，深受昆明及滇中地区群众的欢迎，是云南名贵的食用菌。黄赖头可单料为菜，还可以和各类禽畜、海河鲜及一些素食材为伍。一般的烹调方法有：炒、爆、烩、炸、蒸、烤、烧、焖、煨等。

粉被牛肝菌

FenBeiNiuGanJun

粉被牛肝菌，主要别名有黄牛肝菌、黄见手、细点牛肝菌等。属担子菌亚门，牛肝菌目，牛肝菌科，牛肝菌属。

粉被牛肝菌菌盖半球形，中凸、黄褐色、肉桂色、赭色至黑褐色，有绒毛和被粉质。菌柄近圆形，近等粗，上部黄色，下部污黄红色，最下部黄褐色，内实，菌肉黄色，受伤后变为绿色（故称见手青）。夏秋季多生于针阔叶混交林地上，有时亦生于河滩上。在云南，粉被牛肝菌主要分布在滇东、滇中、滇西南一带。

粉被牛肝菌内含丰富的蛋白质、脂肪、碳水化合物、维生素及微量元素，营养价值较高。

粉被牛肝菌肉质清香脆嫩，味美爽口，它不但能单料入馔，还可以与各类荤食料及一些素食料为伍制肴。一般的烹调方法有：炒、爆、炸、烤、煎、焗、炖、烧、焖等。

褐圆孔牛肝菌

HeYuanKongNiuGanJun

褐圆孔牛肝菌，主要别名有褐空柄牛肝菌、栎牛肝菌、马鼻子菌、黑牛肝菌。属担子菌亚门，伞菌目，牛肝菌科，圆孔牛肝菌属。

褐圆孔牛肝菌菌盖扁半球形，后渐平展或下凹，琥珀色至深咖啡色，菌管初为白色，后变为淡黄色，菌肉白色，受伤后不变色。夏秋季生于针阔叶混交林中地上，单生至散生，至群生。在云南，褐圆孔牛肝菌分布在富民、安宁、嵩明、禄劝、武定、宾川、祥云、洱源、腾冲、罗平、石屏、元江、临沧、景谷、双柏、云县、宁蒗、昭通等地区。

褐圆孔牛肝菌肉质细嫩，清香可口，营养丰富，它可单料为菜，还能与各类荤食材为伍。一般的烹调方法有：炒、燥、煎、炸、烧、焖、炝、焗等。

粉孢牛肝菌

FenBaoNiuGanJun

粉孢牛肝菌，学名中华牛肝菌，主要别名有中国粉孢牛肝菌、血色牛肝菌、红荞巴、红牛头、红见手、见手青等。属担子菌亚门，牛肝菌目，牛肝菌科，牛肝菌属。

粉孢牛肝菌菌盖半球形，深褐红色，菌管玉米黄色，菌肉淡黄色，受伤后伤处变为蓝色。粉孢牛肝菌夏秋季生于水青冈、青冈栎、松树等针阔叶混交林中地上，喜沙质土，单生至散生。基部泥土中性。在云南，粉孢牛肝菌主要分布在富民、宜良、安宁、易门、禄丰、南华、罗平、陆良、威信、宣威、昌宁、腾冲、巍山、永胜、宁蒗、景东等地区。

粉孢牛肝菌肉质细嫩肥厚，清香鲜脆，味美可口。内含丰富的蛋白质、脂肪、碳水化合物、维生素、微量元素等多种营养物质，深受广大群众喜爱。粉孢牛肝菌不但可单料入炊，还能与多种禽畜、海河鲜及一些素食料相配搭，烹制出多种口味、档次不一的佳肴来。一般的烹调方法有：炒、燥、油浸、炝、烧、煎、炸、炖、焖、焗、贴等。

红柄牛肝菌

HongBingNiuGanJun

红柄牛肝菌，主要别名有红脚牛肝菌、见手青、斜脚牛肝菌等。属担子菌亚门，伞菌目，牛肝菌科，牛肝菌属。

红柄牛肝菌菌盖初期半圆形，中凸，后近平展，锈红色、砖红色、黄褐色，菌柄柠檬黄色，菌肉黄色，伤后变蓝色。夏秋季生于阔叶林中地上，有的也见于阔叶混交林地上，单生至群生。在云南，红柄牛肝菌主要分布于富民、禄丰、禄劝、嵩明、玉溪、曲靖、石林、文山、弥勒、师宗、丘北、昌宁等地区。红柄牛肝菌为阔叶树外生菌根菌。

红柄牛肝菌肉质软嫩，鲜香可口，营养丰富。据有关报道，红柄牛肝菌的提取物对肉瘤—180和艾民腹水癌的抑制率为100%。

红柄牛肝菌可单料为菜，还能与各种荤食料和一些素食材相搭配。一般的烹调方法有：炒、燥、煎、炸、烤、烧、焖、炝等。

红黄褶孔牛肝菌

HongHuangZheKongNiuGanJun

红黄褶孔牛肝菌，主要别名有荞巴菌、褶孔牛肝菌、褶孔菌等。属担子菌亚门，伞菌目，桩菇科，褶孔菌属。

红黄褶孔牛肝菌子实体中等大小，扁半球形，菌盖土黄褐色至红褐色，表面有小龟裂，平展；菌肉淡黄白色，菌褶橘黄色，褶向具横脉，有时形成褶孔，菌肉伤后不变色至变浅蓝色。夏秋季生于阔叶林或混交林地上，散生至群生，常与栎属形成菌根关系，属树木外生菌根菌。在云南，红黄褶孔牛肝菌主要分布于昆明、楚雄、玉溪等地区。

红黄褶孔牛肝菌肉质清香细嫩，味美可口，营养丰富，可单料为菜，还能与各种荤素食材为伴制烹。一般的烹调方法有：拌、炝、炒、爆、烤、炸、烩、烧、炖、焖、蒸等。

红牛头菌

HongNiuTouJun

红牛头菌，主要别名有红大巴菌、桃红牛肝菌、见手青等。属担子菌亚门，牛肝菌目，牛肝菌科，牛肝菌属。

红牛头菌菌盖扁平半球形、弧形，淡蜜红色至紫色。手捏处变为褐色，菌管黄色，后渐为淡绿色，菌柄圆柱形，基部稍膨大，基部为红褐色，有明显的网纹，菌肉淡黄色，伤后变为淡绿色。

红牛头菌夏秋季生于阔叶林或针阔叶混交林中地上，单生至群生。菌根菌，常与水青冈、栎属、栗属的一些种形成外生菌关系。在云南，红牛头菌主要分布于禄劝、宜良、寻甸、马龙、富源、罗平、师宗、宣威、禄丰、南华、新平、易门、蒙自、绿春、文山、丘北、巍山、南涧、宁蒗、凤庆、云县、昌宁等地区。

红牛头菌菌体肥厚脆嫩，清香鲜甜，内含丰富的蛋白质、氨基酸、碳水化合物、维生素、矿物质等多种营养成分。并有清热解烦，养血和中等药用效果。据有关文献记载，红牛头菌的提取物具有抗癌活性，对小白鼠肉瘤S-180的抑制率为80%，对艾氏腹水癌的抑制率90%。

红牛头菌可单料入炊，还可以与各种荤食料及一些素食材为伍。一般的烹调方法为：炒、爆、炝、煎、烤、炸、烧、焖等。

虎皮乳牛肝菌

HuPiRuNiuGanJun

虎皮乳牛肝菌，主要别名有虎皮假牛肝菌、虎皮牛肝菌、荞巴菌等。属担子菌亚门，伞菌目，牛肝菌科，乳牛肝菌属。

虎皮乳牛肝菌菌盖半球形，淡黄褐色，覆有红褐色绒毛状鳞片，鳞片间常开裂，裂口暴露的菌肉黄色。菌柄衍生，管口复式，多角形，菌肉厚，淡土黄色，伤后微变红，菌柄圆柱形。虎皮乳牛肝菌夏秋季生于松林或针阔叶混交林地上，散生至群生。常与松树形成菌根关系。在云南的东部、中部、西部地区均有分布。

虎皮乳牛肝菌营养丰富，菌体厚实，滋味鲜美，它可单料为菜，还能与各种荤食料及一些素食料配伍入炊。一般的烹调方法有：炒、爆、烧、炸、炖、焖、焗等。

琥珀乳牛肝菌

HuPoRuNiuGanJun

琥珀乳牛肝菌，主要别名有黄粘盖牛肝菌、滑肚子菌。属担子菌亚门，伞菌目，牛肝菌科，乳牛肝菌属。

琥珀乳牛肝菌菌盖扁半球形，后平展，幼时鹅毛黄色，老熟后变为污黄褐色，菌管黄白色至污黄色，菌肉白色至黄白色，受伤时不变色。琥珀乳牛肝菌夏秋季生于高山松、云南松、华山松、云杉等针叶林或针阔叶混交林地上，群生至丛生，与之形成菌根关系。在云南，琥珀乳牛肝菌主要分布在富民、嵩明、大姚、姚安、南华、禄劝、鹤庆、剑川、洱源、云县、维西、德钦、罗平、师宗、陆良、宣威、曲靖、寻甸等地区。

琥珀乳牛肝菌鲜香味醇，营养丰富，内含丰富的蛋白质、碳水化合物、热量、灰分、磷、核黄素等营养成分。但据反映有人鲜食后会腹泻，许多人又不会产生这种情况。然而，如加工得当。比如将鲜品切片后放入沸水中氽透漂透滤去水分再来加工，也就不会产生腹泻了。一般烹调方法有：炒、爆、烧、焖、烤、炸等。

黄褐牛肝菌

HuangHeNiuGanJun

黄褐牛肝菌，主要别名有黄见手、荞面菌、红大巴等。属担子菌亚门，伞菌目，牛肝菌科，牛肝菌属。

黄褐牛肝菌菌盖弧形至扁平，橙褐色至酱红色，边缘完全，常有黄色斑状，指压处变为蓝色；菌管黄色，受伤时变为蓝色；菌肉黄色；菌柄近圆柱形。

黄褐牛肝菌在夏秋季生于滇松、油杉及石柯等针叶林或混交林地上，单生。在云南，黄褐牛肝菌主要分布在安宁、富民、禄丰、禄劝、嵩明、石林、曲靖等地区。

黄褐牛肝菌细腻脆嫩，清香味醇，营养丰富，它可单料为菜，还能与各种荤食材及一些素食材为伴。一般的烹调方法有：炒、爆、油浸、煎、炸、烤、烧、炖、焖等。

HuiHeNiuGanJun 灰褐牛肝菌

灰褐牛肝菌，主要别名有黑牛肝、黑见手。属担子菌亚门，牛肝菌目，牛肝菌科，牛肝菌属。

灰褐牛肝菌菌盖初半球形后平展，淡灰色，淡灰褐色至褐色；菌柄近等粗，基部略细，灰褐色，暗褐色，有的黑色网纹；菌肉浅黄色、灰色，伤后变粉紫色。

夏秋季，灰褐牛肝菌生于针阔叶（栎、栗）混交林地上，群生至簇生，与松属的一些种有外生菌根关系。在云南，灰褐牛肝菌主要分布在宜良、禄劝、富民、安宁、禄丰、丘北、广南、富宁、贡山、华坪、永仁等地区。

灰褐牛肝菌清香软嫩，味美可口，营养丰富，深受广大群众喜爱。它可单料入炊，还可以与各种荤食材及一些素食料为伍烹菜。一般的烹调方法有：炒、爆、油浸、烤、烧、炸、焖等。

JuanBianNiuGanJun 卷边牛肝菌

卷边牛肝菌实体大型，菌盖半球形至弧形、平弧形。盖缘带烟灰色，老后带木褐色；菌管幼时松黄色，短，成熟后变为棕色；菌肉污白色或草黄色，受伤后很快变成蓝色。卷边牛肝菌夏秋季生于针叶林或混交林中地上，单生至群生。

在云南，卷边牛肝菌主要分布在禄劝、宜良、富民、安宁、武定、南华、峨山、新平、易门、禄丰、漾濞、泸水、鹤庆、永胜、保山、昌宁、景东、云县、巧家等地区。

卷边牛肝菌体肥大细嫩，清香味醇。内含丰富的蛋白质、碳水化合物、维生素、矿物质等多种营养物质，它不但可单料为菜，还能与各类荤食料相搭配（包括一些素食材）为肴。一般的烹调方法有：炒、爆、炝、烧、煎、炸、烤、焖、涮等。

卷边牛肝菌，主要别名有卷边灰牛肝菌、微白卷边牛肝菌。属担子菌亚门，牛肝菌目，牛肝菌科，牛肝菌属。

小美牛肝菌

XiaoMeiNiuGanJun

小美牛肝菌，主要别名有黄见手、红见手、粉盖牛肝菌、华美牛肝菌、黄养巴、粉盖牛肝菌、见手青。属担子菌亚门，牛肝菌目，牛肝菌科，牛肝菌属。

小美牛肝菌菌盖扁半球形至扁平，土黄色，浅粉红色至暗红色，幼时内卷，后平展；菌管黄绿色，老熟变为褐色；菌肉淡黄色，受伤处变为蓝绿色，故称为“见手青”，夏秋季生于阔叶林或针阔叶混交林地上，单生至散生或丛生。常与栎属的一些树种形成外生菌根关系。

在云南，小美牛肝菌分布于安宁、禄劝、宜良、富民、嵩明、寻甸、易门、南华、宣威、马龙、罗平、师宗、曲靖、昭通、保山、昌宁、大理、香格里拉、德钦等地区。

小美牛肝菌菌体肥厚，质细肉嫩，鲜香可口，营养丰富，内含丰富的蛋白质、氨基酸、碳水化合物、脂肪和多种维生素、微量元素。小美牛肝菌中营养物质的含量比一般的野生食用菌都高，为高钾低钠食品，又可补充钙质。其硒的含量为1・68mg/100g，是极好的防癌食品。中医认为，小美牛肝菌还有清热解烦、养血和中、助消化等药效。

小美牛肝菌可单料为菜，还能与各种荤食料（包括一些素食料）相配搭入肴，一般的烹调方法有：炒、爆、炝、煎、炸、烤、烧、焗、炖、焖等。

昆仲马牛肝菌

KunZhongMaNiuGanJun

昆仲马牛肝菌菌盖初半球形，中凸，后平展，淡红褐色，红褐色，光滑；菌肉黄色，伤后变青色；菌管黄色，管空多角形，离生，菌柄近圆柱形，淡黄褐色，有红色细条纹。

昆仲马牛肝菌夏秋季生于阔叶林中地上，单生至群生。在云南的东部、中部、西部地区均有分布。

昆仲马牛肝菌菌体大实，肉质细嫩，鲜香可口，营养丰富，是单料做菜，或与其他荤食材搭配烹菜的好食材。一般的烹调方法有：炒、燥、烧、烤、炸、炷、焖等。

昆仲马牛肝菌属担子菌亚门，牛肝菌目，牛肝菌科，牛肝菌属。

裂盖疣柄牛肝菌 LieGaiYouBingNiuGanJun

裂盖疣柄牛肝菌，主要别名有糙盖疣柄牛肝菌。属担子菌亚门，牛肝菌目，牛肝菌科，牛肝菌属。

裂盖疣柄牛肝菌菌盖初中凸，后整个盖有糠皮裂纹，朱红色，赭红色，菌肉黄色，伤后变蓝色；菌管黄色，菌柄棒状。

裂盖疣柄牛肝菌夏秋季生于针叶林中地上，单生或散生。在云南主要分布于滇南、滇中、滇西等地区。

裂盖疣柄牛肝菌体肥肉实，清香嫩脆，营养丰富，不但可单料为菜，还能与各种荤食料及一些素食材相搭配。一般的烹调方法有：炒、煨、烧、炸、烤、灶、焖、炝、油浸等。

裂皮牛肝菌 LiePiNiuGanJun

裂皮牛肝菌菌盖半球形至弧形，幼时褐色，后为浅褐色，老熟时黄褐色，有较深色的斑块，近光滑，老熟后边缘带龟裂，裂口菌肉白色；菌管幼时黄色，成熟时棕褐色；菌柄近圆柱形，与盖同色，常弯曲，中下部稍膨大，表皮常裂开且反卷成鳞片状。

裂皮牛肝菌菌体肥大，肉质细嫩，鲜醇香甜，营养丰富，可单独入炊，还能与各种荤食材及一些素食料相配为肴。一般的烹调方法有：炒、爆、烩、炸、烤、烧、焖等。

裂皮牛肝菌，主要别名有大脚菇、黑牛肝、黑大巴等。属担子菌亚门，伞菌目，牛肝菌科，牛肝菌属。

煤色牛肝菌 MeiSeNiuGanJun

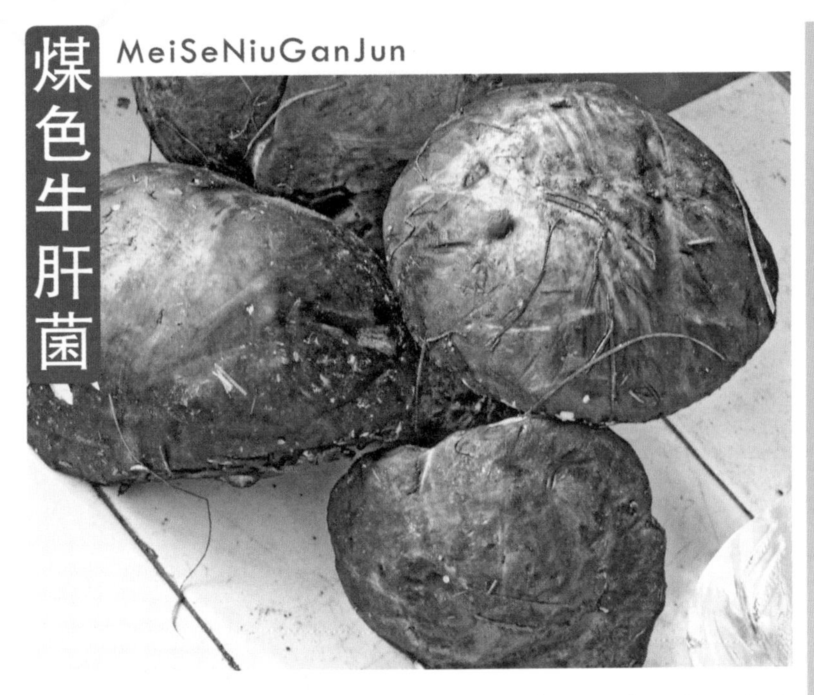

煤色牛肝菌，主要别名有铜色牛肝菌、黑牛肝菌、黑牛头、黑牛脚、黑荞巴等。属担子菌亚门，牛肝菌目，牛肝菌科，牛肝菌属。

煤色牛肝菌菌盖扁半球形至平弧形，灰褐色至煤烟色，不粘，边缘完全内卷；菌管初期白色，后变为粉红色；菌肉白色，受伤后变为淡黄；菌柄粗壮，上部稍细，中下部且膨大为纺锤状。夏秋季生于松林和栎树林地上，单生，基部泥土微酸性。

在云南，煤色牛肝菌主要分布于嵩明、宜良、禄劝、石林、安宁、富民、马龙、寻甸、宣威、罗平、师宗、会泽、富源、南华、禄丰、武定、双柏、大姚、易门、元阳、蒙自、绿春、丘北、昌宁、腾冲、泸水、福贡、剑川、玉龙、华坪等地。

煤色牛肝菌菌体肥厚，肉质细嫩鲜醇，清香可口，营养丰富，是一种分布较广的世界性食用菌，深受云南广大群众喜爱。其内含丰富的蛋白质、碳水化合物、热量、灰分、多种微量元素及B族维生素、核黄素等多种营养物质。它不但能单料为肴，还能与各种禽畜、海河鲜及一些素食材为伍，烹制出多种款式的菜口来。一般的烹调方法有：炒、爆、烧、焗、煎、炸、烤、炝、油浸等。

黑疣柄牛肝菌 HeiYouBingNiuGanJun

黑疣柄牛肝菌，主要别名有黄皮牛肝菌、黄癞头、黄大脚菇、麻大脚菇、黄梨头、黄荞巴等。属担子菌亚门，伞菌目，牛肝菌科，疣柄牛肝菌属。

黑疣柄牛肝菌菌初期半球形，后渐伸展为平弧或反卷，棕黄色或土黄色，幼时粗糙成疣状，老时龟裂。菌管柠檬黄色，菌肉白色，受伤时变为淡黄色；菌柄圆柱形，粗壮，略有弯曲，土黄色。

夏秋季，黑疣柄牛肝菌生于针阔叶混交林或阔叶林地上，单生至群生。在云南，主要分布于安宁、宜良、富民、嵩明、禄劝、双柏、易门、路南、师宗、罗平、富源、宣威、马龙、寻甸、丘北、昭通、巍山、永胜、宁蒗、泸水等地。

黑疣柄牛肝菌菌体肥大，肉质厚实，清香细嫩，滑爽可口，营养丰富。内含蛋白质、碳水化合物、热量、灰分、钙、磷、铁、核黄素等多种营养物质，它不但可单料入炊，还能与各种荤食料及一些素食材相伴为肴。一般的烹调方法有：炒、炝、爆、烧、炸、烤、焖、炖、油浸等。

荞巴菌 QiaoBaJun

荞巴菌，学名西藏乳牛肝菌。主要别名有伯类休木（藏名）等。属担子菌亚门，伞菌目，牛肝菌科，乳牛肝菌属。

荞巴菌菌盖弧形至半球形，后平展，肝褐色、色褐色或赭褐色，靠近边缘处色渐浅淡；菌管柠檬黄色或淡黄绿色；菌肉白色，受伤后变为微蓝褐色；菌柄细，有时弯曲。

夏秋季荞巴菌生于阔叶林和针阔叶混交林地上，单生至群生。在安宁、禄劝、双柏、剑川、丽江、香格里拉、维西、迪庆、南涧、宁蒗、梁河、昌宁、东川等地区均有分布。

荞巴菌菌体厚实，清香滑嫩，可单料为菜，还能与各种荤食材和一些素食料为伍，一般的烹调方法有：炒、爆、炸、烤、烧、焖等。

桃红牛肝菌 TaoHongNiuGanJun

桃红牛肝菌，主要别名有红大巴菌、红牛头菌、见手青、紫见手等。属担子菌亚门，牛肝菌目，牛肝菌科，牛肝菌属。

桃红牛肝菌菌盖扁平半球形、弧形，淡蜜红色至紫色，手捏处变为褐色；菌管黄色，后渐为淡绿色；菌肉淡黄色，虫蛀处变为红色；菌柄圆柱形，基部稍膨大，黄色，基部红褐色。桃红牛肝菌夏秋季生于阔叶林或针阔叶混交林中地上，单生至群生。菌根菌。常与水青冈、栎属、栗属的一些种形成外生菌根关系。

在云南，桃红牛肝菌分布于禄劝、宜良、寻甸、马龙、富源、罗平、师宗、宣威、会泽、禄丰、南华、新平、易门、蒙自、绿春、丘北、巍山、南涧、漾濞、宁蒗、云县、昌宁等地区。

桃红牛肝菌菌体厚实，质地细嫩，鲜香可口，营养丰富，内含丰富的蛋白质、氨基酸、碳水化合物、维生素、矿物质。而且还可入药，具有抗癌活性，对小白鼠肉瘤S-180的抑制率为80%，对艾氏腹水癌的抑制率为90%。

昆明小牛肝菌

KunMingXiaoNiuGanJun

昆明小牛肝菌，主要别名有牛肝菌、荞面菌等。属担子菌亚门，伞菌目，牛肝菌科，小牛肝菌属（亚牛肝菌属、假牛肝菌属）。

昆明小牛肝菌菌盖初期馒头形至半球形，渐舒展为平弧形，起初金黄色，老时红褐色，光滑，边缘波浪状；菌肉白色至淡黄色，受伤时不变色；菌管松黄色或淡黄色；菌柄圆柱形，上下等粗。

昆明小牛肝菌夏秋季生于针阔叶林中地上，单生。在云南，主要分布于富民、呈贡、嵩明、武定、禄丰及巧家、罗平、巍山等地区。

昆明小牛肝菌肉质软嫩，鲜香适口，营养丰富，可单料为菜，还能与各种荤食料及一些素食材相配搭为肴。一般的烹调方法为：炒、爆、煎、炸、烤、烧、焖等。

土褐牛肝菌

TuHeNiuGanJun

土褐牛肝菌菌盖半球形至扁半球形，后平展，中部稍下凹，灰白色、灰色至粉黄色、淡褐色，不黏，老后龟裂；菌柄近圆柱形，黄色，肉实；菌肉白色，靠菌管处淡黄色，受伤粉色、微蓝色；菌管灰白色、淡黄色至橄榄黄色，伤后变蓝，浅绿至浅褐色。夏秋季生于阔叶林中地上，散生至丛生。在云南，土褐牛肝菌主要分布于昆明、禄劝、丽江、香格里拉、宜良、富民、玉溪等地区。

土褐牛肝菌菌体厚实，肉质细嫩清香，营养丰富，可单料入炊，还可以与各种荤食料及一些素食材相伴为肴。一般的烹调方法为：炒、燥、烧、炖、焖、煎、炸、烤等。

土褐牛肝菌，主要别名有见手青、苍白牛肝菌。属担子菌亚门，牛肝菌目，牛肝菌科，牛肝菌属。

血红牛肝菌

XueHongNiuGanJun

血红牛肝菌，主要别名有朱红牛肝菌、血色牛肝菌、朱色牛肝菌、大红牛肝菌、红见手、紫见手、见手青等。属担子菌亚门，牛肝菌目，牛肝菌科，牛肝菌属。

血红牛肝菌菌盖扁半球形，猪血红色、紫色至紫褐色，不黏，常有龟裂，裂缝呈黄色；菌管黄色，后转变为蓝色，菌管近圆形；菌肉黄色，受伤后渐变为蓝绿色；菌柄近圆柱形，上下等粗。夏秋季血红牛肝菌生于针阔叶混交林中地上，单生至群生。为菌根菌，与松属、栎属、云杉属、椴属的一些树种形成外生菌根关系。

在云南，血红牛肝菌主要分布于昆明、富民、禄劝、嵩明、石林、武定、南华、易门、新平、马龙、宣威、沾益、富源、罗平、师宗、会泽、蒙自、绿春、昌宁、腾冲等地区。

血红牛肝菌菌体肥厚，肉质脆嫩，清香鲜醇，营养丰富。有清热解烦，养血和中的功效。现代医学研究表明，血红牛肝菌具有抗癌活性，对小白鼠瘤S-180的抑制率为80%，对艾氏癌的抑制率为90%。

血红牛肝菌不但可单料为菜，还能与各种禽畜、海河鲜及一些素食材为伍。一般的烹调方法有：油浸、炝、炒、爆、烧、炸、煎、烤、炖、焖等。

紫牛肝菌

ZiNiuGanJun

紫牛肝菌，主要别名有花脚菇、紫牛头等。属担子菌亚门，伞菌目，牛肝菌科，牛肝菌属。

紫牛肝菌菌盖初期半球形，渐伸展成平弧形，蓝紫色至深紫色，边缘部分色较浓，呈茶褐色，一般光滑，较少粗糙，偶见米黄色斑块；菌管初期白色，渐成浅黄色、白色，后期受伤时变成淡黄色；菌肉白色；菌柄近圆柱形，基部膨大，上部稍细，与菌盖同色。

紫牛肝菌生于栎树林中地上，散生至群生。基部泥土微酸性。在云南，主要分布于昆明、富民、师宗、罗平、石林、富源、宣威、嵩明、沾益、腾冲、昌宁等地区。

紫牛肝菌菌体肥大，鲜香甜嫩，营养丰富，是云南著名的食用菌，它可单料为肴，还能与各类荤食材及一些素食料相配。一般的烹调方法为：炒、炸、烤、炝、油浸、烧、焖、炖等。

砖红绒盖牛肝菌

ZhuanHongRongGaiNiuGanJun

砖红绒盖牛肝菌，主要别名有枣红绒盖牛肝菌、红见手等。属担子菌亚门，伞菌目，牛肝菌科，牛肝菌属。

砖红绒盖牛肝菌菌盖初期半球形，后平展，土红色、砖红色，被有绒毛，老熟后龟裂；菌肉白色、黄白色，皮下紫红色，受伤时变蓝色；菌管鲜黄色，后暗黄色，受伤后变蓝色或绿色；菌柄上下等粗或基部稍膨大，玫瑰红色或暗紫红色。

砖红绒盖牛肝菌夏秋季生于青冈林或针阔叶混交林地上，散生、单生。在云南主要分布于滇东、滇中、滇南等地区。

砖红绒盖牛肝菌菌体肥大，肉质细嫩，清香鲜甜，营养丰富，可单料为肴，还可以与各种荤食材及一些素食料为伍制肴。一般的烹调方法同上述牛肝菌。

橙黄疣柄牛肝菌

ChengHuangYouBingNiuGanJun

橙黄疣柄牛肝菌菌盖扁半球形，表面呈褐黄色、橙黄色、橙红色或近紫色；菌管乌白色至灰色，受伤时变肉色，与菌柄直生、稍弯生或离生；菌柄近圆柱形，表面污白色、淡褐色或近紫红色，柄下葡肉呈青色。夏秋季生于针阔叶林中地上，单生至群生。在云南，橙黄疣柄牛肝菌主要分布在维西、永胜、兰坪、宁蒗、昌宁等地区。

橙黄疣柄牛肝菌菌体厚实，细质软嫩，清香适口，营养丰富，可单料为菜，还能与各种荤食料及一些素食材为伍。烹法同上述牛肝菌。

橙黄疣柄牛肝菌，主要别名有橙黄牛肝菌、变形牛肝菌、变形疣柄牛肝菌、败素（藏名）、荞巴菌。属担子菌亚门，伞菌目，牛肝菌科，疣柄牛肝菌属。

皱盖疣柄牛肝菌

ZhouGaiYouBingNiuGanJun

皱盖疣柄牛肝菌，主要别名有糙盖疣柄牛肝菌、疣盖疣柄牛肝菌、虎皮牛肝菌。属担子菌亚门，伞菌目，牛肝菌科，疣柄牛肝菌属。

皱盖疣柄牛肝菌菌盖近圆形，凹凸不平，多龟裂，黄色、橘褐色、赭色，有茸毛；菌肉白色、淡黄色，伤后变粉紫色，厚、脆；菌管圆形黄色；菌柄近圆柱形，淡黄色、橘黄色。夏秋季生于壳斗科等阔叶林下或林缘草地上，单生至群生。在云南，皱盖疣柄牛肝菌主要分布于滇中、滇东南、滇西等地区。

皱盖疣柄牛肝菌菌体肥大厚实，清香甜脆，营养丰富，是欧洲、北美洲、日本的珍贵食用菌，是深受云南广大群众喜爱的菌类之一，应用及烹法同上述牛肝菌类。

黄硬皮马勃

HuangYingPiMaBo

黄硬皮马勃子实体扁球形，无柄或有似柄的基部，佛手黄色至杏黄色，最后变为深青灰色，上有暗色的小斑或紧贴的鳞片，成熟时呈不规则的裂片。黄硬皮马勃生于针叶林或阔叶林地上。尤以针叶林地上较多见，单生至群生。在云南，主要分布于昆明、镇沅、景东、双柏、巍山、普洱、宁蒗、易门、禄劝、罗平、师宗、宣威、富源、巧家、大关、鲁甸、腾冲、瑞丽、梁河、西双版纳等地区。

黄硬皮马勃在幼嫩时可用以制肴，该菌清秀脆嫩，味美可口。可单料炒、拌、煎、炸、烤后食用，也可与荤食料配伍入炊。黄硬皮马勃幼嫩时为好食料，老熟后可为药，其孢子粉的消炎效果比较好。

黄硬皮马勃，主要别名有黄色硬皮马勃、马皮泡、马屁泡、灰包等。属担子菌亚门，硬皮马勃目，码皮马勃科，硬皮马勃属。

老人头菌

LaoRenTouJun

老人头菌，学名梭柄乳头蘑，主要别名有梭柄密环菌、纱罗包、松杉包、罗盘菌。属担子菌亚门，伞菌目，白蘑科，乳头蘑属。

老人头菌菌盖扁半球形，后中部稍凸或近平展，白色，干后淡褐色，光滑；菌褶白色，与菌柄衍生；菌肉白色，有点酸辣味；菌柄近圆柱形，中部稍膨大，白色，内实。幼时菌柄上部与菌盖之间为一层乳白色的菌膜包被，成熟时菌膜破裂。

老人头菌夏秋季多生于海拔1200米以上的松、杉木、油杉等针叶林或针阔叶混交林中阴湿疏松的地上，尤其在稀疏阳光照射且有落叶覆盖的缓坡上更为常见，单生至群生。在云南，老人头菌主要分布在昆明、宜良、石林、富民、安宁、罗平、陆良、宣威、富源、马龙、会泽、寻甸、新平、易门、武定、双柏、牟定、景东、华坪、永胜、玉龙、建水、丘北、弥勒、泸西等地区。

老人头菌菌肥厚大实，肉质洁白细嫩，清香鲜脆，味似竹笋，是云南著名的食用菌。其内含丰富的蛋白质、氨基酸和钙、铁、磷及维生素等多种营养物质。它可单料成菜，还能与各种禽畜、海河鲜及一些素食料为伴入炊。一般的烹调方法有：拌、炝、炒、爆、卷、扣、烧、蒸、涮、炖、焖、烤、炸等。

红顶枝瑚菌 HongDingZhiHuJun

红顶枝瑚菌子实体肉质脆，高6—10厘米，以近地表处开始分根，基部短、白色；主枝直立，肉色；顶部分枝多，顶尖成丛，呈粉玫瑰色。夏秋季出于针叶林或阔叶林地上，尤以矮混交林中较多见，散生至群生。在云南，红顶枝瑚菌主要分布在镇雄、丘北、大姚、牟定、南华、双柏、罗平、富源、寻甸、宣威、易门、禄劝、石屏、个旧、墨江、盈江、陇川、巍山、昌宁、宁蒗、临沧、沧源等地区。

红顶枝瑚菌清香脆嫩，鲜醇可口，营养丰富，可单料为菜，还能与各种荤食材及一些素食料结伴入炊。一般的烹调方法有：拌、炝、炒、烩、炖、炸、煮、卷、涮、蒸、烤等。

红顶枝瑚菌，主要别名有红顶粉丛枝、刷把菌。属担子菌亚门，多孔菌目，珊瑚菌科，枝瑚菌属。

冠锁瑚菌 GuanSuoHuJun

冠锁瑚菌子实体肉质，多枝，白色、灰白色或淡粉红色，高3—6厘米，有柄，枝的顶端有一丛密集细类的小枝，菌肉白色，较脆，内实。夏秋季生于针阔叶林地上，尤以混交矮林和灌木林地上较多，群生。在云南，冠锁瑚菌分布较广，在滇中、滇南、滇东、滇西等地区均有分布。

冠锁瑚菌肉质白嫩细腻，清香甜脆，味美可口，营养丰富，深受广大群众喜爱，应用及烹法同红顶枝瑚菌。

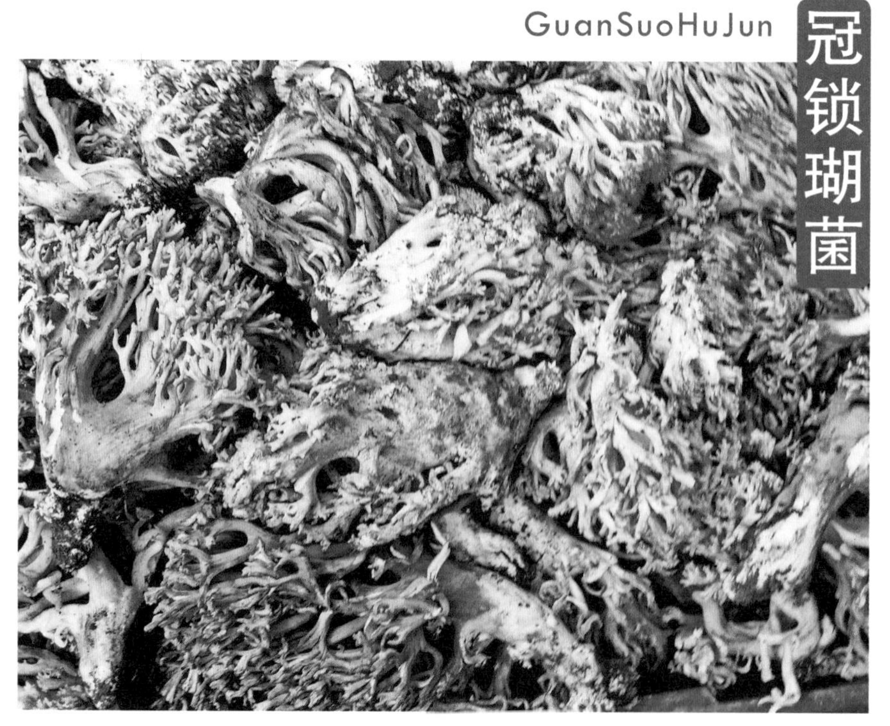

冠锁瑚菌，主要别名有仙树菌、刷把菌、扫把菌等。属担子菌亚门，多孔菌目，灰瑚菌科，锁瑚菌属。

黄枝瑚菌

HuangZhiHuJun

黄枝瑚菌子实体高大多枝，高8—16厘米，宽5—12厘米，鲜时黄色、柔嫩，干后变为青褐色，软骨质脆，受伤后近表皮处变为红色。夏秋季生于针叶林或阔叶林地上，尤以混交矮林地上较多，单生至群生。在云南，黄枝瑚菌在滇东、滇西、滇东北、滇中等地区均有分布。

黄枝瑚菌清秀甜嫩，鲜甜可口，营养丰富，内含15种氨基酸，其中有6种是人体必需的氨基酸。并具有和胃气、祛风、破血、缓中的药用功能。其应用烹法同前珊瑚菌。

黄枝瑚菌，主要别名有疣孢黄丛枝、黄珊瑚菌、黄刷把菌、黄扫帚蘑等。属担子菌亚门，多孔菌目，珊瑚菌科，枝瑚菌属（丛枝菌属）。

黄虎掌菌

HuangHuChangJun

黄虎掌菌，学名大孢地花。主要别名有黄鳞多孔菌、黄翻毛皮鞋等。属担子菌亚门，非褶菌目，多孔菌科，地花菌属。

黄虎掌菌子实体大型。菌盖伞形、马蹄形、近半圆形。硫黄色、黄褐色至黄绿色，中心与菌柄连接处凹陷，具有明显的覆瓦状排列的丛毛状鳞片；菌肉黄白色，韧而硬，伤后变为黄绿色；菌柄短，偏生至近侧生，向基部逐渐变细，黄色至土黄色。夏秋季生于云南松、思茅松等针叶林或针阔叶混交林中地上，单生至群生。

在云南，黄虎掌菌主要分布于嵩明、宜良、富民、安宁、禄劝、禄丰、南华、新平、易门、景东、景谷、昌宁、巍山等地区。

黄虎掌菌幼嫩时食味较好，香味特殊，嚼味无穷，深受广大群众喜欢，它可单料为菜，还能与各种荤素食料相搭配，烹制出各具特色的多种美味佳肴。

草鸡枞 CaoJiZong

草鸡枞，主要别名有孟阳氏鹅膏菌、青鹅蛋菌、隐花青褐伞等。属担子菌亚门，伞菌目，鹅膏科，鹅膏属。

草鸡枞子实体大型。菌盖肉质，初期呈卵圆形至钟形，后渐平展，中央稍凸，表面淡肉桂褐色、暗茶褐色或土褐色至灰褐色，光滑，具深色纤毛隐花纹，有光泽；菌肉较厚，白色；菌褶白色，稍密，与菌柄高生；菌柄近圆柱形，上下等粗或向上渐细；基部膨大呈鳞茎状，肉质脆；菌托杯状，白色，边缘往往呈裂片状。草鸡枞夏秋季生于青冈等针阔叶林中地上，常与青冈栓皮栎等形成外生菌关系，单生或散生至群生。

在云南，草鸡枞主要分布于昆明、禄劝、嵩明、安宁、富民、宜良、石林、寻甸、马龙、宣威、昭通、永善、宾川、永胜、宁蒗、禄丰、武定、南华、易门、腾冲、昌宁、梁河、元江、墨江、云县、双柏、文山等地区。

草鸡枞肉质清香细嫩，味似鸡，并且营养丰富，是广大群众喜食的著名食用菌。草鸡枞亦既能单料入菜，还能与各种禽畜、海河鲜为伍，包括一些素食料。一般的烹调方法有：拌、炝、炒、爆、烩、炖、烧、炸、烤、焖、油浸等。

金黄喇叭菌 JinHuangLaBaJun

金黄喇叭菌，主要别名有金号角、臼菌、碓窝菌等。属担子菌亚门，多孔菌目，鸡油菌科，喇叭菌属（漏斗菌属）。

金黄喇叭菌子实体全部金黄色，干后奶油的黄色，菌盖菇，半膜质，号角形，凹隐直达基部，边缘伸展或下卷；菌柄细、中室。

金黄喇叭菌夏秋季常生于针阔叶混交林中地上，群生或丛生。在云南，主要分布于昆明、嵩明、富民、玉溪、楚雄、禄劝等滇中一带，以及绿春、西双版纳、昌宁、龙陵、保山等地区。

金黄喇叭菌肉质细嫩，清香鲜甜，内含丰富的蛋白质、氨基酸、脂肪、碳水化合、维生素、矿物质等多种营养成分，利用及烹法同草鸡枞。

青蛙皮 QingWaPi

青蛙皮是一类由真菌和藻类共生在一起的生物。地衣是由微观的绿藻或蓝藻与丝状的真菌群丛组成的共生物。共生体中的藻类与真菌各自分开。藻类负责光合作用制造营养，而真菌负责吸收水分和无抗盐，地衣的外部形状是由真菌形成，因此根据真菌来命名。青蛙皮一般生长在海拔1200—3400米的针阔叶林树干上，在云南的中部、西部、西北部地区均有分布。

青蛙皮的营养价值较高，内含水分12.52，粗蛋白11.02，粗脂肪5.56，灰分2.64，总糖0.62，可溶性糖0.37，高于一般的蔬菜、谷米及菌类。青蛙皮性平，味甘，有健胃消食、舒筋活络等功能。并且地衣多糖具有较高的抗癌活性，能通过增强健康细胞的免疫功能抑制癌细胞的增强。

青蛙皮鲜香软嫩，可单料为菜，还能与各种荤食料配伍为肴。一般的烹调方法有：拌、煨、炸、炒、烧等。

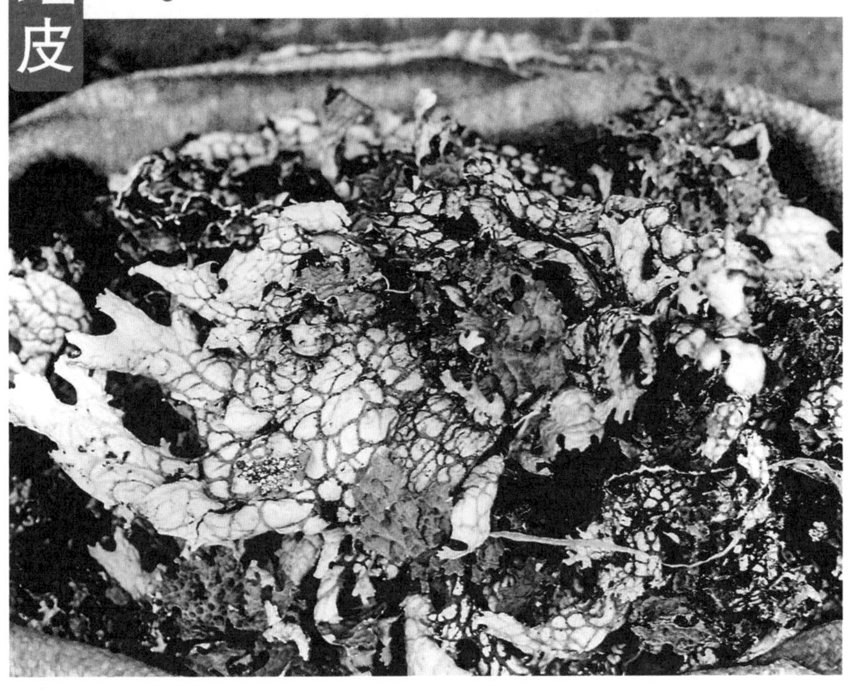

青蛙皮，学名东方肺衣（地衣）。主要别名有叶状地衣。属真菌界，子囊菌门，锤舌菌纲，粉衣目，梅衣科，地衣属。

冬瓜菌 DongGuaJun

冬瓜菌菌盖初期为扁半球形，后平展，蓝紫色，中部下带淡锈色，有黏性，光滑；菌褶稍密，色与菌盖相近；菌肉淡蓝紫色，厚；菌柄圆柱形，与菌盖色相近。冬瓜菌夏秋季生于针阔叶混交林中地上，群生至近丛生。常与栗属、栎属、山毛榉属的一些树种形成外生菌根关系。

在云南，冬瓜菌分布于昆明、富民、禄劝、南华、禄丰等滇中一带及丽江玉龙、维西、德钦、剑川、腾冲、昌宁、高黎贡山、昭通等地区。

冬瓜菌肉质清香脆嫩，滑爽鲜醇，营养丰富，可单料为肴，还能与各种荤食材和一些素食料为伍。一般的烹调方法有：炒、拌、炝、烩、烧、爆、烤、炸、炖等。

冬瓜菌，学名蓝丝膜菌。主要别名有芋头菌、紫茄子等。属担子菌亚门，伞菌目，丝膜菌科，丝膜菌属。

毛脚乳菇

MaoJiaoRuGu

毛脚乳菇子实体小，菌盖初期扁球形，后渐下凹，深肉桂色至棠梨色，不黏；菌肉色浅于菌盖；菌柄近柱形，色以菌盖相似。夏秋季生于针阔叶林中地上，散生或群生。

在云南，毛脚乳菇主要分布于滇东、滇中及滇西等地区。

毛脚乳菇肉质细嫩、鲜香软滑、营养丰富，可单料成菜，还能与一些荤素食材为伍。一般的烹调方法有：炒、烩、煮、炖、拌、烧、焖、蒸、烤、炸等。

毛脚乳菇，属担子菌亚门，红菇目，红菇科，乳菇属。

林地蘑菇

LinDiMoGu

林地蘑菇菇盖初为扁半球形，后渐伸展，白色至近白色，中部覆有浅褐色或红褐色鳞片，向边缘渐稀，干燥时边缘常呈辐射状开裂；菌褶稠密，初为白色，后变粉红色，最后呈栗褐色至黑褐色；菌肉较薄，白色；菌柄圆柱形或基部略膨大。林地蘑菇夏秋季单生至群生于针阔叶林中草地上。

在云南，林地蘑菇主要分布在昆明、宜良、德钦、禄丰、禄劝、双柏、易门、南华、香格里拉、丽江玉龙、维西、宾川、永胜、威信、腾冲、昌宁、巍山、丘北等地区。

林地蘑菇清香甜嫩，味美可口，营养丰富，其利用、烹法可参照草鸡坳。

林地蘑菇，主要别名有林地伞菌。属担子菌亚门，伞菌目，蘑菇科，蘑菇属。

大漏斗菌 DaLouDouJun

大漏斗菌，学名大杯伞，主要别名有红云盘、大漏斗菌。属担子菌亚门，伞菌目，口蘑科，杯伞属。

大漏斗菌菌盖初扁半球形，后平展，下凹呈漏斗形，灰黄色、淡土黄色至淡紫红色，表面干燥、光滑，边缘内卷，菌褶狭窄，较密，白色；菌肉白色，中部厚；菌柄圆柱形，基部稍膨大，白色或与菌盖同色。大漏斗菌夏秋季生于云杉、落叶松等针叶林中地上，亦生于腐枝落叶层上，群生至近丛生。

大漏斗菌实体较大，肉质厚实，清香鲜醇，营养丰富，深受广大群众喜欢，其利用及烹法可参照草鸡纵。

青头菌 QingTouJun

青头菌，学名变绿红菇。主要别名有绿菇、青冈菇、绿头菇、青脸菇等。属担子菌亚门，红菇目，红菇科，红菇属。

青头菌菌盖呈球形，后渐伸展呈扁半球形，翠绿色、灰绿色或黄绿色，老熟后边缘翻卷，往往有明显的棱纹；菌褶白色，较密、肥厚、质脆；菌柄圆柱形，白色；青头菌夏秋季雨后出生在松栎等针叶林、阔叶林或混交林地上，单生至群生。常与桦木属、杨属、栎属、水青冈属、松属（云南省）的一些树种形成外生菌根关系。

在云南，青头菌在全省的大部分州县均有分布，产量较大。

青头菌菌体肥大，清香软嫩，滑爽鲜润，味美可口，是著名的食用菌。青头菌内含丰富的蛋白质、碳水化合物、热量、核黄素、尼克酸、微量元素等多种营养物质。据《滇南本草图说》记载："青头菌，气味甘淡，微酸，无毒。主治眼目不明，能泻肝经之火，散热舒气，妇人气郁，服之最良，食之宜以姜为使。"据《真菌试验》报道，青头菌的提取物对肉瘤S-180和艾氏腹水癌的抑制率为70%。

青头菌既可单料为菜，还能与各种禽畜、海河鲜及一些素食材相搭配入炊。一般的烹调方法有：拌、炒、烩、烧、瓤、炖、煎、炸、烤、焖等。

紫晶蜡蘑

ZiJingLaMo

紫晶蜡蘑，主要别名有红蜡盘紫色变种、紫晶蘑、鸡屁眼菌、紫皮条菌、紫杯菌。属担子菌亚门，伞菌目，口蘑科，蜡蘑属。

紫晶蜡蘑子实体小型，菌盖扁半球形，后渐平展，鲜时蓝紫色、灰紫色，干后呈藕粉色或淡紫色，中部脐状，边缘波状或瓣状，有条纹；菌褶稀，色与菌盖相同，菌肉薄；菌柄圆柱形，多弯曲，与盖同色，内实。紫晶蜡蘑夏秋季雨后生于林中、庭院、路旁的潮湿地上，尤其在砂地、松林下较多，散生至群生。在云南，该菌主要分布于昆明、宜良、易门、新平、禄劝、南华、禄丰、大理、宾川、宁蒗、宣威、马龙、富源、腾冲、昌宁、盈江、潞西、西双版纳等地区。

紫晶蜡蘑显然菌体较小，但鲜醇清香，食味较好，而且营养丰富。富含蛋白质、氨基酸、碳水化合物、维生素、微量元素等营养物质，尤其是维生素B_1较为丰富。具有抗癌活性，对小白鼠S-180和艾氏腹水癌的抑制率为70%~80%。紫晶蜡蘑可单料为肴，还能与一些荤素食料为伍。一般的烹调方法有：拌、炒、炸、烩、蒸、炖、烧、焖、炝等。

红蜡蘑

HongLaMo

红蜡蘑，主要别名有漆蜡蘑、漆亮杯伞、红蜡盘、皮条菌、麻栎菌、茅草菌、鸡屁眼菌等。属担子菌亚门，伞菌目，白蘑科，蜡蘑属。

红蜡蘑菌盖扁半球形，后平展，肉红色或茶褐色，中部脐形，边缘波状或瓣状；菌褶稀，菌肉薄，与菌盖同色；菌柄圆柱形，多弯曲，肉红色或茶褐色。红蜡蘑由于略有韧性，故俗称“皮条菌”。夏秋季生于松、云杉等针阔叶林中地上，散生或群生。与云杉属、松属、黄杉属、山毛属、桦属、杨属、柳属的一些树种形成外生菌根关系。在云南，主要分布于安宁、晋宁、宜良、嵩明、石林、东川、禄丰、禄劝、武定、剑川、宾川、永胜、思茅、普洱、丽江玉龙、香格里拉、宣威、镇雄、罗平、文山等地区。

红蜡蘑鲜香耐嚼，食味可口，营养丰富，深受广大群众喜爱。其内含丰富的蛋白质、氨基酸、碳水化合物、多种维生素和微量元素等多种营养物质。在其所含的8种人体必需的氨基酸中，有5种超过联合国粮农组织的推荐值。另外，红蜡蘑中所含的多糖类具有很好的抗癌活性，对小白鼠肉瘤S-180及艾氏癌的抑制率为60%~70%。其应用及烹法同紫晶蜡蘑。

美味红菇 MeiWeiHongGu

美味红菇，主要别名有大白菇、石灰菌、背泥菌等。属担子菌亚门，伞菌目，红菇科，红菇属。

美味红菇菌盖初期为半球形，中央脐状，伸展后下凹成漏斗状，污白色，后变为米黄色，有时具锈褐色斑点肉质；菌褶白色或草黄色，菌肉白色；菌柄圆柱形，白色，肉质内实。夏秋季生于针叶林、阔叶林或混交林中地上，单生至群生。在云南，美味红菇主要分布于昆明、富民、嵩明、玉溪、曲靖、罗平、宣威、富源、寻甸、昭通、东川、丘北、丽江、保山、昌宁、绿春、西双版纳等地区。

美味红菇肉质细嫩，厚实鲜香（但含有胡椒样辣味，用沸水汆透可去掉）营养丰富，并具有一定的抗癌活性，其提取物对肉瘤S-180和艾氏腹水癌有抑制作用。其应用及烹调法可参照青头菌。

香菇 XiangGu

香菇，主要别名有香蕈、香信、栎菌，板栗菌、马桑菌、香皮褶菌、椎茸等。属担子菌亚门，伞菌目，口蘑科，香菇属（斗菇属）。

香菇菌盖初期扁半球形，后渐平展，淡褐色、茶褐色至黑褐色。有时发生龟裂，露出其白色的菌肉；菌褶白色，稠密，与菌柄弯生，菌肉白色，肥厚；菌柄近圆柱形或稍弯。秋冬夏季，香菇生于麻栎、椎栗、水冬瓜、栓皮栎、茅栎、板栗、山毛榉、赤杨、胡桃、榆、朴、桑、柿等两百多种阔叶林树木上，单生至群生。在云南立体气候的自然条件下，香菇一年四季都有生长，香菇的分布遍及云南的各个地区，现已大都人工培植。

香菇清香滋嫩，气醇爽口，营养丰富，内含丰富的蛋白质、碳水化合物、热量、粗纤维、灰分、硫胺素（B_1）、核黄素、尼克酸等多种营养物质。在其所含20种氨基酸中，有8种是人体不能制造的。中医认为，香菇有益气不饥、治风破血和益胃助食，以及理小便不禁等功效。现代医学研究认为，香菇能预防人体各种黏膜和皮肤炎症及身体衰弱、坏血病、佝偻病、高血压、肝硬化、各种癌症等。并且对癌细胞有强烈的抑制作用。其所含的双链核糖核酸具有很高的抗病毒能力。香菇是糖尿病患者、高血压患者的理想食品。

香菇是世界著名的食（药）用菌，有“植物性食物顶峰”和“上帝食品”“保健食品”的美称。可单料为菜，还能与各种禽畜、海河鲜、时蔬相配为肴。一般的烹调方法为：拌、炝、炒、烩、瓤、蒸、炖、焖、烧等。

绒乳菇

RongRuGu

绒乳菇，属担子菌亚门，伞菌目，红菇科，乳菇属。

绒乳菇，菌盖圆形，中央下凹成脐状，初内卷，后平展，白色；菌肉白色，厚，乳汁白色，辛味；菌褶白色略带黄色，密；菌柱圆柱形，白色至淡黄褐色。夏秋季生于针阔叶林中地上，单生或群生。在云南，绒乳菇主要分布于滇中、滇东、滇南、滇西等地区。

绒乳菇菌体肥厚，鲜美微辛，营养丰富，应用及烹调可参照美味红菇。

多汁乳菇

DuoZhiRuGu

多汁乳菇菌盖扁半球形，中央脐状，后渐平展至中凹呈漏斗状，表面黄赤褐色至深海棠色，稍厚；菌褶淡黄色或灰白色，稍密；受伤后变为淡褐色；菌柄直生或短衍生；菌肉白色至淡乳黄色，暴露于空气后变成淡褐色，硬脆，味淡；菌柄圆柱形，有时弯曲，淡橙黄色或较盖色稍淡，内实；乳汁多，白色，不变色，微有甜味。夏秋季单生至群生于松林或阔叶林或针阔叶林中地上。为菌根菌，常与松属、栎属、鹅耳枥属、水青冈属的一些树种形成外生菌根关系。

多汁乳菇在云南分布较广，且产量大，在滇南、滇中、滇东、滇西、滇西北、滇东北等地区均有产出。该菌清香甜脆，滋味鲜美，营养丰富，富含蛋白质、脂肪、碳水化合物、维生素、矿物质等多种营养物质。在其所含的18种氨基酸中，有7种是人体必需的氨基酸。并且有清肺胃、去内热的作用；有抗癌的活性，其提取物对肉瘤S-180和艾氏腹水癌的抑制率为80%和90%。

多汁乳菇是初秋人们最喜爱食用的菌类之一，可单料为菜，还能与一些荤素食材为伴。一般的烹调方法为：拌、炒、煮、瓤、烩、烧、炖等。

多汁乳菇，主要别名有红奶浆菌、米汤菌等。属担子菌亚门，红菇目，红菇科，乳菇属。

谷熟菌 GuShuJun

谷熟菌，学名松乳菇。主要别名有美味松乳菇、黄奶浆菌、紫花脸、好浆菌、铜绿菌、桃花菌、南瓜衣、冬瓜衣等。属担子菌亚门，红菇目，红菇科，红菇属。

谷熟菌菌盖早期半球形，后渐平展呈波状，中部凹陷，呈鲜艳的黄色、橙黄色至虾红色，光滑，有颜色艳丽的绒毛状同心环带，伤后变绿色；菌褶长短不一，色与菌盖相同至深橙色；菌柄近圆柱形，与菌盖同色。该菌的主要特点是，子实体各部流出的乳汁均呈橘红色，受伤后伤口都变成绿色。谷熟菌夏秋季单生至群生在松林或针阔叶混交林或阔叶林中地上，常与松属、落叶松属、云杉属、冷杉属、黄杉属、刺柏属及多种阔叶树形成外生菌根关系。在云南，主要分布于富明、禄劝、宜良、安宁、晋宁、嵩明、姚安、牟定、宣威、威信、寻甸、东川、罗平、丘北、广南、腾冲、维西、宾川、福贡等地区。

谷熟菌清香脆嫩，鲜醇爽口，营养丰富。富含18种氨基酸，其中有8种人体必需氨基酸，以及多种微量元素和维生素，营养价值较高，应用及烹法可参照多汁乳菇。

荞面菌 QiaoMianJun

荞面菌，学名油口蘑。主要别名有黄绿口蘑、油黄口蘑、黄茅草、黄丝菌、荞面菌等。属担子菌亚门，伞菌目，白蘑科，口蘑属。

荞面菌子实体黄色。菌盖扁半球形，后平展，顶部平或稍凸起，淡黄色、柠檬黄色；菌褶嫩黄色，稍密；菌肉白色，近表皮处黄色或淡黄色；菌柄圆柱形，黄色，基部稍膨大，内实。夏秋季生于松等针叶林或阔叶林、针阔叶混交林中地上，散生至群生。与松属、冷杉属、桦属的一些树种形成外生菌根关系。在云南，荞面菌主要分布于昆明、宜良、石林、安宁、富民、禄功、嵩明、易门、新平、南华、禄丰、永胜、宾川、马龙、罗平、师宗、富源、宣威、会泽、昭通等地区。

荞面菌肉质清香细嫩，营养丰富，深受广大群众喜爱。应用及烹调法可参照谷熟菌。

铜绿菌 TongLvJun

铜绿菌，学名红汁乳菇。主要别名有奶浆菌、铜绿菌、谷熟菌、鸡血菌（纳西族）等。属担子菌亚门，红菇目，红菇科，乳菇属。

铜绿菌菌盖扁半球形，后伸展，扁平，下凹或中央脐状，杏黄色、肉色至肉红色，受伤后渐渐变为蓝绿色；菌褶稍密，与菌盖同色；菌肉粉红色，味香可口；菌柄与盖同色，往下渐细并弯曲中空。汁液黑红色，似鸡血，故名鸡血菌，又由于伤后变为铜绿色，又名铜绿菌。夏秋季单生至群生于松林或针阔叶混交林中地上，尤以初秋稻谷成熟之时为多，故又称为谷熟菌。在云南，铜绿菌主要分布在昆明、宜良、呈贡、安宁、禄劝、东川、寻甸、曲靖、宣威、罗平、楚雄、陆良、玉门、南华、禄丰、武定、玉溪、丽江玉龙、峨山、维西、香格里拉、大理、保山、腾冲。尤以滇中产量较多。

铜绿菌清香脆嫩，味美可口、营养丰富，是云南广大群众喜食之美味食用菌之一。其富含蛋白质、氨基酸、碳水化合物、酶类、核苷酸和多种维生素、矿物质等多种营养物质。并且，铜绿菌还具有很好的抗癌活性，其提取物对小白鼠瘤S-180的抑制率达100%，对艾氏腹水癌的抑制率为90%。铜绿菌是制肴的优质食材，其应用及烹法可参照多汁乳菇。

皂味口蘑 ZaoWeiKouMo

皂味口蘑菌盖初扁半球形，后平展，淡灰褐色、铅灰色，常带绿色，边缘内卷；菌褶宽，较稀，白色；菌肉白色，往往变为浅红色，有肥皂气味；菌柄白色，基部淡红色，向下渐细。

皂味口蘑夏秋季生于云杉等针阔叶混交林中地上，群生。与云杉属、松属、桦木属的一些树种形成外生菌根关系。在云南，主要分布于滇中、滇东、滇西及滇西北等地区。

皂味口蘑肉质脆嫩，清香可口，营养丰富，应用及烹调方法可参照青头菌。

皂味口蘑，属担子菌亚门，伞菌目，口蘑科，口蘑属。

树毛菜 ShuMaoCai

树毛菜，学名树头发。主要别名有黑龙须、银头发、黑龙须菌等。属担子菌亚门，珊瑚菌科，龙须菌属。

树毛菜子实体丛生或簇生，革质软，灰色或黑色，基部细圆柱形，丛生或离生，向上渐细并分枝，双皮状分枝，分枝很多，小枝细长线形，顶端钻形，光滑，干后似人的头发。长年生于高山区，附生于黄栎树皮裂缝中或悬挂在枯树枝上。树毛菜在云南的中部、西部、西北部、东北部地区均有分布。全年可摘，鲜用或晒干后用。

中医认为，树毛菜性寒、微苦。归肺、肝经。有消肿止痛、止咳、续筋接骨的功能。树毛菜内含可溶性糖、粗纤维、维生素C_1、维生素B_{10}、烟酸和16种氨基酸（其中的9种为人体必需的氨基酸）。

树毛菜鲜香软嫩，味美可口，是入肴的好食材。但无论是鲜品或干品都应用沸水汆透后用清水漂透后使用（可去苦涩味）。树毛菜可单料为肴，也可以与各类荤食材相搭配。一般的烹调方法为：拌、炝、烧、炖、卷、焖等。

蝉花 ChanHua

蝉花，主要别名有蝉蛹草、蛹茸、冠蝉、蜩、螗蜩、唐蜩、蝘。属子囊菌纲，肉座菌目，麦角科。

蝉花，是一种具有动物和植物特征的奇妙生物。为麦角科真菌蝉棒束孢菌的孢梗束、大蝉茸的子座及其所寄生的虫体。子座单个或2—3个成束地从寄主尸全前端生出。长2.5—6厘米，其柄部呈肉桂色，干燥后呈深桂色。每年的6—8月间自土中挖出，去泥土，晒干备用。生于苦竹林内的蝉花功效最好。在云南，蝉花主要产于滇西、滇西北等地区，其中又以兰坪的产量为多，且质量最佳。

蝉花性寒、味甘。入肺、肝经。有疏散风热、透疹、熄风上痉、明目退翳的功效。主治外感风热、发热、头昏、咽痛；麻疹初期，疹出子畅；小儿惊风，夜啼；目赤肿痛，翳膜遮眼。现代医学研究认为，蝉花中所含的大蝉革多糖具有抗肿瘤的作用。

蝉花是著名的食（药）用菌。用蝉衣制作菜肴，可炸、可炖，可与鸡蛋、肉类蒸食、炖食、烧食。

白灵菇 BaiLingGu

白灵菇，主要别名有阿魏蘑、白灵侧耳、阿魏侧耳、阿魏菇等。属担子菌亚门，伞菌目，伞菌科，蘑菇属。

白灵菇是近年来在国内外宾馆食品、餐桌经济中极为引人瞩目的优良新品种。该种是1986年以来，从新疆的著名食（药）用菌阿魏侧耳驯化而来，1992年栽培成功。云南于2002年引入栽培，现已规模培植。

白灵菇子实体大型，肉质洁白细嫩，鲜香味美。内含丰富的蛋白质、氨基酸、碳水化合物、多种维生素和矿物质。白灵菇中丰富的真菌多糖和硒、锗等元素有良好的防癌、治癌效果，是难得的保健食品。它不但可单料为菜，还能与各种禽畜、海河鲜及一些素食材相搭配，烹制出多种形色、档次、口味不同的佳肴来。一般的烹调方法有：拌、炝、炒、爆、烩、烧、炖、焖、煎、炸、贴、瓤等。

杏鲍菇 XingBaoGu

杏鲍菇，又名刺芹侧耳。属担子菌亚门，伞菌目，侧耳科，蘑菇属。

杏鲍菇，中国大陆从1993年开始从台湾省、泰国引进栽培，1998年在福建等地大面积推广。因其子实体大型、菌肉肥厚、质地脆嫩、风味独特，被冠予“平菇王”“草原上的美味牛肝菌”的美称，云南早已规模化培埴。

杏鲍菇营养丰富，内含丰富的蛋白质、碳水化合物、氨基酸、多种维生素和矿物质。在其所含的17种氨基酸中，有7种是人体必需的氨基酸。

杏鲍菇肉质肥厚，清香软嫩，其应用及烹调方法可参照白灵菇。

糙皮侧耳 CaoPiCe'er

糙皮侧耳，主要别名有平菇、鲍鱼蘑、蠔菌、黄冻菌、北风菌、平蘑、白香菇、平茸、杨树菇、青树窝等。属担子菌亚门，伞菌目，口蘑科，侧耳属。

糙皮侧耳子实体大型，菌盖扁半球形、肾形、喇叭形或扇形至平展。菌肉白色，肥厚，菌柄短。多生长在秋末至初春的低温季节，呈覆瓦状丛生。现已由人工大量培埴。

糙皮侧耳肉白嫩细腻，清香味美，具有鲍鱼风味。富含蛋白质、脂肪、碳水化合物、粗纤维、灰分、钙、铁、磷、硫胺素、核黄素、尼克酸，并含有人体必需的8种氨基酸和多种维生素等营养物质。具有益气补虚、健胃补脾、追风散寒、舒筋活络，减少胆固醇，降低高血压，预防动脉血管硬化，治疗植物神经抗能紊乱及抗肿瘤等功效。

糙皮侧耳不但能单料为菜，还可以与各类荤食材相配伍。一般的烹调方法为：拌、炸、炒、烩、蒸、炖、烧、焖、炝等。

茶树菇 ChaShuGu

茶树菇夏秋季生于阔叶林或针阔叶混交林中地上，群生至近丛生，因多生于油茶树上而得名。在云南主要分布于丘北、文山、寻甸、禄劝、宾川、昌宁、绿春、元阳、河口、潞西、剑川、丽江、昭通、墨江、普洱、西双版纳等地区。由于茶树菇野生的稀少，故现市场上售卖的茶树菇多为人工培植的。

茶树菇内含丰富的蛋白质、碳水化合物、膳食纤维、多糖类化合物及多种微量元素等营养物质。中医认为，茶树菇性平，甘温，无毒。有清热、平肝、补肾、明目、平喘和抗癌等功效。

茶树菇菌柄较长，子实体幼嫩时鲜脆清香，味美可口。可单料为菜，还能与各种禽畜、海河鲜等食料为伍。一般的烹调方法有：拌、炒、炸、爆、煮、烧、炖、焖等。

茶树菇的学名为蜡伞，异名柳菇。主要别名有茶菌、茶薪菇。属担子菌亚门，伞菌目，蜡伞科，蜡伞属。

鸡腿菇 JITuiGu

鸡腿菇，学名毛头鬼伞。主要别名有鸡腿蘑、毛鬼伞、牛粪菌、鬼伞菌、毛头鬼盖等。属担子菌亚门，伞菌目，鬼伞科，鬼伞属。

鸡腿菇菌盖初期为圆柱形、桶形或腰鼓形，后呈钟形，最后平展。初期洁白色，顶部淡红褐色，后期色渐变深，菌肉白色；菌柄圆柱形，基部膨大。夏秋季生于针阔叶林中地上的草丛中，肥沃的田野上，秸秆上，单生或群生。鸡腿菇在云南分布较广，滇中、滇南、滇东、滇西等地区均有产出。现鸡腿菇已大量人工培植，市场上售卖的均为人工培植的鸡腿菇，野生的极少。

鸡腿菇营养丰富，内含17种氨基酸，其中有8种是人体所必需的氨基酸，还含有多种维生素和矿物质。鸡腿菇味甘、平，有益胃、清神、消痔的功效。主治食欲不振、神疲、痔疮等。

鸡腿菇肉质细嫩，清香鲜甜，可单料为菜，还能与各种荤素食料相搭配。一般的烹调方法为：炒、爆、炖、烩、扒、炸、蒸、煎、瓤等。

草菇 CaoGu

草菇，主要别名有美味苞脚菇、兰花菇、贡菇、草菌、鸡通菌、细花草菇、稻草菇等。属担子菌亚门，伞菌目，毒伞科（鹅膏科），小苞脚菇属（草菇属）。

草菇菌盖初为钟形，伸展后中央稍凸起，幼时黑色，后渐为灰褐色，菌褶幼时白色，后渐变为粉红色；菌柄近圆柱形，白色，中生，内实；菌托杯状，白色。草菇喜炎热湿润的环境，多丛生在夏季雨后的草堆上。在滇南、滇西的热带、亚热带地区，如西双版纳、瑞丽、潞西、盈江、富宁、文山、红河、金平、河口、思茅等地区均有分布。现已大量人工培植。

草菇内含蛋白质，17种氨基酸（其中有8种是人体必需的氨基酸）和维生素C等多种营养物质。草菇还具有消食去热、增进健康、降低胆固醇及抗癌的作用。

草菇菌肉肥嫩，清香鲜甜，不但能单料为菜，还能与各种营养食材相配伍，制作出多种风格各异的菜品来。一般的烹调方法有：炸、烩、炖、蒸、瓤、拌、焖等。

白玉菇

BaiYuGu

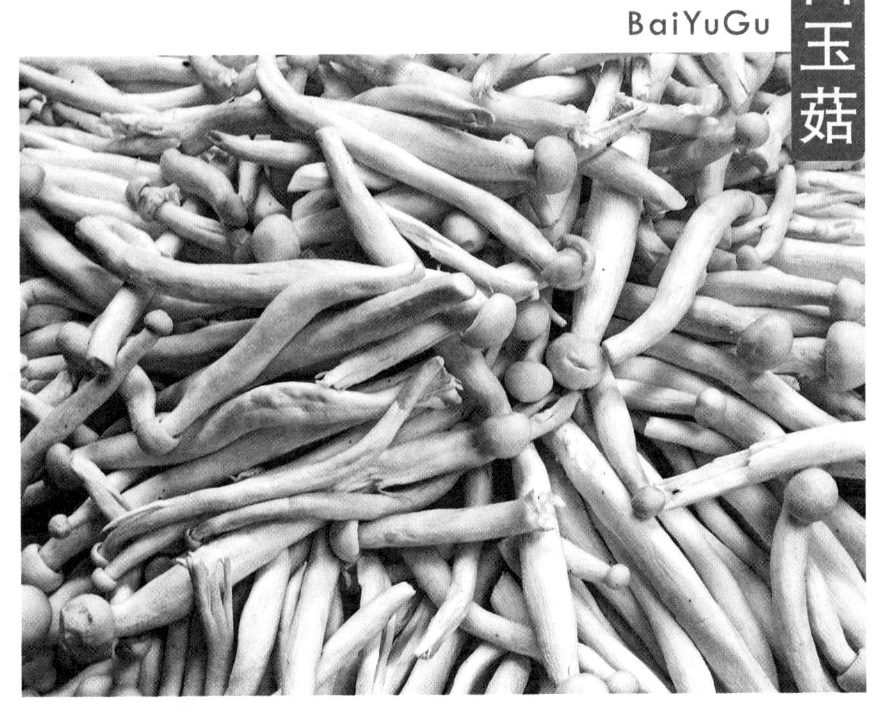

白玉菇通体洁白，晶莹剔透，有食用菌中的“金枝玉叶”的美称。其内含蛋白质、多种氨基酸、总氨酸、维生素B_2和B_5、维生素C、维生素D、维生素E及钙、铁、锌、镁、钠、钾等多种微量元素。有镇静镇痛、止咳化痰、通便排毒、降压的功效。白玉菇中的主要成分为多糖，可增强T淋巴细胞的功能及提高抗体抵御各种疾病的免疫力。白玉菇现已人工规模培植。

白玉菇菇体脆嫩鲜滑，清香可口，营养丰富。可单料为菜，还能与各种荤素食材相搭配。一般的烹调方法有：拌、炝、炒、炖、蒸、烩、瓤、烧、炸等。

白玉菇是真姬菇的一个白色变种。又称为白色蟹味菇、海鲜菇。属担子菌亚门，伞菌目，白蘑科，玉蕈属。

金顶侧耳菇

JinDingCe'erGu

金顶侧耳菇菌盖漏斗形，草黄色至金黄色，光滑，肉质；菌褶白色，稍密不分叉，与菌柄衍生；菌肉白色，香、可口。常见于7—10月间，多丛生于榆、栎、胡桃等阔叶树的枯木或木桩上。在云南多生于核桃树、柳树的倒木上，故群众俗称核桃菌、柳树菌、杨柳菌。在宣威、罗平、丘北、禄丰、镇雄、南涌、巍山、漾濞、下关、腾冲、盈江、龙陵、香格里拉等地区均有分布。现已大量人工培植。

金顶侧耳菇内含丰富的蛋白质、氨基酸和维生素。并具有滋补强壮，治虚萎症和痢疾的作用。其应用和烹调方法可参照糙皮侧耳。

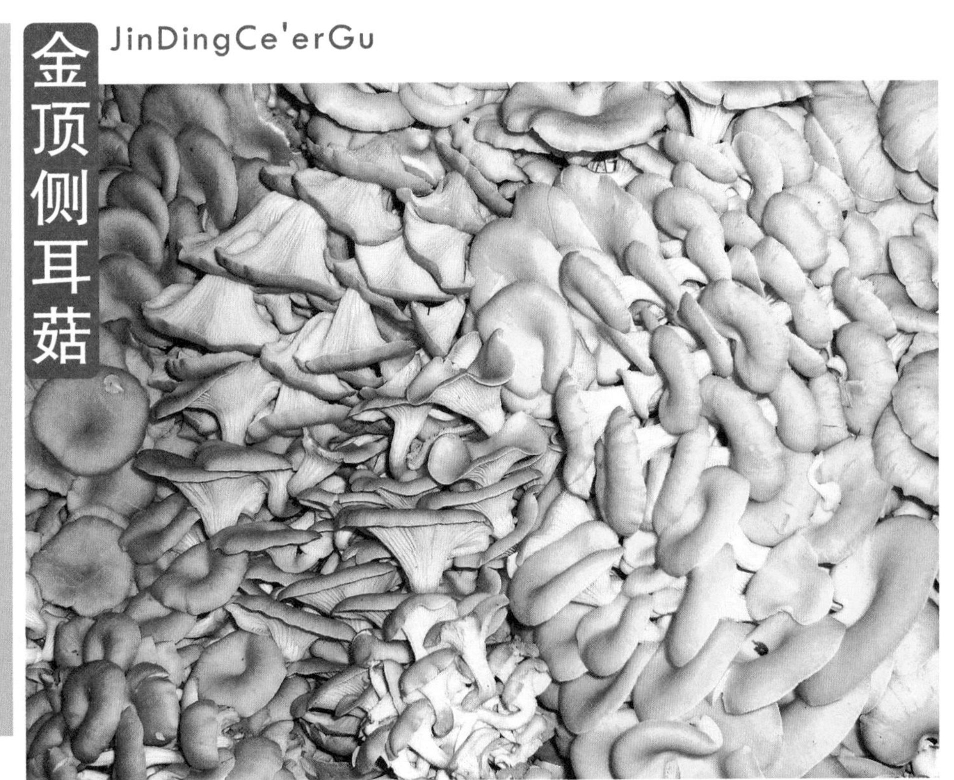

金顶侧耳菇，主要别名有金顶蘑、榆黄蘑、黄冰菌、核桃菌、黄树窝、柳树菌，杨柳菌等。属担子菌亚门，伞菌目，口蘑科，侧耳属。

金针菇 JingZhenGu

金针菇，学名毛柄金钱菌。主要别名有冬菇、构菌、金钱菌、毛脚金钱菌、朴菇、金针菇、白金针菇、黄金针菇等。属担子菌亚门，伞菌目，口蘑科，金钱菌属。

金针菇于每年的秋季末至初春，多丛生于构树、榆、柳等阔叶树的腐木上，特别是构树的朽木木桩上常见，故称构菌。在云南，主要分布于禄劝、嵩明、寻甸、东川、彝良、维西、巍山、云龙、鹤庆等地区。

金针菇内含丰富的蛋白质、脂肪、粗纤维、碳水化合物、灰分、钙、磷、钾、硫胺素、核黄素、抗坏血酸、尼克酸及18种氨基酸，其中有8种人体必需的氨基酸，尤其是赖氨酸和精氨酸的含量较高。金针菇的药用价值较高。《本草纲目》中载，金针姑“益肠胃、化痰、理气”。现代医学研究证明：金针菇内含有丰富的冬菇多糖，具有明显的抗癌作用。金针菇中所含的灰分物质能调节人体血脂，有降低胆固醇的功能。

金针菇质地脆嫩，鲜醇清香，其应用及烹调方法可参照白玉菇。

美味侧耳 MeiWeiCe'er

美味侧耳，主要别名有紫孢侧耳、美味北风菌、白平菇、冻菌、美味平菇、灰树窝等。属担子菌亚门，伞菌目，口蘑科，侧耳属。

美味侧耳菌盖扁半球形，伸展后基部凹，幼时铅灰色，后渐为灰白色至近白色，有时稍带浅褐色，肉质光滑；菌褶白色至近白色，稍密，与菌柄衍生；菌肉白色，稍厚，味香可口；菌柄短，显著偏生或侧生。常于秋末春初生于杨、柳等多种阔叶树的树干和倒木上，呈覆瓦状丛生。在云南，主要分布于宣威、罗平、师宗、寻甸、东川、鲁甸、巧家、会泽、南华、大姚、禄劝、宾川、景东、双柏、云县、富源、富民等地区。现已大量人工培植。

美味侧耳肉质细嫩，清香鲜甜，味美爽口，是著名的食用菌。内含多种氨基酸，其中有6种是人体必需的氨基酸。其应用及烹调方法可参照糙皮侧耳。

漏斗状侧耳 LouDouZhuangCe'er

漏斗状侧耳，主要别名有凤尾菇、环柄侧耳、环柄斗菇等。属担子菌亚门，伞菌目，口蘑科，侧耳属。

漏斗状侧耳菌盖脐状至漏斗状，灰褐色，干后米黄色至浅肉白色，有香味，可口；菌柄短，呈圆柱形。

漏斗状侧耳常单生、群生至丛生于多汁的阔叶树腐木上，产季为当年的秋末至来年的春季。在云南，主要分布于丽江、维西、香格里拉、保山、西双版纳、宁蒗、永胜、鹤庆、东川、罗平、镇雄等地区。现已大量人工培植。

漏斗状侧耳肉质细嫩，清香可口。内含丰富的蛋白质、氨基酸、碳水化合物、维生素、矿物质等多种营养物质，是著名的食用菌之一。其应用及烹调方法可参照糙皮侧耳。

双孢蘑菇 ShuangBaoMoGu

双孢蘑菇，主要别名有洋蘑菇、蘑菇、白蘑菇、洋菌、西洋草菇、洋茸等。属担子菌亚门，伞菌目，伞菌科，伞菌属（黑伞属）。

双孢蘑菇菌盖初期扁半球形，后平展，盖表白色至淡黄色，光滑，肉质；菌肉白色，有时略带淡红色，受伤后变为褐色，肥厚，紧密；菌褶稠密，幼时红色，后变为粉红色，老熟时色更暗，呈紫色；菌柄近圆柱形。双孢蘑菇常于夏末秋季生于富有腐殖质的林地、草地及厩肥上，群生至丛生。在云南，主要分布于嵩明、寻甸、禄劝、禄丰、罗平、陆良、鲁甸等地区。现已大量人工培植（双孢蘑菇是当今世界上栽培最广、面积最大、产量最多的全球性食用菌）。

双孢蘑菇菌肉肥厚，清香细嫩，营养丰富。内含蛋白质、脂肪、碳水化合物、钙、铁、磷、灰分、粗纤维、热量，有“植物肉”的美称。现代医学研究证明，双孢蘑菇对病毒性疾病有一定的免疫作用。所含的蘑菇多糖和异蛋白具有一定的抗癌活性等。

双孢蘑菇的应用及烹法可参照青头菌。

姬松茸 JiSongRong

姬松茸，又名巴西蘑菇。

姬松茸原产于巴西、秘鲁等地区。是一种夏秋季生长的腐生菌。生活在高温多湿、通风的环境中。具杏仁香味，口感鲜香脆嫩。富含粗蛋白、可溶性糖、粗纤维、脂肪、灰分。在其所含的18种氨基酸中，有8种是人体必需的氨基酸。还含有多种维生素和麦角甾醇。其所含的甘露聚糖对抑制肿瘤（尤其是腹水癌）、医疗痔瘘、增强精力，防治心血管病等都有疗效。

姬松茸体肥大细嫩，鲜香可口（现已大量人工培植）。其应用及烹调方法可参照松茸。

虎奶菇 HuNaiGu

虎奶菇是一种典型的木腐菌，其子实体和菌核均可食用。据有关资料记载，在滇西南的腾冲、章凤一带有野生的虎奶菇分布。虎奶菇现已人工规模培植，市场上偶尔可见人工培植的虎奶菇鲜品货卖。

虎奶菇肉质乳白细嫩，清香可口，富含蛋白质、钾、钙、磷、镁、铜、锌、铁等多种微量元素。还含有活性多糖。有治疗胃病、便秘、发烧、感冒、水肿、胸痛、神经系统疾病等药效。

虎奶菇的应用及烹调方法可参照松茸。

虎奶菇是一种珍带稀的生长在热地区的食药用菌。主要别名有核耳菇、茯苓侧耳、虎奶菌、南洋茯苓等。属担子菌亚门，层菌纲，伞菌目，侧耳科，侧耳属。

常见野菜

野菜是天地的精华，大自然的赐予。野菜是人类最早的食物来源之一，它为人类的生存和发展做出了极大的贡献。从前，采集、食用野菜、野果，主要是为了备荒，作为充饥果腹之用。随着社会的进步、经济的发展，以及工业化带来的弊病，崇尚自然，返璞归真，人们对野菜的食用价值及食疗、药用价值有了更新的认识。而今，野菜成了人们日常饮食生活中追求的“时尚品”。

云南独特的地理气候、生态环境为各种植物的生长提供了优越的自然条件，是我国植物资源最丰富的省份，素有“植物宝库”的称誉。据有关资料统计，我国的高等植物约有3万多种，云南就有1.7万多种。全国作为蔬菜的植物资源约有213种、815属、1800余种，其中云南就有500余种。目前，在公开出版物中发表的已鉴定的云南野生蔬菜资源有108科、272属、375种。自古以来，云南就是一个多民族的地区（包括汉族共26个），形成了云南野生蔬菜的应用表现出了十分广泛并具有较强的地域性和丰富多彩的人文特点。

叶菜类

车前草

CheQianCao

车前草，主要别名有蛤蟆叶、车轮菜、田波菜、牛舌草、虾蟆草、牛耳草等。

车前草为多年生草本植物。生长在山野、路旁、四边、沟旁等。云南各地区均有分布，春夏秋采幼苗食用。现已人工培植。

车前草营养丰富，内含蛋白质、脂肪、糖类、粗纤维、胡萝卜素、维生素B_1和B_2、钙、磷、铁，还含有车前甙、熊果酸、豆甾醇、车前酸、琥珀酸、腺嘌呤等成分。据《滇南本草》记载，车前草能“清胃热，利小便，消水肿”。现代医学研究证明，车前草不仅有显著的利尿作用，还具有明显的祛痰、抗菌、降压效果，还有抗肿瘤的作用。

车前草焯水后可拌、腌、炝、炖、烧、煮、制粥、制餡等，还能与荤食料配伍制肴。

板蓝根

BanLanGen

板蓝根，主要别名有蓝靛、大蓝、马蓝、松蓝、大青等。

板蓝根是两年生草本植物，喜温暖，能耐寒。生长在海拔1900—2500米肥沃湿润的地带。云南各地区均有分布，现已人工培植。

板蓝根内含靛甙、靛蓝、靛经、胡萝卜素、水杨酸、B-谷甾醇、植物蛋白、糖类、芥子甙、多种氨基酸及微量元素。板蓝根性寒、味苦、无毒。具有清热解毒、凉血、消肿、利咽的功效。

板蓝根入肴主要是用其幼苗及嫩叶，该菜清香软嫩，营养可口，其应用及烹调方法可参照车前草。

抽筋菜

ChouJinCai

抽筋菜，学名牛繁缕。主要别名有鹅肠菜、鹅肠草等。

抽筋菜为石竹科一年或两年生草本植物，主要生长在温带地区，云南海拔500—3700米的范围内。生于山坡、石旁、林下、田间、菜地沟边等。

抽筋菜内含蛋白质、胡萝卜素、维生素C和多种微量元素。中医认为，抽筋菜性平、味酸。具有清热凉血，消肿止痛，消积通乳的功效。可治小儿疳积、牙病、痢疾、痔疮肿痛、乳腺炎、乳汁不通等疾症。还可外敷可治疗疱等。

春、夏季采集抽筋菜的嫩苗、嫩茎洗涤，用沸水氽后做菜。应用及烹调方法可参照车前草。

臭菜

ChouCai

臭菜，学名羽叶金含欢。主要别名有臭菜藤、“亚冬”、“帕哈”（傣语）。

臭菜为含羞草科多刺攀援木质藤本。分布在西双版纳、德宏、江河、临沧等地区，生长于热带、亚热带地区林缘灌木丛、沟谷等地。

臭菜以嫩茎叶供食，3—6月采集。由于有一特殊气味，故俗称臭菜。此菜是闻着似乎臭，但吃起来特别香，风味特别，是傣族、景颇族、德昂族、基诺族等民族的传统食材，用臭菜煮鱼（傣族称为“帕哈煮鱼”），其滋味是妙不可言。

臭菜具有特殊风味，可以切碎炒吃、凉拌或炒鸡蛋、炒肉末、煮鱼虾食用。

刺五加

CiWuJia

刺五加，主要别名有五加皮、五加参、老虎镣子、刺木棒、刺花棒等。

刺五加为五加科多年生灌木，生长在海拔500—1200米的山坡、林下、村边、路旁，在云南的南部、西部地区均有分布。

刺五加内含蛋白质、脂肪、多种维生素和矿物质，还含有刺五加疳、核黄素、胡萝卜素、抗坏血酸、刺五加多糖等营养物质。中医认为，刺五加性温、微苦。归心、脾、肾经。有益气健脾，养心补肾，祛风湿、壮筋骨及活血化瘀的功能。

刺五加食用部位是嫩茎叶，可凉拌吃、炒吃、煮吃，还能与荤食料搭配制肴。

豆瓣菜

DouBanCai

豆瓣菜，主要别名有水蔊菜、西洋菜、水上芥、水芥、水茼蒿等。

豆瓣菜为十字花科多年生水生草本植物。多生于沼泽地、沟旁、水塘畔湿地、溪沟边，昆明及滇南等地区均有分布，现已人工培植。在其生长的过程中均可采食嫩茎叶。

豆瓣菜营养丰富，内含蛋白质、脂肪、纤维素、维生素C、维生素B、胡萝卜素和多种微量元素。中医认为，豆瓣菜味甘微苦、性寒。具有清燥润肺、化痰止咳、利尿等功效。有“天然清燥救肺汤”的美誉。

豆瓣菜清香脆嫩，鲜醇可口。豆瓣菜可单料为菜，还能与各种荤食料为伍。一般的烹调方法为：拌、炝、炒、烩、炖、煮、蒸等，还可煮粥和作为制作面点的馅心。

番杏

FanXing

番杏，主要别名有新西兰菠菜、洋菠菜等。

番杏为番杏科一年或多年生蔓性草本植物。番杏原产澳大利亚、东南亚及智利，中国在20世纪40年代由南京引入栽培，云南在新中国建立后已有少量栽培，现已规模栽培。

番杏营养丰富，内含蛋白质、脂肪、胡萝卜素、维生素B和C及钙、磷、铁等营养物质，据有关资料认为，番杏有抗癌的作用。

番杏的嫩茎叶鲜醇软嫩，清香可口。应用及烹调方法可参照豆瓣菜。

费菜

FeiCai

费菜，主要别名为土三七、景天三七、救心草、回生草、活血丹等。

费菜属蔷薇目景天科景天属多年生草本植物。多生于山地林缘、灌木丛中及河沟坡上。云南也有分布，现已人工培植。

费菜富含蛋白质、脂肪、碳水化合物、粗纤维和胡萝卜素、维生素B_1和B_2、维生素C及烟酸、钙、磷、铁以及生物碱、谷甾醇、齐墩果酸、景天庾糖、果糖和有机酸等营养物质。《中华草本》《现代中医临床手册》等中医论著认为：费菜具有降血压血脂、活血化瘀、益气强心和宁心平肝、清热凉血、增强人体免疫力及抗癌的功效。

费菜的鲜嫩枝叶清香软嫩，食味可口。应用及烹调方法可参照豆瓣菜。

枸杞尖

GouQiJian

枸杞尖，主要别名有枸杞菜、地棘、红珠仔刺、狗牙子等。

枸杞尖为茄科枸杞属多年生灌木。云南的枸杞分布在海拔600—2000米的亚热带和温带地区。云南枸杞作为菜用枸杞，主要栽培种为枸杞菜和枸杞芽，株型为多分枝的灌木。主要采取嫩茎尖及叶食用。

枸杞尖内含蛋白质、脂肪、胡萝卜素、硫胺素、尼克酸、还原糖和多种矿物质，以及甜菜碱、β-谷甾醇、葡萄糖甙、芦丁等多种营养物质。中医认为，枸杞尖性平、味甘。具有促进调节免疫功能，保肝功能和抗衰老功能等三大药理作用。

枸杞尖鲜香软嫩，清醇回甜，营养丰富，应用及烹调方法可参照车前草。

红薯藤尖

HongShuTengJian

红薯，学名甘薯。别名主要有红苕、沙伩、番薯等。

红薯为旋花科番薯属。甘薯在云南普遍称为红薯，为一年生或多年生蔓生草本植物。红薯耐热、耐旱力强，多生长在海拔500—1800米温暖地区，云南多地区均有分布。红薯藤尖为红薯枝叶的嫩尖。

红薯藤尖内含粗蛋白、纤维素、胰岛素、胡萝卜素、多种维生素和多种微量元素等营养物质。中医认为，红薯藤尖性平、味甘。有补中活血、益气生津、助消化、降血糖等功能。

红薯藤尖清香脆嫩，鲜醇回甜，可炒、可凉拌、烧汤、煮粥、炖肉等。

花椒尖

HuaJiaoJian

花椒尖即花椒的嫩芽叶。花椒的主要别名有山花椒、野花椒、土椒、菜椒等。

花椒为植物芸香科的落叶灌木或小乔木花枝的果实。多生长在海拔1200—1800米的山坡灌木丛中、路旁、河沟边。云南大部分地区均有分布。

花椒性温、味辛。含挥发油、柠檬烯等。有温中止、痛杀、虫止、痒的功能。

花椒的嫩叶芽香醇软嫩，微麻爽口。可单炸吃、凉拌吃、炒食，还可煎鸡蛋、摊饼，炒菌类或与各种荤食材为伴炒、爆、炖、烤、烧等。

槐花尖

HuaiHuaJian

槐花尖为蝶形花科植物，落叶乔木，刺槐的鲜嫩芽叶。

槐花的主要别名有洋槐花等。属豆科槐属，多生长在山坡路旁、房前屋后和植于庭院中，在云南的中部、东部较常见。

槐花的鲜嫩芽叶清香软嫩，内含蛋白质、脂肪、粗纤维、糖类、刺槐素和钙、磷、铁、胡萝卜素及多种维生素。中医认为，槐花尖性凉，微苦。具有凉血止血，清热降火的功效。

槐花尖的应用及烹调方法可参照豆瓣菜。

鱼腥草叶（蕺耳根叶）

蕺耳根嫩尖、叶

Ji'erGenNenJianYe

蕺耳根嫩尖叶即蕺菜的嫩茎尖、嫩叶。蕺菜的主要别名有鱼腥草、壁虱菜、折耳根、蕺耳根等。

蕺耳根是三白草科蕺菜属。多年生草本植物。蕺耳根喜生于潮湿的田埂、沟边以及地角田边，在云南分布较广，现规模人工栽培。

蕺耳根营养丰富，内含蛋白质、脂肪、碳水化合物、粗纤维、多种维生素及矿物质，还含有鱼腥草素挥发油及烯、醛、酮等化学成分以及蕺菜碱等。具有抑菌、消炎、止咳、增强抗体免疫功能的作用。

蕺耳根嫩尖、叶清香脆嫩，味美可口。多用于凉拌，叶也可用来烧汤食用。

荆芥嫩尖

JingJieNenJian

荆芥，主要别名有假苏、鼠实、姜芥、稳齿菜、四棱杆篱等。

荆芥为双子叶植物药蜃形科植物荆芥的全草。荆芥嫩尖是荆芥的鲜嫩尖茎叶。

荆芥为一年生草本植物，在云南东、南、中、西部地区均有分布。中医认为，荆芥性温、味辛、无毒。入肺、肝经。具有祛风解表、祛风解疼、理血止血、助脾胃的作用。

荆芥嫩尖鲜嫩清香，可单料凉拌，炒、煮食用，还能与各类荤食材配伍。炒、炖、烧、烤、焖、炸、煎、炝、拌食。

茴心草

HuiXinCao

茴心草，主要别名有大叶藓、铁脚一把伞等。

茴心草为多年生苔藓植物，多生于潮湿林地、沟边阴湿土坡或潮湿的岩石上及石缝中。在云南的中部、西部及北部地区有分布。

茴心草淡、微苦、平。具有镇静、壮阳的作用，有治疗神经衰弱、精神病等功效。

茴心草的嫩茎叶清香鲜嫩，应用及烹调方法可参照车前草。

臭灵丹

ChouLingDan

臭灵丹，主要别名有灵丹草、六棱菊、归经草、臭叶子等。

臭灵丹为植物菊科多年生草本植物。喜生于荒地、村旁、路旁、山野及房前屋后。云南各地均有分布。

臭灵丹性寒味辛微苦，有消炎、拔毒、散瘀、镇痛的功效。可治感冒、咽喉炎、支气管炎、疟疾及跌打伤、蛇咬伤，臭灵丹还含芳香油。

臭灵丹的嫩茎叶用沸水汆后可凉拌，鲜品洗净剁碎可蒸、炒鸡蛋、肉类为肴，还可用蛋清水粉糊或全蛋糊套炸臭灵丹鲜叶片食用。

假蒟

JiaJu

假蒟，主要别名有荜菝菜、蛤药、鸽药、假蒌、猪拔菜、山蒌等。

假蒟为双子叶植物，胡椒目胡椒科胡椒属植物。为秃净灌木或亚灌木。茎基部匍匐状，上部直立或攀援，节膨大，叶互生，近膜质，阔卵形或圆形。食用部分为鲜嫩叶片。

假蒟属热带植物，在云南主要分布于滇南、滇东南、滇西南等地区。假蒟性温、味辛。入肺、脾经。具有祛风除湿、活血通络及治疗风湿痹痛、风寒骨痛、外感风寒、跌打损伤、闭经的功效。

在云南的德宏、西双版纳等地区，当地的景颇族、傣族、德昂族、基诺族等民族均喜欢选用假蒟的鲜嫩叶片，再加上其他一些植物原料来制作竹筒或包烧、包烤（选用鲜嫩茎叶或其他大型可食性绿叶为包裹材料）的荤素菜肴。鲜香可口，滋补养身，风味独特。

冲菜

ChongCai

冲菜，即野油菜的嫩茎叶。主要别名有辣菜、芥菜、塘葛菜、蔊菜、辣米菜等。

冲菜为双子叶植物，白花菜目十字花科植物野油菜的嫩茎叶。多生于田边、河边、湖边、路旁、山丛林边、麦地中、草丛中等较湿润的地方。秋季或春季出苗。在云南中、东、南部地区均有分布。

冲菜性温、味辛。内含丰富的蛋白质、粗纤维和维生素。具有治疗咳嗽痰喘、感冒发热、麻疹、透发不畅、风湿痹痛、咽喉肿痛、疔疮痈肿、漆疱、闭经、跌打损伤、黄疸、水肿的药效。

冲菜清香脆嫩、冲辣回甜。将冲菜洗净滤去水分置盆内，冲入沸水淹过冲菜，用盖盖严，待水凉后将盖打开，一般芥辣的气味顿时冲出。此时冲菜的初加工已毕。可凉拌、炒食，也可与荤食料配伍炒吃或蒸、炖食。

地榆

DiYu

地榆，主要别名有黄瓜香、九瓣叶、山地瓜、血箭草等。

地榆为蔷薇科多年生草本植物。多生于海拔500—2000米之间的山坡、荒地、草地、田边、灌木丛中或疏林下，云南的中、东、南地区均有分布。

地榆内含粗蛋白、粗脂肪、碳水化合物、粗纤维、胡萝卜素、维生素B_2、维生素C和钾、钙、镁、磷、钠、铁、锰、锌、铜以及鞣酸、地榆皂苷等多种营养物质。中医认为，地榆味苦、酸，性寒。归肝、胃、大肠经。具有凉血止血、解表、敛疮的功能，并有抑制多种致病微生物和肿瘤的作用。

地榆的食用部位是其嫩苗、嫩叶和花穗，春季采嫩苗、夏季采嫩叶和花穗。地榆的嫩叶具有黄瓜的清香味，故有黄瓜香的异名。地榆是入炊的好食材。其应用及烹法可参照荆芥嫩尖。

大理高河菜

DaLiGaoHeCai

高河菜为十字花科高河菜属多年生草本植物。株30—70厘米，肉质根肥厚，茎直立，有短柔毛，羽状复叶。分布于滇西北的鹤庆漾濞、大理苍山等地，以大理苍山所产最为有名。高河菜历史悠久，据《大理县志》载："苍山绝顶有高河菜，7—8月生红茎碧叶，味辛如芥……点苍山有草类芥，紫茎辛香，可食，呼高河菜，盖沿南诏旧名也。"高河菜营养丰富，内含总糖、蛋白质、粗纤维、粗脂肪、胡萝卜素。具有治疗痢疾、肺热咳嗽、胃热积带、消化不良的功效。高河菜是制作菜肴的好食材。大理当地的老百姓一般是将高河菜制作成咸腌菜食用。然而，高河菜的鲜嫩茎叶用沸水氽后，同样可以与其他荤食料配伍，制作出多种形色、口味不一的美味佳肴来。其烹调方法为拌、炝、炒、烩、烧、炸、烤等。

菊叶菜

JuYeCai

菊叶菜，学名菊花脑。主要别名有菊花菜、菊花叶、菊花郎、路边黄等。

菊叶菜为菊科多年生草本植物。在贵州、江苏、湖南等省有野生种。南京市人工栽培历史悠久。前些年昆明引进栽培。

菊叶菜内含丰富的蛋白质、脂肪、纤维素、矿物质、维生素B、维生素C、黄酮类和挥发油等芳香物质。菊叶菜性凉、味甘辛。具有疏风散热、平肝明目、清热解毒的功效。可治疗便秘、头痛、高血压和目赤等疾病。

菊叶菜具有浓郁的菊香味，其鲜嫩茎叶可单料为菜，还能与蛋、乳和各种荤食料配伍为肴。一般的烹调方法为拌、炒、蒸、炖等。

苦凉菜

KuLiangCai

苦凉菜，学名少花龙葵。主要别名有白花苦菜、苦藤菜、苦菜等。

苦凉菜为茄科一年生草本植物。分布于云南各地，生长于沟边、林下阴湿处。苦凉菜是云南热带、亚热带地区最常食用的野生蔬菜。苦凉菜的食用部位是嫩幼苗及嫩叶。在南部地区几乎周年可采食，滇中地区夏秋季采食。

苦凉菜性寒、味苦。具有清热解毒、利湿消肿的功效。

苦凉菜清香软嫩，其应用及烹调方法可参照车前草。

苦荞叶

KuQiaoYe

苦荞叶即荞麦苦荞的嫩茎叶。荞麦又分甜荞和苦荞两种。

苦荞为一年生草本植物，在云南的各地区均有分布。荞麦多种植于荒山、坡地、闲田劣地，不施用化肥和农药，属于无公害、无污染的绿色食物源。

苦荞的营养极为丰富，内含蛋白质、18种氨基酸（其中的8种是人体必需的氨基酸）、粗脂肪、淀粉、多种维生素、纤维素、多种微量元素和苦味素。现代医学研究证明，荞麦具有杀灭肠道病菌、消积化滞、凉血、除湿、解毒等功效。

苦荞叶清香软嫩，鲜醇回苦。其应用及烹调方法可参照菊叶菜。

龙葵

LongKui

龙葵，主要别名有野茄秧、野辣椒、野辣虎、水茄子等。

龙葵为茄科一年生草本植物。多生长在海拔800—1800米的温带及亚热带地区的沟边、河岸、土埂边、草丛中、田边地头。主要采食幼苗及嫩茎叶。

龙葵内含胡萝卜素、维生素B_2、维生素C、龙葵碱、皂苷等物质。其性寒、味苦。有镇咳、抑菌、消炎、消肿、散结的功能。

龙葵清香软嫩，其应用及烹调方法可参照车前草。

莼菜

ChunCai

莼菜，主要别名有蒲菜、茈碧花、马蹄草、淳菜、水葵等。

莼菜为睡莲科多年生水生草本植物莼菜的嫩卷叶。生于湖沼中，在云南各地均有分布。莼菜为水生蔬菜，其营养价值及药用价值都较高。

莼菜富含蛋白质、脂肪、粗纤维、糖类、胡萝卜素及多种维生素、多种矿物质。在莼菜所含的18种氨基酸中，其中有8种是人体必需的氨基酸，以谷氨酸、天门冬氨酸和亮氨酸含量尤为丰富。中医认为，莼菜性寒、味甘，入肝、脾经。具有清热利水、消肿解表、止吐、止泻等功效。可用于治疗热痢、黄疸、痈肿、疔疮、胃病、高血压等病症。

莼菜清香鲜嫩，滑润爽口，可单料为菜，还能与各类禽畜、海河鲜食料相配搭。一般的烹调方法为：烩、炖、拌、炒、炝、烧、瓤等。

良旺茶

LiangWangCha

良旺茶，主要别名有梁王茶、宝金刚、金刚散、山槟榔、雅害里（傣名）等。

良旺茶为双子叶植物药五加科植物掌叶梁王茶的全株或根。掌叶梁王茶是常绿小灌木。生长在海拔1500—2800米的山谷阔叶林或混交林中、山坡林下或灌木丛中，在云南各地均有分布。采食部位为嫩茎叶。

良旺茶性凉、味甘苦。入肺、肝、脾、肾经。具有清热解毒、理气止痛、治咽喉热痛、消化不良、月经不调、跌打损伤、风湿腰痛的功效。

良旺茶嫩茎尖清香鲜嫩，其应用及烹调可参照菊叶草。

鲜茶嫩尖

XianChaNenJian

鲜茶嫩尖，即山茶科植物茶的芽叶。

茶为常绿灌木，有时呈乔木状，高1—6米。云南省是世界茶叶的原产地。全世界用于制茶叶的植物种类有23属380种，其中有15属260种分布在云南各地，云南的茶叶多为大叶茶。

鲜茶嫩叶苦甘，凉。入心、脾、胃经。具有利头目、除烦止渴、利尿、清热解毒、下气消食、化痰的功效。现代医学研究说明，绿茶内含茶氨酸、儿茶素，具有改善血液流动、软化血管的作用，在防止肥胖、脑中风和心脑病方面有一定的效果。绿茶还富含茶氨酸，不但能防止癌细胞的生长增殖，还有一些抑制癌细胞转移的效应。

鲜茶嫩尖清香鲜嫩，微苦回甜，可单料凉拌、套炸食用，还能与各类禽畜、海河鲜相搭配制肴。一般的烹调方法为：拌、炝、炖、烧、炸、炒、爆等。

芦荟

LuHui

芦荟，主要别名有卢会、讷会、象鼻子、劳伟等。

芦荟原产地中海、非洲。为独尾草科多年生肉质草本植物。据有关资料记载，野生芦荟的品种有300多种，主要分布于非洲，可食的品种只有6种。如栏芦荟、中华蕃拉、皂质芦荟、开普芦荟、库拉索芦荟和上农大叶芦荟等。多生长于干热地区，云南可食用的芦荟一般采用元江芦荟。

芦荟内含热量、蛋白质、脂肪、碳水化合物、膳食纤维、烟酸、泛酸、维生素A、维生素B_1和B_2及多种微量元素。芦荟性寒、味苦。归肝、心、胃、大肠经。质黏降泄，具有清热凉肝、泻下通便、消疳杀虫的功效。芦荟富含铬元素，具有胰岛素样的作用，能调节体内的血糖代谢，是糖尿病人的理想食物及药物。芦荟还含生物素是美容减肥的佳品。

芦荟清香软嫩滑腻，在一般情况下，应用时应用沸水余后改刀（要去掉叶片外绿皮以防腹泻），食用时不宜过多。一般的烹调方法有：炒、煮、炖、拌、烩等，还可以与蜂蜜、冰糖、果脯等搭配制成甜品。

马齿苋

MaChiXian

马齿苋，主要别名有马齿菜、长命菜、瓜子菜、豆瓣菜等。

马齿苋为马齿苋科一年生草本植物马齿苋的嫩茎叶。多生于海拔300—1800米地带的田野荒地、路旁等。滇中、滇南各地均有分布。

马齿苋内含蛋白质、脂肪、糖类、粗纤维、灰分、钙、磷、铁、胡萝卜素、多种维生素和大量的甲肾上腺素、钾盐及丰富的柠檬酸、氨基酸等成分。中医认为马齿苋性寒，味甘酸。具有清热解毒、利水去湿、散血消肿、杀虫杀菌、消炎止痛、止血凉血的功效。

马齿苋清香软嫩，其应用及烹调方法可参照菊叶菜。

马豆菜

MaDouCai

马豆菜，主要别名有马豆草、大巢菜、肥田草、苕子等。

马豆菜为豆科一年生草本植物。多生长于原野、山坡、荒地、田边、灌木丛中，云南各地区均有分布。以嫩芽叶入蔬。

马豆菜内含蛋白质、氨基酸、胡萝卜素、粗纤维、抗坏血酸、糖类。中医认为，马豆菜性寒，味甘辛。可清热利湿、和血去瘀。

马豆菜，清香鲜嫩，有似豌豆苗的滋味，其应用及烹调方法可参照豆瓣菜。

马蹄菜

MaTiCai

马蹄菜，主要别名有积雪草、马蹄草、崩大碗等。

马蹄菜为多年生匍匐草本植物。伞形花科，积雪草属。为马蹄草的嫩茎叶。多生于沟边、杂林草丛等阴湿的地方，云南各地均有分布。夏秋季采其嫩茎叶食用。

马蹄菜性凉、微苦。具有清热解毒、利尿的功效。可治疗感冒、咽喉肿痛、尿路结石、泌尿系统感染、传染性肝炎、胆结石等疾病。马蹄菜内含胡萝卜素、维生素B_2、维生素C及钙、钾、镁、钠、铁、锰、锌、铜等多种微量元素。

马蹄菜清香软嫩，味佳。其应用及烹调方法可参照荆芥嫩尖。

马蹄香

MaTiXiang

马蹄香，主要别名有蜘蛛香。

马蹄香为败酱科多年生草本植物。多生长在溪边、田边、林中阴湿处及石灰岩山地。全省大部分地区均有分布。采食部位为马蹄香的嫩茎叶。

马蹄香内含异戊酸、已酸、蒙衣苷异戎酸脂等。其性温，味微苦、辛。具有健胃、理气、止痛的功效，主治消化不良、胃病、腹胀等。

马蹄香鲜香软嫩，其应用及烹调方法可参照豆瓣菜。

金花菜

JinHuaCai

金花菜，主要别名有黄花草、野苦菜、草子头、黄花苜蓿等。

金花菜为双子叶植物药豆科植物细叶百脉根的全草。多生长在海拔1000—1800米的田野里，豆、麦田中，埂边较多。采食嫩茎叶。

金花菜内含胡萝卜素、多种维生素和钙、磷、钾、镁、铁等微量元素。金花菜性平、味甘、微涩。入大肠经，具有清热、止血、凉血的功效。可降低胆固醇和用于冠心病的防治。

金花菜鲜嫩清香，其应用及烹调方法可参照豆瓣菜。

南瓜尖

NanGuaJian

南瓜尖即葫芦科南瓜蔓藤的鲜嫩茎叶。

南瓜尖的别名主要有倭瓜、饭瓜、番瓜等。云南主栽的品种有姜柄瓜、花盘瓜、磨盘瓜、枕头瓜、老瓜、嫩瓜等。这些品种的蔓藤鲜嫩茎叶均可采食。南瓜在全省大部分地区均有分布。

南瓜性温、味甘，有补中益气、消炎止痛、降糖止渴、解毒杀虫的功能。南瓜蒂有清热、安胎的作用。南瓜尖内含蛋白质、脂肪、膳食纤维、碳水化合物、灰分、胡萝卜素、抗坏血酸及多种微量元素。营养价值较高。

南瓜尖清香甜脆，鲜嫩可口。将南瓜尖洗净改刀，可凉拌、炒、炝食用，也可与各种荤食材相配伍炒、煮、炖、蒸或制作面点的馅心。

洋丝瓜尖

YangSiGuaJian

洋丝瓜尖即葫芦科佛手瓜属洋丝瓜蔓藤的鲜嫩茎叶。

洋丝瓜为多年生攀缘性草本植物。云南栽培的品种主要有两种：一种绿皮种，另一种是白色种。洋丝瓜的别名主要有佛手瓜、合掌瓜、菜肴梨、手收瓜。洋丝瓜喜欢温暖、湿润的气候，不耐高温，也怕霜冻。在云南的中、东、南、西部地区均有分布。

洋丝瓜尖的鲜嫩茎尖清香可口，脆嫩鲜甜，营养丰富，其应用及烹调方法可参照南瓜尖。

蒲公英

PuGongYing

蒲公英，主要别名有黄花地丁、黄衣苗、婆婆丁、蒲公丁、地丁、金簪草等。

蒲公英为菊科多年生草本植物。多生长在阴湿荒地和田野里、田间、沟边、草丛、林下等，云南各地多有分布。主要采食其嫩茎叶。

蒲公英内含蛋白质、粗纤维、胡萝卜素、尼克酸、维生素B_2和多种矿物质。中医认为，蒲公英味甘、微苦，性寒。具有清热解毒、消肿散结的功效，可用于呼吸道感染，各种炎症、痢疾、痈疖疔疮、感冒发热、尿路感染等。

蒲公英嫩茎叶清香脆嫩，鲜醇可口，其应用及烹调方法可参照菊叶菜。

青刺尖

QingCiJian

青刺尖，主要别名有梅花刺、扁黑木狗奶子、枪子果、鸡子果等。

青刺尖为双子叶植物药蔷薇科植物的扁核木的叶。青刺尖为叶灌木，生于山坡溪谷两岸灌木丛中及洼地、路旁。采食其嫩尖叶。

青刺尖性微寒、味苦。入心、肝、肾经。有清热、祛瘀、消肿、解毒，治痈疽疮毒、骨折的功效。

青刺尖鲜醇软嫩，微苦回甜，其应用及烹法可参照车前草。

人参菜

RenShenCai

人参菜，主要别名有土人参、假人参、飞来参、土高丽参、土花旗参等。

人参菜为马齿苋科多年生肉质草本植物的鲜嫩茎叶。人参菜多生长在路旁、村边、溪沟边的阴湿地上，在云南的中部、南部地区均有分布。

人参菜内含蛋白质、脂肪、钙、维生素、粗纤维、还原糖及皂苷、人参醇等营养物质。中医认为，人参菜性平、味甘。具有清热解毒、补中益气、生津解渴、畅通乳汁等功能。

人参菜鲜甜软嫩，清香可口。其应用及烹调方法可参照豆瓣菜。

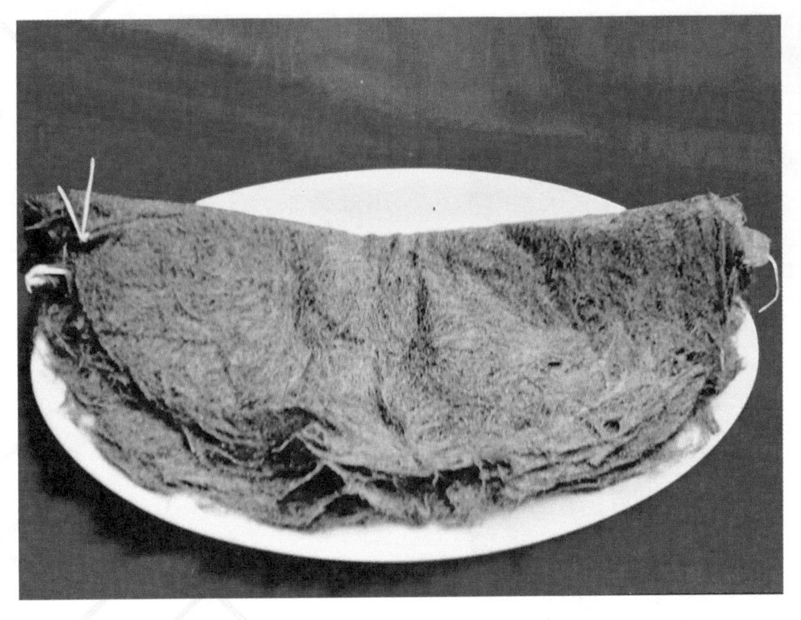

青苔

QingTai

青苔，主要别名有滑苔、苔钱等。

青苔为苔藓植物。色翠微，细如丝。多生长在热带和亚热带地区清澈流淌的江河水中和静水池塘中。青苔是西双版纳傣族最喜欢采食的保健野菜。生长在江河中的青苔，傣语称之为“改”；生长在静水池中的青苔，傣语称为“岛”。不论哪种青苔，都是附生在水底的石块或岩石上，春暖时抽丝发苔，3月末4月初长成又长又绿的青丝。然后采集、洗净，捡尽杂质，拉开苔丝，摊薄、晒干即成。“干品”，傣语称为“改些”和“改养”。

青苔富含绿色素，叶黄素，胡萝卜素，维生素B_1、B_2、B_{12}和维生素C、维生素D，还含有人体所需的无机盐和微量元素。能防治疟疾，对消化不良、肺炎、气管炎有一定的治疗作用。

青苔鲜香细嫩，味美可口。将干青苔切成小片可炸、烤食用。干青苔用水泡发开可以与鸡蛋、肉类配伍蒸食。还能与一些高档精料烩食、烧食。例如“青苔烩鹿筋”。

沙松尖

ShaSongJian

沙松尖，主要别名有彬松尖、松针尖、杉郎尖等。

沙松尖为松科常绿乔木杉松的鲜嫩尖叶。杉松多生长在500—1500米的湿热地区。在云南的中、南部均有分布。采食部位为杉松萌发时的嫩芽尖。

沙松尖内含蛋白质、挥发油、棕榈碱等，其性温、味辛。具有清肠润肠、降血脂、降血糖、健美等功效。

沙松尖清香软嫩，味美可口。沙松尖采回后，去杂质洗净，放入沸水中氽透后滤出，漂渍水中24小时（多换几次清水），去除松油味，然后滤去水分即可入炊。昆明地区食用沙松尖多为凉拌。

水豆瓣菜

ShuiDouBanCai

水豆瓣菜，主要别名有：水龙须、水豆瓣、圆叶节节菜，红格草等。

水豆瓣菜为千屈菜科节节菜属，一年或两年生肉质草本植物圆叶节节菜的鲜嫩株或鲜嫩茎叶。生长在水田中、池塘或潮湿地带。云南大部分地区均有分布。

水豆瓣菜性凉，味甘淡。内含酚类、氨基酸、黄酮苷等。具有清热利湿、活血调经、消肿解毒的功效。

水豆瓣菜滋嫩鲜香，其应用及烹调方法可参照荆芥嫩尖。

水蓼

ShuiLiao

水蓼，主要别名有辣蓼、酸茴叶蓼、泽蓼、苦蓼等。

水蓼为蓼科一年生草本植物。多生长在田野水边、山谷湿地、河边沟边、沼泽浅水处。采食部位为水蓼的幼苗和嫩茎叶。

水蓼内含胡萝卜、维生素B_2、维生素C及钙、磷、钾、镁、铁、锌等营养物质。水蓼性温、味辛。具有解毒、消肿、健脾、化湿、活血、截疟的功效。可用于疮疡肿痛、暑湿腹泻、肠炎痢疾、小儿疳积、跌打伤痛等。

水蓼清香软嫩，营养丰富，其应用及烹调方法可参照车前草。

水香菜

ShuiXiangCai

水香菜，主要别名有野草香、香香菜、“帕冷”（傣族），又名香菜等。

水香菜为唇形科草本植物，多生于温带亚热带地区的河旁、沟边和湿地、沼泽等地。在云南德宏湿热无严冬的亚热带坝区，水香菜成了多年生草本植物。而且水香菜是德宏地区各民族最喜食的传统蔬菜之一。

水香菜鲜嫩清香，味美爽口，营养丰富，可凉拌、炒、煮、炖食，如果用它来炒鸡蛋或煮鸡蛋汤、酸笋汤，其口味及风味更为别致。

甜菜

TianCai

甜菜，学名守宫木。主要别名有越南菜、树豌豆菜等。

甜菜为大戟科多年生灌木。生长于海拔1000—1100米的地区，多长于林下、路旁、山坡庭院，也有在地边做植物篱笆。在云南的德宏、西双版纳、红河及元江等热带和亚热带地区分布较广。采食部分为嫩茎叶。

甜菜内含蛋白质、碳水化合物、纤维、胡萝卜素、维生素B_2、维生素C及多种矿物质等。其性温、味甘。具有清热利湿、生津、健胃、美容等功效。

甜菜清香鲜甜，味似豌豆尖，其应用及烹调方法可参照豆瓣菜。

象耳叶

Xiang'erYe

象耳叶，学名木瓜榕。为桑科榕属，或称大果榕。

象耳叶多生于热带、亚热带温暖湿润的地区。云南的德宏、西双版纳及滇南等地区均有分布。采食部位为鲜嫩的木瓜榕叶片。

象耳叶是德宏地区傣族、景颇族人民最喜欢的野蔬及包裹用具。几乎每家都有一两棵或者更多的木瓜榕树。鲜嫩的叶片用沸水氽后，可与番茄、酸笋、蚕豆炒吃、烧吃、煮吃。还可以煮鱼、鸡、肉或者舂食。老的象耳叶用来包裹食物或代替用餐的碗盘，还可以用来做出售果菜的包装用具。

灰条菜

HuiTiaoCai

灰条菜，学名藜。主要别名有灰菜、灰灰菜、银灰菜等。

灰条菜为藜科一年生草本植物。多生于田野、荒地、路边及村庄、住宅附近，在云南大部分地区均有分布。现已人工培植。主要采食其嫩茎叶及幼苗。

灰条菜内含蛋白质、脂肪、碳水化合物、粗纤维、钙、磷、铁、胡萝卜素、硫胺素、核黄素、尼克酸、抗坏血酸、糖类等营养物质。中医认为，灰条菜叶甘、性平。具有清热、利湿、杀虫功效，可用于痢疾、腹泻、湿疮痒疹、毒虫蛟伤等症。注意：野生灰条菜含有卟啉物质，如不予处理，吃多后会引致日光性皮炎。沸水焯与清水浸泡均可以减少或去除。

灰条菜软嫩清香，营养丰富，其应用及烹调方法可参照车前草。

小黄花

XiaoHuangHua

小黄花，学名鼠由草。主要别名有清明菜、佛耳草、爪老鼠、无心草、白头草等。

小黄花为菊科一年生草本植物。喜生于田埂、荒地、路旁、豆麦田中以及湿润的草地、沟边、河岸等地方。云南各地均有分布。主要采食其嫩茎叶和花。

小黄花内含胡萝卜素、维生素C、维生素B_2、粗脂肪及钾、钙、镁、磷、铁、锰、锌、铜等多种微量元素。小黄花性平、味微苦。具有清热利湿、化痰止咳、降血压和血气等功效。

小黄花鲜香软嫩，可拌、炒、炝食。还可以与米、面等结合制作糕饼食用。

小荨麻

XiaoQianMa

小荨麻，主要别名有细荨麻、小芒麻、无刺荨麻等。

小荨麻为荨麻科一年生草本植物。多生长在田边、路旁、地头、沟边、溪边，云南大部分地区均有分布。采食部位为鲜嫩茎叶。

小荨麻性寒、味甘。具有活血化瘀、祛风镇咳、消痒解痛的功效。可治疗痘疹不透、小儿惊风、风湿骨痛等疾患。

小荨麻清香鲜嫩，可凉拌、炝、套炸食，还可蒸、炒鸡蛋，煮鱼、鸡、肉汤食用。

雪笋

XueSun

雪笋即竹叶菜的鲜嫩叶芽。学名淡竹叶。主要别名有竹芽菜、鸭跖草、鸭舌草、碧竹子、碧竹草等。

雪笋为鸭跖草科一年生草本植物竹叶菜的嫩叶芽。多生长在海拔3000米左右的丛林、溪水处。如云南的高黎贡山、碧罗雪山、哈巴山等。

雪笋内含蛋白质、脂肪、碳水化合物、粗纤维、钙、磷、铁、胡萝卜素、硫胺素、核黄素、尼克酸、抗坏血酸及鸭跖黄酮甙等营养物质。中医认为，其味甘、性寒。入心、肝、脾、胃、肾、大小肠诸经，有清热、凉血、解毒的功用。可治水肿脚气、小便不利、感冒、丹毒、黄疸肝炎、热痢、疟疾等症。

雪笋清香脆嫩，鲜醇可口。可单料拌、炝、炒、爆、煮食，还可以与各类禽畜、海河鲜食料为伍制肴。一般的烹调方法有：拌、炝、炒、爆、烩、炸、炖、烧等。

鸭舌草

YaSheCao

鸭舌草，主要别名有鸭儿嘴、鸭仔菜、猪耳菜、水锦葵、香头草等。

鸭舌草为雨久花科植物多年生草本。多生于潮湿地区或水稻田中、池沼边水中。云南大多地区均有分布。采食部位为嫩幼苗及嫩茎叶。

鸭舌草内含蛋白质、脂肪、纤维素、钙、磷、镁、钠、铁、锰、铜、胡萝卜素、维生素B_2、维生素C等多种营养物质。中医认为，其性凉、味苦。具有清热解毒的功效，可用于治疗痢疾、肠炎、急慢性扁桃体炎、齿龈脓肿等。

鸭舌草清香脆嫩，营养丰富，其应用及烹调方法可参照菊叶菜。

川芎苗嫩尖 ChuanXiongMiaoNenJian

川芎苗嫩尖，主要别名有蘼芜、芎䓖、芎䓖苗、坎菜、䓖菜等。

川芎苗嫩尖为伞形科植物川芎的鲜嫩植株。云南的东、中、西部地区均有分布和栽种。主要采食其幼嫩苗及嫩茎叶。

川芎苗嫩尖内含挥发油及生物碱、阿魏酸、酚性成分、内酯类等。具特有香气。中医认为，其味辛、性温。入手少阴、足少阳、厥阴经。可祛脑中风寒。民间认为其可开胃消食，脾胃不舒者与萝卜同食尤佳。

川芎苗嫩尖清香软嫩，味美可口。其应用及烹调方法可参照荆芥嫩尖。

火镰菜 HuoLianCai

火镰菜，学名镰子菜。主要别名有镰子草、耐惊菜、满天星、虾钳菜等。

火镰菜为苋科一年生草本植物。高15—45厘米，茎具纵沟，沟有柔毛。叶对生，条状披针形、倒卵形或卵状矩圆形，头状花序1—45腋生白色。生于水边、田边等湿处。在云南的南、中、西部地区均有分布。采食其嫩茎叶。

火镰菜内含蛋白质、脂肪、粗纤维、钙、磷等。中医认为，其味苦、性凉。具有清热利尿、解毒的功用。可用于治疗吐血、咳嗽、痢疾、肠风下血、湿疹等症。

火镰菜清香脆嫩，营养丰富，其应用及烹调方法可参照菊叶菜。

阳荷

YangHe

阳荷，主要别名有阳藿、洋荷花、洋百合、蘘荷、蘘草、姜笋、野姜、姜花等。

阳荷为姜科植物阳荷的嫩芽叶。生于湿热地区的阴湿地区阔叶林下。在云南的文山及滇西南均有分布。现已有人工栽培。主要采食其嫩芽叶。

阳荷内含蛋白质、脂肪、纤维素、维生素A、维生素C。中医认为，其性寒、味苦、无毒。有止咳平喘、活血调经、解毒清肺等功效。

阳荷清香软嫩，营养丰富，可单料为菜，拌、炒、烩食，也可以与各类荤食料相配伍。一般的烹调方法有：拌、炒、爆、卷、炸等。

野苋菜

YeXianCai

野苋菜，主要别名有野蕻、假苋菜、野米苋、野蕹菜等。

野苋菜为苋科多年生草本植物。多生长在田边、地头、房前屋后的空地上。在云南的大部分地区均有分布。主要采其幼嫩苗及嫩茎叶。

野苋菜内含蛋白质、脂肪、碳水化合物、粗纤维、钙、磷、胡萝卜素、硫胺素、核黄素、尼克酸、抗坏血酸等营养物质。中医认为，其味甘、性凉。具有清热解毒、凉血止血的功效，可治疗痢疾、目赤、乳痛、痔疮、甲状腺肿大等。

野苋菜鲜香甜嫩，其应用及烹调方法可参照荆芥嫩尖。

野葵

YeKui

野葵，主要别名有芪菜、芭芭叶、野冬苋菜、葵菜、冬葵、棋盘菜、滑滑菜等。

野葵为锦葵科锦葵属两年生草本植物。多生长在海拔1600—3000米的山坡、林缘、草地、路旁、田野、林落附近。在云南的昆明、楚雄、大理、丽江、曲靖、保山、玉溪、思茅、临沧等地均有分布。主要采食其嫩幼草或嫩茎叶。

野葵内含胡萝卜素、硫胺素、钙、磷、铁等营养物质。其性寒、味甘。具有清热利湿、凉血解毒的功效。用于治疗黄疸性肝炎、乳腺炎、咽喉炎、肺热咳嗽、肾炎、水肿等。

野葵的嫩茎叶鲜香软嫩，其应用及烹调方法可参照红薯藤尖。

野荠菜

YeJiCai

野荠菜，主要别名有荠荠菜、荠菜、护生菜、清肠菜、菱角菜等。

野荠菜为十字花科一至两年生草本植物。多生长于田野、山坡、路旁、菜园、田埂四周、宅旁。采食其幼苗及嫩茎叶。

野荠菜内含蛋白质、脂肪、粗纤维、糖类、胡萝卜素、多种维生素和多种矿物质以及胆碱、乙酰胆碱、荠菜酸、黄桐类、皂苷等元素。中医认为，其性平、味甘，入心、肝、脾经。具有和脾、利水、明目、降压、解毒的功效。现代医学研究证明，荠菜含有荠菜酸，有止血作用，对内出血效果特别好。荠菜内含有丰富的胡萝卜素，对治疗干眼病、夜盲症有较好的效果。

野荠菜香醇软嫩，鲜甜爽口，其应用及烹调方法可参照豆瓣菜。

油菜

YouCai

油菜，主要别名有芸薹、胡菜、寒菜、薹菜、红油菜、青菜等。

油菜为十字花科芸薹属两年生草本植物。多生于山坡、田野、林缘、沟河边温暖湿润的地方。在云南东、中、南、西等地区均有分布。主要采食其幼苗及嫩茎叶。

油菜性平，味辛、甘。具有凉血散血、解毒消肿的功效，可用于血痢、丹毒、热毒疮肿、乳痈、风疹、吐血等。

油菜清香脆嫩，鲜醇可口，其应用及烹调方法可参照荆芥嫩尖。

皂角尖

ZaoJiaoJian

皂角尖，主要别名有皂角、天丁、皂针、皂角米、猪牙皂等。

皂角尖为豆科皂荚属落叶乔木皂角的嫩叶芽。主要生于野外向阳的湿地上或栽培于村落。在云南的东、中、南部均有分布。采食部位为嫩叶芽。

皂角尖内含皂角苷、皂草苷等。其性温、味辛，具有消肿脱毒、排脓、杀虫的功效。可用于痈疽初起或脓化不溃，外可以治疥癣等。

皂角尖鲜嫩清香，其应用及烹调法可参照荆芥嫩尖。

白苞蒿

BaiBaoHao

白苞蒿，主要别名有珍珠菜、小黑药、鸭脚菜等。

白苞蒿为菊科蒿属多年生草本植物。分布于红河州金平、蒙自、屏边等地。生长于村边林缘、山谷阴地、溪边及荒地。白苞蒿茎紫色、直立。叶片深绿色，羽状全裂，裂片有深或浅锯齿，顶端渐尖。每年的3—8月采集嫩苗、嫩茎叶食用。

白苞蒿含挥发油，成分有黄酮苷、酚类，还含氨基酸、多种矿物质及香豆素等物质。中医认为其性温、味辛、微苦，有清热、解毒、止咳、消炎、活血、散瘀、通经等作用。可用于治疗肝、肾病及血丝虫病等。

白苞蒿清香鲜嫩，营养丰富，其应用及烹调方法可参照菊叶菜。

芝麻菜

ZhiMaCai

芝麻菜，主要别名有芸芥、臭芥菜等。

芝麻菜为十字花科芝麻菜属1—2年生草本植物。是云南特有珍稀蔬菜，因其全株具有芝麻香味而得名。分布于海拔1200—2000米的弥渡、腾冲、洱源、宾川、永红、禄丰、施甸等地。采食其嫩茎叶。

芝麻菜味甘淡、性微寒。有清热、祛风、散瘀等功能。

芝麻菜清香脆嫩，鲜醇可口，可单料凉拌、炝、煮、炒食，还能与其他荤食材配伍为肴。

紫背天葵

ZiBeiTianKui

紫背天葵，主要别名有血皮菜、木耳菜、观音苋、当归菜、血匹菜、红苋菜等。

紫背天葵为菊科多年生宿根草本植物。多生于旷野湿地、田边、地头，或栽培于园圃。采食部位为嫩茎叶。

紫背天葵内含粗脂肪、粗纤维、烟碱及钙、铁、磷等。中医认为，其味微甘辛、性平，具有活血止血、解毒消肿之功用。可用于治疗痛经、血崩、咳血、创伤出血等症。

紫背天葵鲜香软嫩，其应用及烹调方法可参照车前草。

紫苏

ZiSu

紫苏，主要别名有赤苏、白苏、苏子、红苏等。

紫苏为唇形科一年生草本植物。主要生于田间、路旁、沟边及住宅附近。现已人工栽培。主要采食幼苗及嫩茎叶。

紫苏内含蛋白质、脂肪、碳水化合物、粗纤维、胡萝卜素、多种维生素和矿物质。还含有紫苏醛、紫苏醇、落荷酮、落荷醇、丁香油酚及白苏烯酮等，具特异芳香，并具有防腐作用。紫苏性温、味辛。有解毒散热、行气和胃等功效。

紫苏香醇软嫩，营养丰富，其应用及烹调方法可参照芝麻菜。

臭牡丹

ChouMuDan

臭牡丹，主要别名有滇常山、臭茉莉、葩者介（傣族）、波醒浪（景颇族）等。

臭牡丹为马鞭草科赪桐属植物。喜生于山谷、坡地、灌木丛或疏林、草丛中，云南大多数地区均有分布。采食部位为其嫩尖叶。

臭牡丹性温、味辛。具有祛风活血、消肿、降压的功效。可治风湿类关节炎、腰腿痛、高血压等疾患。

臭牡丹的嫩尖叶清香鲜嫩，可凉拌、炝、炒、煮、套炸食用，还能与蛋、肉类配伍炒、煮、蒸、烤食。

青辣椒尖

QingLaJiaoJian

青辣椒尖为茄科辣椒属植物辣椒的嫩茎叶。

青辣椒尖具特殊的辛香，吃口不辣，且具有一定的养生保健功能。20世纪后期被作为新兴蔬菜开发食用，在日本、东南亚一带颇为畅销。然而，食用辣椒的嫩茎叶的习俗在云南昆明、滇南、滇西早已有之。

据江西农业大学检测报告，辣椒嫩茎叶每百克含人体必需氨基酸为9.74克，鲜味氨基酸8克、铁30.12毫克、锰33.43毫克、铜0.971毫克、锌6.74毫克、硒12.2毫克、钙770毫克，均高于辣椒的含量。中医认为，辣椒的鲜嫩茎叶味甘，具温中散寒、暖胃消食、开郁去痰、补肝明目等功效。

辣椒的嫩茎叶清香鲜嫩，营养丰富，可凉拌、清炒、炒鸡蛋、套炸、烧汤或与各类荤食料配伍为肴皆可。

荷叶尖

HeYeJian

荷叶尖，主要别名有荷尖、荷头、荷叶顶等。

荷叶尖为睡莲科多年生水生草本植物莲的鲜嫩叶芽。多生长在湖泊和浅水塘中。云南各地均有。采食部位为莲的嫩芽叶。

荷叶内含莲碱、原荷叶碱、柠檬酸、苹果酸、葡萄糖酸、草酸、琥珀酸等。其性凉、味苦辛，归心、肝、脾经。具有消暑利湿、健脾升阳、散瘀止血的功效。

荷叶尖清香软嫩，营养丰富，可单料凉拌食用，还可与蛋类、肉类炒食、拌食；还能卷肉类蒸食、炸食等。

榕芽

RongYa

榕芽为桑科常绿乔养木大叶榕的鲜嫩叶芽。别名有大青树、万年青等。

榕芽多生长在热带、亚热带地区的江河边、村寨、庭院里。在云南中部、南部、西南部等地区均有分布。采食部位为鲜嫩芽叶。

榕芽性平、味酸。具有清热解毒、健胃消食等功能。

榕芽清香软嫩，采摘洗净后，用沸水氽透放凉，滤出，可凉拌、套炸、炒食，还能与肉、蛋类炒、煮、烩、炖食用。

银合欢

YinHeHuan

银合欢，主要别名有白合欢。

银合欢为豆科合欢属，灌木或小乔木。多生长于中低海拔的山坡、路旁或河边。在云南各地均有分布。采食其嫩芽叶及嫩荚。

银合欢的嫩芽叶和嫩荚鲜香脆嫩。采摘后洗净，用沸水氽后滤出漂净。可凉拌、炝、炒、炸、煮食用，还能与各类荤食料配伍为肴。

酸尖

SuanJian

酸尖，学名白毛藤。主要别名有谷菜、酸尖菜、耳坠菜、蜀羊泉、野猫耳朵等。

酸尖为双子叶植物，管花目茄科植物白毛藤的鲜嫩叶尖。喜生于路边、山野或灌木丛中，在云南中部、南部、西部多有分布。主要采食其鲜嫩叶尖。

酸尖性寒、味甘苦、无毒。具有清热、利湿、祛风、解毒的功效。可治疗疟疾、黄疸、水肿、淋病、风湿关节痛、疔疮等疾患。

酸尖清香鲜嫩，其应用及烹调方法可参照青辣椒尖。

苦荬菜

KuMaiCai

苦荬菜，主要别名有稀须菊、墓头回、牛舌片、秋苦荬菜等。

苦荬菜为多年生草本植物。高30—70厘米，基生叶倒卵状披针形或 匙形，边缘羽状分裂。生于荒野、山坡、路旁、河边及疏林下，在云南的东、中、南部地区均有分布。主要采食其嫩茎叶。

苦荬菜内含蛋白质、脂肪、碳水化合物、膳食纤维、胡萝卜素、硫胺素、核黄素、抗坏血酸、磷等营养物质。中医认为，苦荬菜味苦、性凉，具清热、解毒、消肿等功效。可治肺痈、乳痈、血淋、疖肿、跌打损伤等症。

苦荬菜鲜香软嫩，营养丰富，其应用及烹调方法可参照车前草。

树头菜

ShuTouCai

树头菜，主要别名有鸡爪菜、龙头菜、鹅脚木叶、虎王、刺苞菜等。

树头菜为白花科植物鱼木的嫩芽。多生长于海拔1600米左右温暖湿润的地区。云南的东、中、南、西部地区均有分布。采食部位为其嫩芽。

树头菜内含蛋白质、氨基酸、维生素及11种矿物质。中医认为，其味苦、性寒。具有清火健胃、安神降压、壮肾利尿、解毒驱虫等功效。主治痧症发热、烂疮、蛇咬伤、胃痛、风湿关节炎等症。

树头菜清香鲜嫩，苦凉回甜，其应用及烹调方法可参照南瓜尖。

苦马菜

KuMaCai

苦马菜，主要别名有苦苦菜、苦蒿、苦菜、苦艾等。

苦马菜为菊科一年生草本植物。多生长于山坡、荒野、豆麦田中。云南大部分地区均有分布。主要采食其幼苗及嫩茎叶。

苦马菜内含蛋白质、脂肪、碳水化合物、膳食纤维、胡萝卜素及多种矿物质。中医认为，其味苦、性寒，可清热、解毒、补虚、止咳。据有关医学报道称其具抗癌作用。

苦马菜清香软嫩，营养丰富，其应用及烹调方法可参照车前草。

辣子草

LaZiCao

辣子草，主要别名有牛膝菊、珍珠草、铜锤草、向阳花、铜钱草等。

辣子草为菊科一年生草本植物。多生于田边、路旁、山坡草地、林下、林间草地、河边及房前屋后。云南大多数地区均有分布。采其幼草及嫩茎叶。

辣子草内含胡萝卜素、维生素B_2、维生素C及钙、镁、磷、钠、铁、锌、铜等多种营养物质。其味甘淡，性平。具有清肝明目、消炎止血等功效。

辣子草清香鲜嫩，营养丰富，其应用及烹调方法可参照青辣椒尖。

野薄荷

YeBoHe

野薄荷，主要别名有水薄荷、仁丹草、土薄荷等。

野薄荷为唇形科多年生草本植物。野薄荷适应性很强，常见于水沟边、河旁、田边、荒野湿地上。云南大多数地区均有分布。采食其嫩茎叶。

野薄荷内含胡萝卜素、维生素B_2、维生素C，另外还含有薄荷酮、挥发油以及多种游离氨基酸。其性温、味辛香，具有祛风、化痰、消暑、解表、杀菌、止痒等功效。

野薄荷香醇鲜嫩，营养丰富，可凉拌、炸、煮食，还能配烧、炖、焖好的牛、羊、鱼肉食用，风味特别。

抱茎苦荬菜

BaoJingKuMaiCai

抱茎苦荬菜，主要别名有苦碟子、黄瓜菜、苦荬菜等。

抱茎苦荬菜为菊科苦荬菜属多年生草本植物。多生于荒野、山坡、路边、田间地头、河边及疏林下。在云南东部、中部、西部均有分布。采食其幼苗及嫩茎叶。

抱茎苦荬菜内含蛋白质、脂肪、碳水化合物、膳食纤维、胡萝卜素、尼克酸、钙、磷、铁、硫胺素、核黄素、抗坏血酸等多种营养物质。中医认为，其性凉、味苦，具有清热、解毒、消肿的功能。

抱茎苦荬菜清香软嫩，营养丰富，其应用及烹调方法可参照车前草。

奶浆草

NaiJiangCao

奶浆草，学名泽漆，主要别名有五朵云、五灯草、五风草等。

奶浆草为大戟科一年生草本植物。多生于山沟、路旁、荒野和山坡，云南大多数地区均有分布。采食其嫩茎叶。

奶浆草内含蛋白质、纤维素、槲皮素-5、β-二氢岩藻甾醇、泽漆皂甙、泽漆醇、多糖等物质。中医认为，其性寒、味苦，具有利尿消肿、化痰止咳、平喘的作用。

奶浆草软嫩清香，营养丰富，其应用及烹调方法可参照车前草。

百合芽

BaiHeYa

百合芽为百合科百合属百合地下圆球鳞茎发出的嫩芽。

百合芽为多年生根草本植物。供食用栽培的有龙芽百合（白花百合）、卷丹百合即山百合、蒜头百合、滇百合、川百合等。分布于昆明、贡山、香格里拉、维西、洱源、剑川、永胜、碧江、泸水、凤庆、景东、镇雄、大关、屏边、西畴、富林、砚山等地区。

百合营养丰富，内含糖类、蛋白质、脂肪、果胶，还含有钙铁磷等矿物元素和维生素B_1、B_2及百合甙A、百合甙B等营养物质。其性温、味甘，具有润肺、化痰、止咳、养心安神、健胃益脾、美容、降压等功能。

百合芽清香脆嫩，鲜甜可口，可单料为菜，还能与各种荤食材搭配为肴。一般的烹调方法为：拌、炝、炒、爆、炸、烧、烩、炖等。

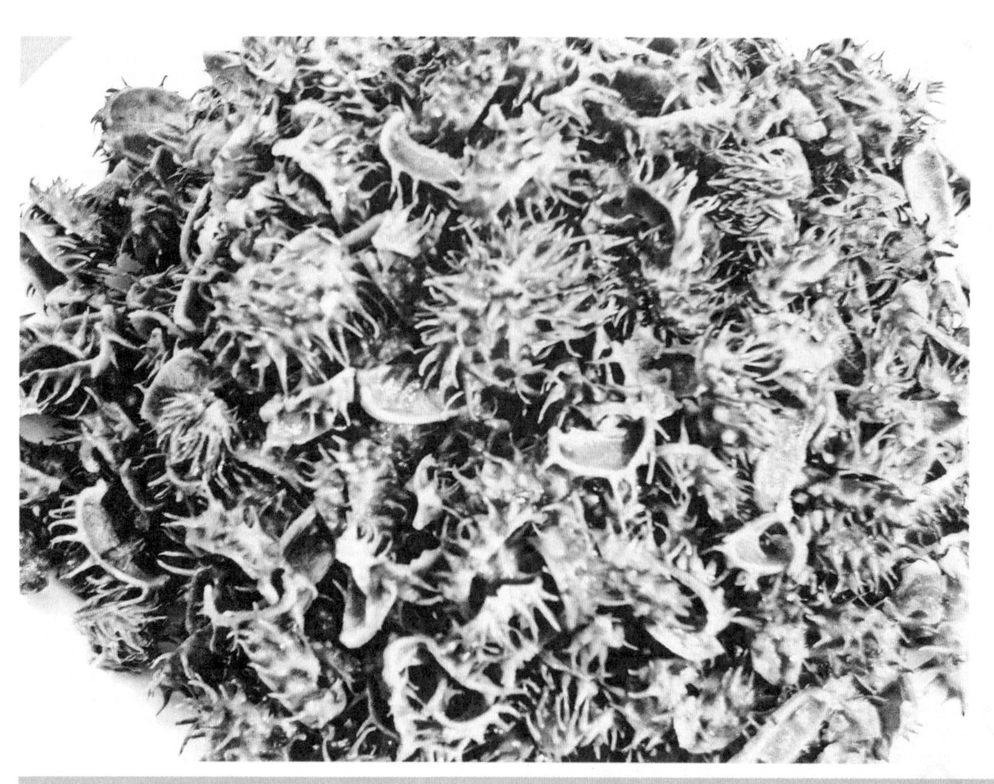

蓖麻壳

BiMaKe

蓖麻壳为双子叶植物大戟科一年生或多年生灌木或小灌木蓖麻子种仁的外壳。蓖麻在全省的荒地、河床边十分罕见。

蓖麻的叶可饲养蓖麻蚕，种仁是制作高级润滑油的材料。蓖麻仁中含毒性植物蛋白，在低温中不失活性，但经煮沸后可失去活性。适量的蓖麻子是一味中药，有消肿拔毒、泻下通带的作用，主治痈疽肿毒、喉痹、大便燥结等症。

在云南江川县一带的群众，有食鲜蓖麻壳的食俗。他们将蓖麻子中的仁取去它用，把壳洗净漂透，用沸水汆透滤出，凉拌、炒、炸、炖（还能与荤食料搭配）食。

佤山龙潭菜

WaShanLongTanCai

佤山龙潭菜，也称猛梭龙潭菜。

佤山龙潭菜生长于临沧西盟猛梭龙潭边的原始森林中。当地的佤族群众特别喜欢采食，并用它招待来客及贵宾。

猛梭龙潭菜碧绿清香、软嫩滋润、鲜醇回甜，采集后用沸水汆透过滤出即可入炊，可凉拌、炝、炒、炖、煮、烩，还能与各种荤食料配伍为肴。

根茎菜

葛根

GeGen

葛根，主要别名有甘葛、野葛、粉葛、葛藤、葛等。

葛根为豆科多年生草质藤本植物。多生长于山坡、草丛及路旁等地方，喜欢温暖温润、向阳的环境。云南大多数地方均有分布。采食部位为其肥大的肉质块根。

葛根内含丰富的氨基酸和铁、硒、锌、钙等微量元素，还含有异黄酮成分葛根素、葛根素木糖甙、大豆黄酮、大豆黄酮甙及β-谷甾醇、花生酸和大量淀粉。葛根性凉、味甘微辛，主入脾、胃经。有发表解肌、升阳透疹、解热生津、清心降压的功效。现代医学研究认为，葛根黄酮具有防癌抗癌的作用。

葛根清香甜嫩，营养丰富。葛根能生食、凉拌食、炒食，还可煮炖鱼、肉、排骨、鸡、鸭等食用。葛根粉可制甜羹，可制面包、面条、粉丝以及饮料等。

弯根

WanGen

弯根，主要别名有假芋、野芋等。

弯根为天南星水生草本植物（多年生草本）。产于玉溪、西双版纳、普洱，常见于海拔850—1400米的疏林和灌丛中，元江一带较多栽培于混地中。采食部位为弯根的鲜嫩匍匐茎。

弯根清香嫩滑，色碧味佳。采摘来的匍匐茎应先轻轻刮去表皮洗净、用沸水氽后可凉拌或炝食。生料可炒、爆、套炸、烤食，还能与各类荤食料搭配为肴，一般的烹调方法为拌、炝、炖、炒、爆、烧、烩、扒等。

卡菜

KaCai

卡菜即铁角蕨科半边铁角蕨的根（景颇语称卡概，"概"是景颇语"菜"的谐音）。卡概称为卡菜，寓意为美味山珍。

每年的节令进入大雪至雨水期间，在云南的德宏的一些集市上，会看到一些景颇族妇女摆售的野菜中，有一种毛茸茸、盘根错节、形似虾样的物品，这就是半边铁角蕨的根状茎，这就是深受当地人们青睐的山珍——卡菜。（半边铁角蕨主要生长在海拔1000—1300米的浓荫铁蔽、光线不强的湿地阔叶林内）。

卡菜，是景颇族群众最喜爱的野菜之一，也是平时串亲访友时，在馈赠礼物中不可缺少的上品，送上一两把，比送肉食、禽、蛋要珍贵得多。之所以卡菜受人们欢迎，是因为卡菜不但味道鲜美，而且还有较好的药用价值（卡菜具有利尿、安神、壮阳等功效，肾炎患者服后能减痛痊愈，神经衰弱患者食后可改善睡眠不好的状况）。

卡菜的加工方法：将新鲜的半边铁角蕨根茎上密生根须去掉，泡清水中搓洗干净后滤出，再用木棒将其敲扁，然后用热锅焙烤或用芭蕉叶包严后放入火灰内捂烤至熟取出，接着放入木臼或舂筒内，加入核桃仁或苏子及姜、辣椒、蒜、香料、盐拌匀，反复舂捣至细碎如菜泥即可食用。

阔翅柏那参

KuoChiBoNaShen

阔翅柏那参为双子叶植物纲伞形目五加科有刺灌木或乔木。其叶片呈掌形，伞形花序，果实成卵球形。

阔翅柏那参常生长于海拔1700—2000米的杂木林或林缘地带。产于云南的瑞丽、临沧、景东、贡山、福贡、漾濞、双柏等地区。主要采食其嫩芽叶及嫩花序。

阔翅柏那参的嫩叶芽及嫩花序香鲜可口，是景颇族群众喜欢食的野蔬之一。他们将采回或在集市上买回的阔翅柏那参的嫩叶芽和嫩花序洗净，用沸水余后漂洗滤出，即可佐番茄或酸笋炒食、煮食或凉拌，或加香料及盐舂食，或炖鸡、鱼、肉食用。

刺包菜

CiBaoCai

刺包菜，主要别名有木芽、木、刺老包、刺头菜、刺龙芽等。

刺包菜为五加科植物楤木的嫩叶芽，多生长于海拔1000—2000米的山间、河畔、灌丛、杂木林、山坡路旁等阴湿地带。在滇中、滇西、滇南均有分布。采食部位为木的嫩叶芽。

刺包菜内含丰富的蛋白质、脂肪、糖类、维生素及多种矿物质，还含有人体必需的微量元素，如镁、锰、锌等，还含有三萜皂甙、鞣质、原儿茶酸、生物碱及挥发油等。中医认为，其性平、味甘、微苦，具祛风除湿、利尿消肿、活血散瘀、上痛的功效。现代医学研究认为，楤木芽含皂甙A、B，为治疗多种神经衰弱综合征的有效成分。

刺包菜清香脆嫩，营养丰富。将鲜刺包菜焯水，漂透后可拌、炝、腌、炒、炖、炸、煮等，还能与各类荤食料配伍为肴。

仙人掌

XianRenZhang

仙人掌，主要别名有仙桃、圆武扇、仙人镜等。

仙人掌为仙人掌科灌木状肉质植物。多生长于热带亚热带地区干热的山坡、荒地、路旁。在云南的东、中、南部地区均有分布。采食部位为肉质嫩茎。

仙人掌营养丰富，内含蛋白质、脂肪、纤维素和钙、磷、铁、钾、锰、铜、锶等多种矿物质。有抗氧化、促代谢、降血压、降血糖、美容的功能。

仙人掌清香滋嫩，肉质肥厚，削去刺及外皮切片、切丁、切丝、切块皆可，还能与各种荤食料搭配为肴，炒、爆、炖、烧、煮、烩皆好。改刀氽水后也可凉拌、炝食。

野魔芋

YeMoYu

野魔芋，主要别名有蒟蒻、鬼芋、麻芋、蛇头草等。

野魔芋为无南星科多年生草本植物。多生长在800—1800米温暖湿润的山坡、林下。现多为人工栽培。

魔芋内含蛋白质、脂肪、碳水化合物、纤维素、淀粉。其性寒、味辛、有毒。具有消肿、解毒和降血脂、血糖、血压及美容等功能。

魔芋入肴必须先制成魔芋豆腐。传统的加工方法是：削去魔芋外皮洗净，用石磨将其磨碎，兑入6—8倍清水搅匀，滤去渣，入锅中煮至半熟，兑入5%的生石灰水，边加边搅，使其慢慢变稠呈灰黄色，再加入适量水煮至熟透，然后倒入容器中冷却即成魔芋豆腐。

香椿

XiangChun

香椿，主要别名有椿、红椿、香椿头、椿甜树、毛椿等。

香椿为楝科香椿属多年生落叶乔木。乔椿原产中国，早在2000多年前就有记载。

从全国各地香椿树种的类型看，依嫩芽的色泽和香味划分，主要有：红香椿、褐香椿、红叶椿、红芽绿香椿、黑油椿、红油椿、青油椿、台椿等种。其中又以褐香椿、红叶椿的品质味道为最佳。香椿多生长在海拔500—2700米的河谷、平地、山区、路边、村头或宅院。在云南的昆明、嵩明、富宁、会泽、镇雄等地区分布较多。云南的香椿根据食用部分的色泽、油分含量分为红油香椿，紫油香椿、绿油香椿等种。其中以红油香椿、紫油香椿的含油量及品质为佳。采食部位为香椿的嫩芽叶。

香椿的嫩芽叶鲜嫩香醇，味美爽口，可腌、拌、炝、炸、炒食，还能与肉、蛋及各种素食料配伍为肴为点。

水蕨菜

ShuiJueCai

水蕨菜，学名假蹄盖蕨。主要别名有苞蕨、水蕨箕、龙芽草、水扁柏等。

水蕨菜为蹄盖蕨科多年生草本植物。多生长在热带亚热带的河谷、箐沟。在云南的东南部、西南部地区多有分布。主要采食其嫩茎芽。

中医认为，水蕨菜味甘、性寒，具有活血、清热利湿、解毒、健胃消食等功能。

水蕨菜清香消爽，脆嫩可口，用沸水氽后，可凉拌、炝、炒、扒、炖食，还能与蛋、肉类食料配伍入炊。

象鼻蕨

XiangBiJue

象鼻蕨，主要别名有苏铁蕨、大蕨菜等。

象鼻蕨为凤尾科多年生草本植物。多生长于海拔1800米以上的山箐溪水边及林阴湿地。在云南主要分布于巍山、南涧、漾濞、丽江等地区。采摘食用部分为象鼻蕨的鲜嫩茎尖。

象鼻蕨内含蛋白质、脂肪、碳水化合物、粗纤维、灰分、钙、磷、铁、胡萝卜素、维生素C、热量及胆硷、表角固醇、鞣质等。

象鼻蕨清香脆嫩，鲜醇可口，营养丰富。象鼻蕨不但可单料为肴，还能与各种禽、畜、海河鲜、乳、蛋等荤食材相搭配为肴。一般的烹调方法有：拌、炝、炒、爆、炖、焖、炸、扒、烩等。

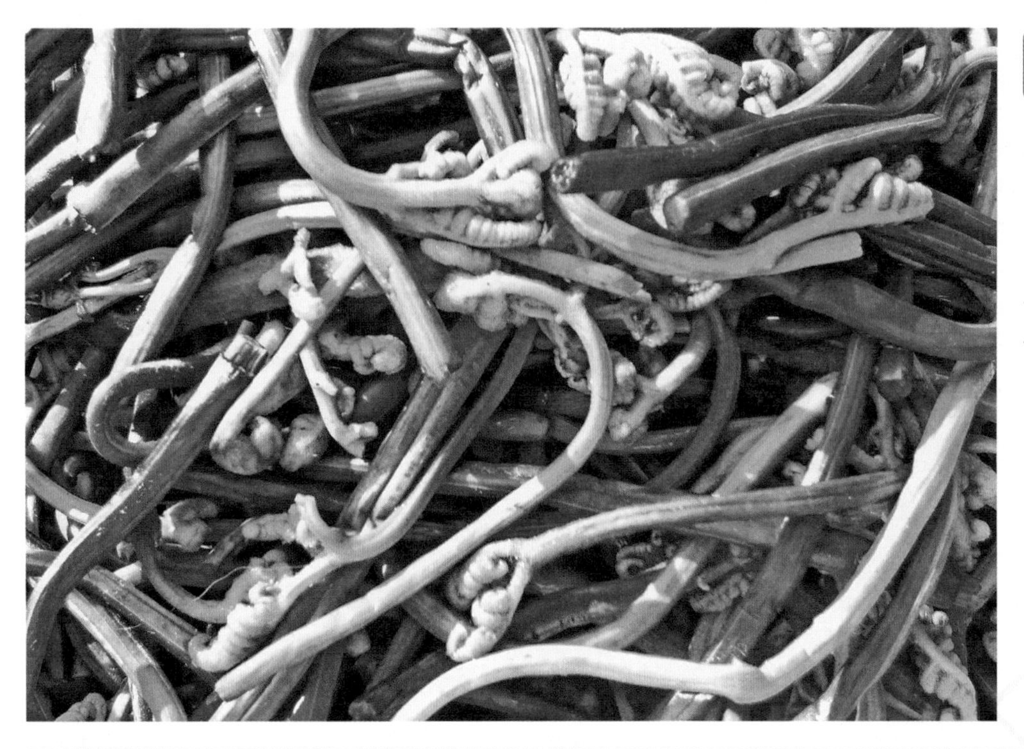

山蕨

ShanJue

山蕨，主要别名有蕨、蕨菜、龙爪菜、龙头菜、旱蕨等。

山蕨为蕨科多年生草本植物。多生长在海拔200—1800米的山地草坡、草地、稀疏阔针混交林或阔叶林间空地及边缘。喜湿而耐旱。在湿润、腐殖质深厚的地方生长茂盛。云南的大部分地区均有分布。采食其嫩茎尖。

山蕨内含蛋白质、脂肪、碳水化合物、粗纤维、维生素C、胡萝卜素、钙、磷、铁、锰、铜、锌等营养物质。其性寒、味甘。具有清热利湿、镇静消肿、降血脂等功效。

山蕨清香软嫩，营养丰富。采其嫩茎尖洗净，下沸水煮软取出，泡清水中1—2天（期间应多次换清水）后滤出。可凉拌、炒、煮、炸、炖食，还可用其焖鸡、鸭、鹅、排骨等食用。

滴水芋秆

DiShuiYuGan

滴水芋秆为天星科芋属植物滴水芋的叶茎。

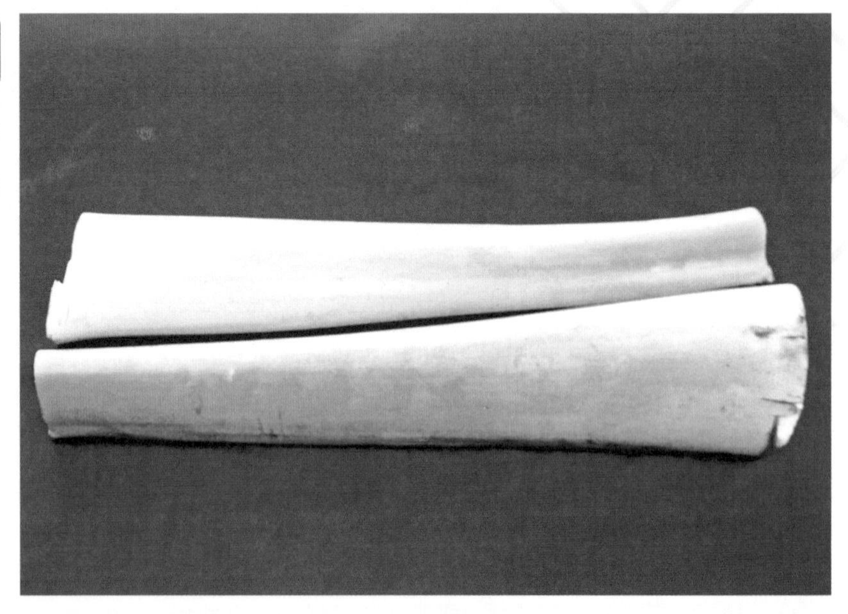

滴水芋多生长于海拔650—1530米的热带、亚热带的阴湿山谷、草丛、河边、池塘、田边。在云南的南部和西南部有分布。采食部位为滴水芋的嫩叶茎。

滴水芋性平、味辛，具有消炎、止痛、健胃的功效。

滴水芋秆是西双版纳傣族群众最喜欢采食的野蔬之一。滴水芋秆加各种植物香料可制成喃咪（蘸酱），可与番茄、酸笋煮吃，还可以煮鸡、鱼、肉类食用。

地莲秆

DiLianGan

地莲秆即芭蕉科多年生草本植物地涌金莲的茎秆。

地涌金莲的主要别名有地金莲、地母金莲、地母鸡、子孙芭蕉等。

地涌金莲多生长在海拔1500—2500米的田边地头、山间坡地。在云南省的昆明、玉溪、楚雄、永胜等地区均有分布。采食地涌金莲的茎秆。

地涌金莲性寒、味涩。具有止血、解毒、安神、健脑、助孕等功效。

地涌金莲秆鲜香软嫩。将采来的地莲秆去外皮改刀，用沸水余透后捞入清水中漂净滤出。可凉拌、炸、炒食，还可以炖、焖鸡、鸭、鱼、肉等食料食用。

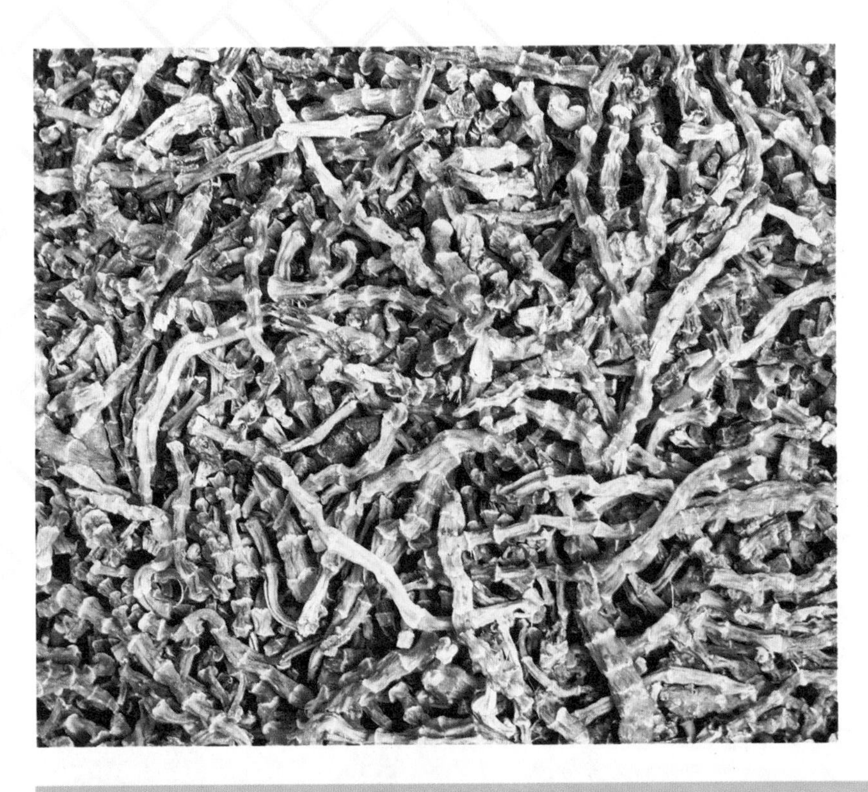

剑川地参

JianChuanDiShen

地参的主要别名有地笋、地肠子、银条、旱藕、地藕、地蚕子等。

地参为唇形科多年生草本植物。在海拔1800—2700米的地区均能生长。

在云南主要产于剑川、丽江、鹤庆，其中以剑川地参最为有名。采食其嫩根茎。地参内含蛋白质、脂肪、碳水化合物、胡萝卜素、硫胺素、核黄素、尼克酸、维生素C、钙、磷、铁及挥发油、葡萄糖甙、黄酮甙等营养物质。中医认为，其味苦、性微温，具有活血、益气、消水肿的功效。全草为妇科要药。

每年霜降节令后开始收获地下膨大的根茎（地参）食用。鲜品单料或配其他荤食料，可凉拌、炒、爆、煮、炖、焖、烩、炝食用，干品可清炸或套炸食用，甜咸均可。

海东黄精片

HaiDongHuangJingPian

黄精，主要别名有老虎姜、黄鸡菜、片尾参、节节高等。

黄精为百合科多年生草本植物，黄精的根茎，多生长在海拔600—2500米的常绿阔叶林下、水沟边、山坡阴湿处。在云南的东、中、西部地区均有分布，其中以大理海东产的黄精品质为佳。采食部位为黄精的根茎。

中医认为，黄精性平、味甘，入脾、肺、肾经。具有补中益气、润心肺、强筋骨、生津、滋阴补脾的功效。黄精内含黏液质、淀粉、糖分，还含丁啶羧酸、毛地黄糖甙及多种蒽醌类化合物等。现代医学研究证明，黄精有降血压、降血糖、抗炎、抗肿瘤的作用。

黄精香甜可口，营养丰富，可制作菜肴及补膳。将鲜黄精洗净，改刀，焯水后可腌、拌、炝、炒食。干片可炸食，无论鲜品或干品都可以与各种荤食料搭配炖、煲或制粥食和。

鱼腥草

YuXingCao

鱼腥草，主要别名有蕺菜、折耳根、壁虱菜、菹菜等。

鱼腥草为三白草科蕺菜属一年生或多年生草本植物。分布于滇中、滇西、滇西北、滇南。生长于海拔1500—2500米的林缘水沟边、湿润的路边、村旁、沟边、田埂沟边等。鱼腥草可周年采挖。一般春、夏季宜采收嫩茎叶，秋冬宜挖取地下茎。

鱼腥草内含蛋白质、碳水化合物，富含维生素、氨基酸，以及钙、磷、铁等多种人体必需的营养成分，尤其还含有槲皮苷等保健物质，是一种十分可贵的保健蔬菜。鱼腥草性微寒、味辛，具有清热解毒、利水通淋、消痛排脓、镇痛、止血、止咳的功效。

血腥草茎根清香耐嚼，味美可口，一般腌、拌食用，也可与肉类配伍炒、爆、炖食。

百合

BaiHe

百合，主要别名有白百合、山百合、滇百合等。

百合为百合科百合属多年生宿根植物百合的鳞茎。多生长在海拔700—3100米的草坡、疏林、林缘、山谷阔叶林、山坡、草地。云南的昆明、丽江、临沧、大理、昭通、普洱等地区均有分布。云南有百合23种。其中有山百合、蒜头百合、滇百合、川百合等4种可作为蔬菜。采食部位为百合的地下鳞茎。

百合营养丰富，除含糖类、蛋白质、脂肪、果胶外，还含有钙、磷、铁等矿物元素和维生素B_1、B_2及百合甙A、百合甙B等特有的营养物质。百合是一种保健蔬菜。中医认为百合性平、味甘、微苦、无毒，入心、肺经，具有润肺止咳、平喘、清心安神的功效。现代医学研究证实，百合有升高外周的细胞，提高淋巴细胞转化率和增加体液免疫功能的活性，抗癌效果明显。

百合入肴，可单料为菜，还能与各种荤素食料相配搭为肴。一般的烹调方法为：腌、拌、炒、爆、烩、炖、烧、瓤，或制粥、调馅等。

鲜天麻

XianTianMa

天麻，主要别名有赤箭兰、独摇兰、离母、合离草、明天麻、定风草、神草、赤箭等。

天麻为兰科天麻属多年生草本植物的圆球茎。天麻多生于腐殖质较多而湿润的林下、向阳灌丛及草坡等地方。在云南的彝良、镇雄、永善、大关、绥江、盐津、鲁甸及滇西北的兰坪、维西等地区均有分布。采食其地下圆球茎。

天麻内含香荚兰醇、香荚兰醛、天麻甙、多糖、维生素、A类物质、黏液质等营养物质。中医认为，其性平、味甘，归肝经，具有息风止痉，平肝潜阳、祛风通络的功效；有镇痛、镇静、抗惊厥、降血压、明目、增智和保护心脏等作用。是治疗手脚麻木、腰腿酸痛、血管性神经性头痛、高血压所致头晕的良药。

鲜天麻清香脆嫩，肉质细腻肥厚，丝、条、丁、片、块……可由你随意改刀，拌、炝、炒皆可，能与其他荤食料搭配制肴，煲、炖、煨、烧、烩、扒……任你选择。

海菜花

HaiCaiHua

海菜花，主要别名有海菜、龙爪菜等。

海菜花为水鳖科多年生沉水植物海菜的带花嫩茎。海菜多生长在水质好的湖泊、池塘、河流中，云南海拔2700米以下的嵩明、宜良、石林、石屏、砚山、罗平、通海、剑川、鹤庆、洱源、勐海、宁蒗等地区的湖泊、池塘及沟渠浅水中均有分布。采食部位为花穗长的嫩茎。

海菜花性平、味甘淡，具有清热止咳、利尿生津、美容固脱等功效。可治风热咳嗽、脱肛、尿血等症。

海菜花清香滑嫩，味美爽口，可拌、炒、煮、烩、炖、食，可与各类荤、素食材配伍为肴，还可做鲊。

象尾巴菜

XiangWeiBaCai

象尾巴菜，主要别名有免儿伞。

象尾巴菜为宿根植物，多生长在湿热地区的山野丛林中。在云南的东南部、西南部地区均有分布。采食其嫩茎叶。

象尾巴菜性凉、味微苦，具有清热解毒、消炎利湿等功效。

象尾巴菜清香脆嫩，其应用及烹调方法可参照象鼻蕨。

藕芽

OuYa

藕芽为睡莲科莲属多年生草本植物莲藕的嫩茎。

在云南，莲藕分布于玉溪、昆明、文山、保山等地区。采食部位为莲藕的嫩茎。

莲藕内含蛋白质、脂肪、碳水化合物、膳食纤维、胡萝卜素、硫胺素、梭黄素及多种微量元素。中医认为，其味甘、性凉，可凉血、清烦热、止呕渴，有益胃健脾、养血补虚、止泻的功能。

藕芽清香脆嫩，鲜甜可口，一般的烹调方法为：拌、炝、炒、爆、煮、炖、炸等，还能与各种荤食料配伍为肴。

水芹菜

ShuiQingCai

水芹菜，主要别名有野芹菜、沟芹菜。

水芹菜为伞形科多年生湿性或水生草本植物。多年长在水沟或低洼潮湿的田边、土角。云南的东、中、南部地区均有分布。采食其嫩茎和叶柄。

水芹菜内含蛋白质、脂肪、碳水化合物、粗纤维、胡萝卜素、维生素B_1、B_2、维生素C、烟酸、钙、铁、磷等营养物质。中医认为，其性凉、味甘，具有退热除烦、清肝利肺、凉血止血、降血脂、降血压等功能。

水芹菜清香甜嫩，营养丰富，其应用及熟调方法可参照象鼻蕨。

芦笋

LuSun

芦笋，主要别名有龙须菜、石刁柏、露笋等。

芦笋为百合科天门冬属多年生宿根草本植物。欧洲已有2000多年的栽培历史。19世纪末传入中国，中国大陆于20世纪60年代后开始推广。食用部位为嫩茎尖。

芦笋内含蛋白质、脂肪、碳水化合物、膳食纤维、胡萝卜素、硫胺素、核黄素、尼克酸、抗坏血酸、钾、钙、镁、铁、锰、锌、铜、磷、硒等营养物质。中医认为，其性寒、味甘，具有清肺止渴、利水通淋的功效。现代医学研究认为，芦笋内较多的天门冬酰胺酶、天门冬氨酸及其他多种甾体皂甙等物质，对心血管病、水肿、膀胱炎、乳腺增生等有疗效。

芦笋清香脆嫩，营养丰富，削去外粗皮，可拌、炒、炝、爆，还能与各种荤食料搭配为肴。

建水草芽

JianShuiCaoYa

草芽，主要别名有象牙菜、蒲菜、蒲笋、东方香蒲等。

草芽为香蒲科香蒲属东方香蒲种多年生水生植物香蒲的嫩芽叶。

香蒲多生于沼泽河湖及浅水中。在云南主要分布在海拔1000—1600米的建水、石屏、开远等地。以建水产的草芽为佳。

草芽内含蛋白质、脂肪、碳水化合物、粗纤维、钙、磷、铁、胡萝卜素、硫胺素、核黄素、尼克酸、抗坏血酸及黄酮甙、β-固甾醇等物质。中医认为，其味甘、性凉，有清热、凉血、利水、消肿、养血、止咳等功效。

草芽洁白细嫩，清香鲜甜，可单料为菜，还能与各种禽畜、海河鲜食料配伍为肴，一般的烹调方法为：拌、炝、炒、爆、烩、炖、煮、炸等。

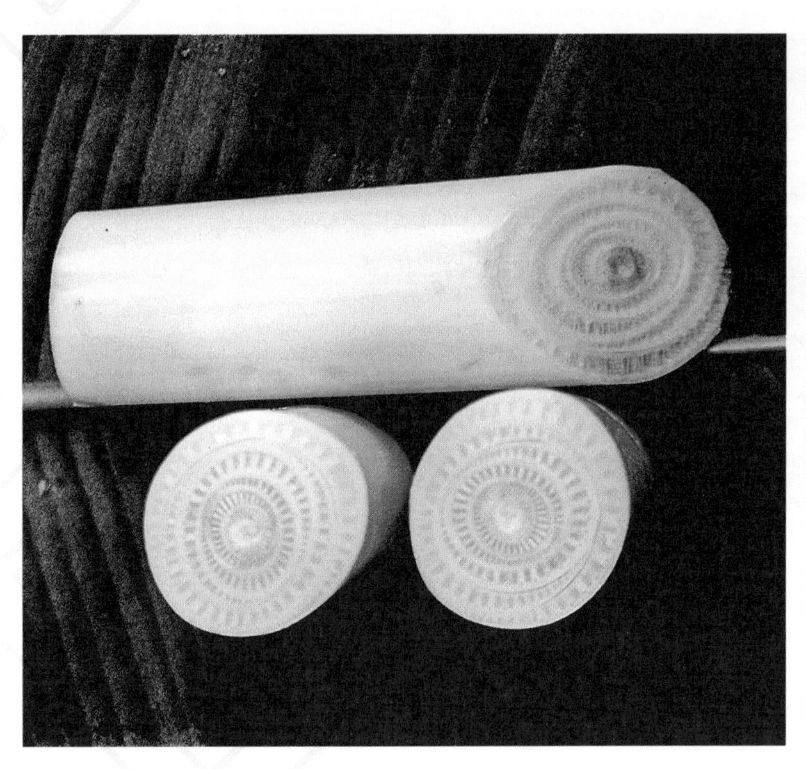

野芭蕉心

YeBaJiaoXin

野芭蕉心即野芭蕉树干的茎心。野芭蕉学名树头芭蕉，主要别名有象腿蕉。

野芭蕉为芭蕉科多年生草本植物树头芭蕉的全株。多生长在海拔1200米以下的沟谷潮湿肥沃土中。在云南东、南、中、西南部地区均有分布。采食部位为野芭蕉树干的茎心。

中医认为，野芭蕉性凉、味甘，具有减肥、降血脂、降血尿酸等作用，可治疗高血压、糖尿病和肾结石，预防脑出血、脑梗塞等。

野芭蕉嫩茎心洁白细腻，清香鲜甜，是西双版纳傣族人家最喜食的传统野蔬之一。先将鲜嫩的野芭蕉茎心横切为片，漂清水中，用竹筷搅去片间相连的细丝，滤去水分捏碎，即可腌、拌或与番茄、豆豉、酸笋、肉末炒食。

野藜蒿

YeLiHao

野藜蒿，主要别名有蒌蒿、水蒿、水艾、小艾等。

野藜蒿为菊科蒿属多年生草本植物。主要生长于田埂、路边、草地、山坡、沟边、荒滩上。云南大多数地区均有分布。主要采食其嫩茎尖。

野藜蒿内含蛋白质、脂肪、胡萝卜素、维生素B_1、维生素C、钙、磷、铁及10余种氨基酸以及侧柏莠酮芳香油。中医认为，其性微温、味辛，具有祛风除湿、理气散寒、利膈、开胃、行水、解毒等功效。据有关报道，藜蒿对治疗肝炎作用良好，对降血压、降血脂、缓解心血管疾病均有良好的食疗作用。

野藜蒿清香脆嫩，味美可口，营养丰富。取其嫩茎尖焯水后可凉拌、炝食，生料可炒、爆等，还能与各种荤食料配伍为肴。

野韭菜苔

YeJiuCaiTai

野韭菜苔即野韭菜抽花时萌发出的带花苞的嫩茎。

野韭菜的主要别名有山韭菜、起阳草、苤菜、大韭菜、长生草、不死草等。

野韭菜为百合科多年生草本植物。多生长于海拔1000—3000米的湿润草坡、林缘、灌丛下或沟边。云南大部分地区均有分布，采食部位为带花苞的嫩茎。

野韭菜苔内含蛋白质、脂肪、碳水化合物、粗纤维、灰分、维生素B_1和B_2、维生素C、灰分、胡萝卜素、钙、磷、铁等营养物质。中医认为，其味辛、性温，具有温中下气、补肾益阳、健胃提神、调理腑、理气降逆、散血行瘀和解毒等作用。

野韭菜苔清香甜嫩，营养丰富，可单料为菜，还能与各种荤食料搭配为肴。一般的烹调方法为拌、炝、炒、爆等。

版纳甜龙竹笋

BanNaTianLongZuSun

版纳甜龙竹笋的主要别名有甜龙竹、甜竹。

版纳甜龙竹笋为禾本科牡竹属版纳甜龙竹的嫩芽茎。是品质最优良的笋用竹之一。多生长于海拔500—1500米的河谷、箐沟、山野和树庄周围，在云南主要分布于西双版纳、普洱等地区。

版纳甜龙竹笋内含蛋白质、粗纤维、碳水化合物等，其含糖量和谷氨酸是竹笋中最高的一种。中医认为，其味甘、性平，具有消积健胃、减肥、美容及降低胆固醇的功效。

版纳甜龙竹笋肉质肥厚细嫩，清香鲜甜，营养丰富。可生食、凉拌、煮、炒、炖、焖、腌食，还可以与各种荤食材搭配为肴。

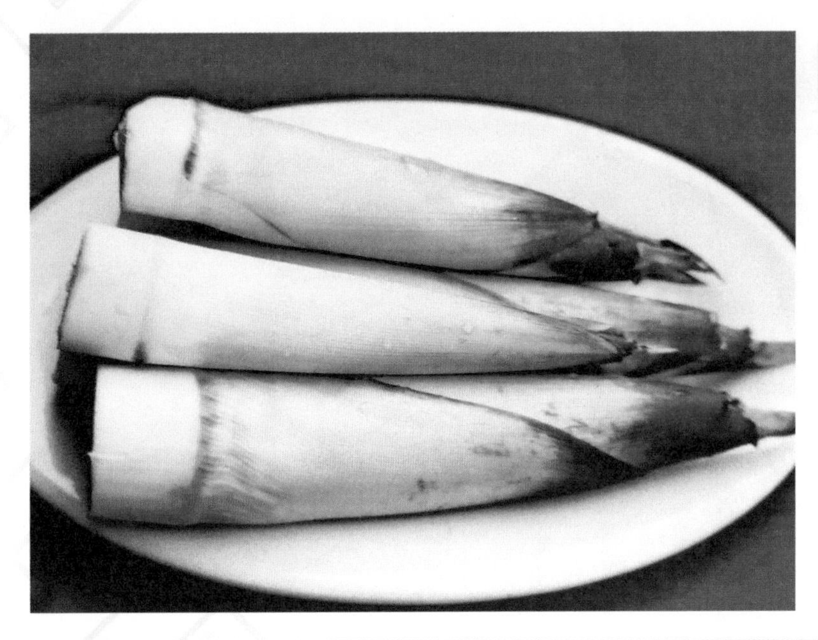

苦笋

KuSun

苦笋，主要别名有甘笋、凉笋、“糯烘”（傣名）等。

苦笋为禾本科大竹属小乔木或灌木苦竹的鲜嫩芽茎。多生长于低山、低陵、平地肥沃湿润的砂质土壤中，喜温暖湿润气候，稍耐寒。

苦笋内含氨基酸、纤维素、多种维生素、多种微量元素及生物碱、苦味素。中医认为，其味微苦、性寒，具有清心除烦、除湿化痰、明目、解毒、减肥的功效。

从土中挖出的苦笋略带甜味或没有苦味，笋茎出土后苦味渐浓，故有“苦笋”之称。苦笋是入炊的好食材。在西双版纳的傣族人家，苦笋一般有两种食法：一为烧，即将带壳的苦笋放入火塘内烧软，再剥去已经老化的笋箨，切去笋根装盘，让食者自行撕片蘸“喃咪”（蘸酱）食用。二为煮，即将带笋箨或不带笋箨的苦笋放锅中加清水煮熟取出，剥去笋箨后盛盘中，让食煮撕片蘸“喃咪”或“剁生”食用。

刺竹笋

CiZhuSun

刺竹，主要别名有竻竹、答黎竹、檎竹、笆竹、麻竹、蒜竹、芳竹等。

刺竹笋为禾本科植物刺竹的嫩芽茎。多生长于向阳山坡、河流沿岸或村落附近。滇中、滇南有分布。

刺竹笋性凉、味甘微苦，具有消肠止痢、消积、排毒养颜、减肥、降压及防止肠癌的作用。

刺竹笋清香脆嫩，去粗皮老茎，焯水后可凉拌、炝、炸、炖、烧、煮、焖、卤等食用，还能与各种荤食料配伍为肴。

金竹笋

JinZhuSun

金竹，主要别名有黄金竹、黄竹、黄皮刚竹、灰金竹、粉金竹等。

金竹笋为禾本科刚竹属金竹的嫩芽茎。在云南，多生于海拔1600—2100米的山坡、林地、坝区和半山区，滇中和滇东南地区分布较多。

金竹笋内含脂肪、氨基酸、纤维素、糖类、钙、磷、铁、胡萝卜素、维生素B_1和B_2等营养物质。其性凉、味甘微苦，具有促进消化、减肥、降压、降血脂的作用。

金竹笋清香甜嫩，营养丰富，其应用及烹调方法可参照刺竹笋。

毛腊竹

MaoLaZhu

毛腊竹为山姜属多年生草本植物箭杆风的嫩叶草肖。

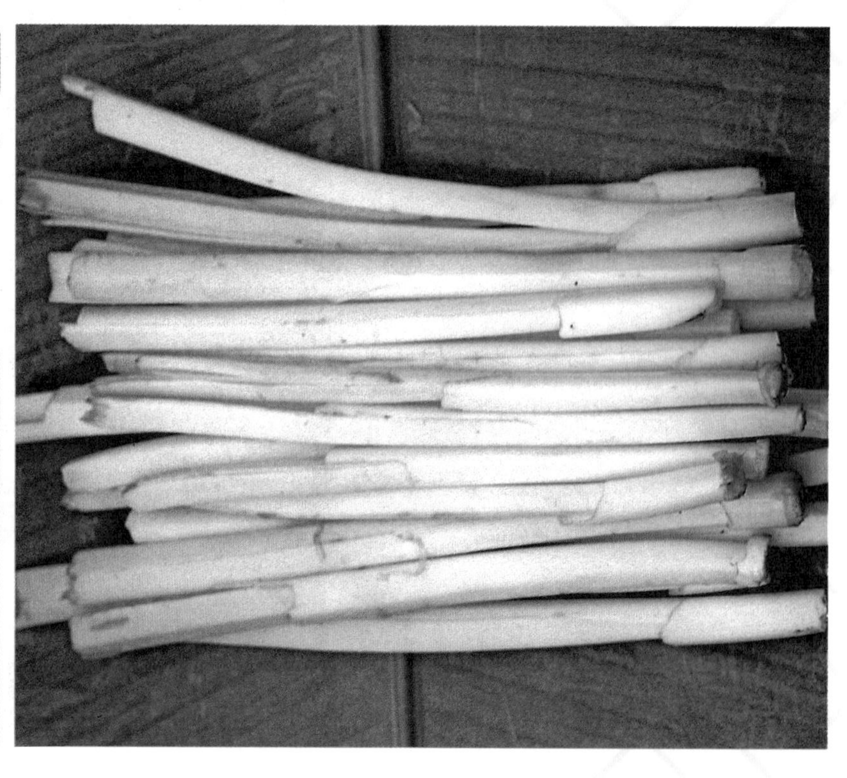

箭杆风，别名为山姜、九姜连、华良姜。长生于溪边、山谷林下较肥沃的地方。在云南的东南、西南及中部地区有分布。采食其嫩叶鞘。

毛腊竹性温、味辛，具有止咳平喘、散寒止痛、除风湿、解疮毒的功效。

毛腊竹清香脆嫩，炒、爆、烩、炸、烤、腌均可，还能与各类荤食料配伍为肴。

佛掌山药

FoZhangShanYao

佛掌山药为薯蓣科薯蓣属植物山药的一个种。主要别名有脚板山药。

佛掌山药生长于海拔1600—2500米的山坡灌木丛沟谷阔叶林下。分布于宜良、贡山、德钦、鹤庆、宾川、弥渡等地区。

佛掌山药内含粗蛋白、淀粉、碳水化合物、维生素及钙、磷、钾、铁等多种微量元素。其味甘、性平。具有健脾止泻、补肺益肾的功效。

佛掌山药肉质肥厚细腻，鲜香味醇，营养丰富，可单料为菜，甜咸皆可，还能与各类荤食料配伍为肴。炒、炖、煎、炒、蒸、焖，任你选择。

牛尾山药

NiuWeiShanYao

牛尾山药，主要别名有粘山药、粘黏黏等。云南分为原产、野生类型。

牛尾山药为薯蓣科薯蓣属。生长于海拔700—2600米的森林、灌木丛中。块茎圆柱形，皮黄褐色，肉白色。云南多数地区均有分布。

牛尾山药富含淀粉、蛋白质、维生素C及钙、铁、磷等营养物质。

牛尾山药肉质肥厚白嫩、细腻，味香醇，营养丰富，其应用及烹调方法可参照佛掌山药。

野红薯

YeHongShu

野红薯为红山药的别名，其他别名还有粘薯、红孩儿。

野红薯为薯蓣科植物光叶薯预的块茎。生长于山坡、灌丛、荒地、林缘或草地。滇中、滇西、滇西南均有分布。野红薯性温、味甘，具有活血通络、解毒上痢的功效。
野红薯肉质厚实，香醇可口，其应用及熟调方法可参照佛掌山药。

瓜果豆类

西双版纳大黄瓜

XiShuangBanNaDaHuangGua

黄瓜为葫芦科甜瓜属。西双版纳大黄瓜是黄瓜的一个新变种。

西双版纳大黄瓜主要分布在西双版纳州和普洱地区的热带雨林中。由于长期生长在热带雨林气候中，耐湿，抗病性强。西双版纳大黄瓜果形分三种，即圆形、短筒形和椭圆形。单瓜一般重1—1.5千克。

西双版纳大黄瓜清香软润，肉质肥厚，一般的烹调方法为腌、拌、煮、炖、烧、焖等。还可以与各种荤食料结伴为肴。

老鼠黄瓜

LaoShuHuangGua

老鼠黄瓜学名云南野黄瓜。云南野黄瓜是甜瓜属的一个种，主要别名有刺瓜、酸黄瓜等。

老鼠黄瓜主要分布在西双版纳、普洱等热带雨林地区。其嫩瓜具有黄瓜的清香味，老瓜味酸。

鲜嫩的老鼠黄瓜清香脆嫩，味美可口，一般的烹调方法有：腌、拌、炝、炒、瓤、爆、烩等。还可以与各类荤食料配伍为肴。

番木瓜

FanMuGua

番木瓜，主要别名有麻山坡、缅冬瓜、木瓜、万寿果、树冬瓜等。

番木瓜为番木瓜科植物番木瓜的浆果。多生长在海拔1500米以下的湿热河谷地区，滇南多有分布。

番木瓜内含蛋白质、脂肪、碳水化合物、膳食纤维、胡萝卜素、硫胺素、核黄素、尼克酸、抗坏血酸、各种维生素及多种微量元素。未成熟的果还含有番瓜碱、凝乳酶、番木瓜蛋白酶等。中医认为，其味甘、性平，可治胃痛、痢疾、二便不畅、风痹、烂脚等。

成熟的番木瓜做水果食用，未成熟的番木瓜做蔬菜食用。做菜，甜、咸皆可。还能与荤食料结伴为肴。一般的烹调方法为：腌、拌、烧、炒、煮、炖、烩等。

辣椒瓜

LaJiaoGua

辣椒瓜为葫芦科辣椒瓜属蔓生植物，属云南特有瓜类。

辣椒瓜果形似圆锥形，尖端略呈尖状，外形极像辣椒，故得名。嫩瓜浅绿色，果肉薄，肉质脆嫩，味清香。辣椒瓜适宜在温暖地区生长。分布于鲁甸、会泽、西双版纳、寻甸等地区。

辣椒瓜清香脆嫩，鲜醇可口，一般的烹调方法为：腌、拌、炖、煮、烩、炒等，还能与荤食材配伍为肴。

蛇瓜

SheGua

蛇瓜，主要别名有蛇豆、蛇丝瓜、线丝瓜、大豇豆等。

蛇瓜为葫芦科栝楼属一年生攀援草本植物。原产南亚一带，约20世纪中叶引进中国。蛇瓜肉质与丝瓜相似，清香、味鲜、略甜。蛇瓜适应性强，在北亚热带气候条件下生长良好。分布于元江、昆明等地区。

蛇瓜内含蛋白质、脂肪、碳水化合物、膳食纤维、胡萝卜素、核黄素、抗坏血酸、尼克酸、钾、钠、镁、锰、锌、铜、磷、硒、钙等营养物质。蛇瓜可治黄疸，并有驱虫、泻下的功用。

蛇瓜清香甜嫩，营养丰富，在做菜时应剥去外皮，一般的烹调方法为：拌、炝、炒、烩、煸、煮、炖等。蛇瓜还能与各种荤食料搭配为肴。

大刀豆

DaDaoDou

大刀豆，主要别名有刀豆、挟剑豆、刀鞘豆等。

大刀豆为蝶形花科刀豆属蔓生植物。豆荚长20—30厘米，像一把大关刀，体丰味美，为豆中巨子。

大刀豆性平、味甘，具有利肠胃、止呃逆、补肾补脾的功效。

大刀豆幼嫩时可凉拌，炝、炒、煮、炖食，老后可剥豆与各种荤食料炖食，或单料炒、煮食用。

四棱豆

SiLengDou

四棱豆，主要别名有翼豆、杨桃豆、热带大豆等。

四棱豆为蝶形花科四棱豆属多年生缠绕草本植物。主要分布于云南南部海拔800—1500米的普洱、保山、楚雄、文山等地区。

四棱豆营养丰富，豆粒含蛋白质近40%，脂肪15%~18%，与大豆的营养价值相媲美。四棱豆嫩豆荚中含有17种氨基酸，其含量高于菜豆，在医学上可以为提取天然氨基酸的原料。

鲜嫩的四棱豆可腌、拌、炝、炒、炖、煮等。

羊角豆

YangJiaoDou

羊角豆，学名黄秋葵，主要别名有秋葵、羊犄角、秋葵荚、咖啡秋葵等。

羊角豆为锦葵科秋葵属一年或多年生草本植物。秋葵原产非洲。2000多年前埃及已有栽培，500多年前在《本草纲目》中有记载。新品种20世纪初由印度引入中国。现云南德宏地区有种植，昆明各大菜市场有销售。嫩荚供食。

羊角豆内含蛋白质、脂肪、碳水化合物、膳食纤维、胡萝卜素、硫胺素、核黄素、尼克酸、抗坏血酸、多种矿物质、维生素E，并含有天门冬酰胺、谷氨酰胺和天门冬氨酸、谷氨酸、丙氨酸等多种氨基酸，还含有果胶质、阿拉伯聚糖、丰乳聚糖等多糖类物质。能健胃消食、保护肝脏、增强体力、壮阳补虚，有“植物伟哥”的美誉。

羊角豆嫩豆荚具有独特清香气，加热后并有黏滑滋感，柔润软嫩。羊角豆可单料为菜，还能与各类荤食料搭配为肴。一般的烹调方法有：腌、拌、炝、炒、烧、烩、炖等。

野茄

YeQie

野茄，主要别名有山茄、苦茄等。

野茄为茄科一年或多年生草本植物。多生长在湿热地区的山坡、林缘、路旁及村寨四周的地上。分布于云南省西双版纳、德宏、普洱等地区。

野茄味微苦、性凉，具有清热解毒、消肿止痛、凉血利尿等功能。

野茄清香软嫩，是西双版纳、德宏、普洱一带少数民族传统的苦味食物，一般的烹调方法有：拌、炒、烤、蒸、煮、焖等。

仙人掌果

XianRenZhangGuo

仙人掌果为仙人掌科，仙人掌属灌木状肉质植物仙人掌的肉质浆果。主要别名有仙桃。

仙人掌多生长于热河谷地区的山坡、路旁，云南的东南、西南及南部地区多有分布。

仙人掌果内含丰富的微量元素、蛋白质、纤维素、氨基酸、维生素、多糖类、黄酮类和果胶等。具有行气活血、祛湿退热、抗氧化、养颜护肤的功效。

成熟的仙人掌鲜果可为水果食用，青绿的仙人掌鲜果可以入肴。一般的烹调方法为：拌、炒、烧、烩等。

小苦子果

XiaoKuZiGuo

小苦子果，学名水茄。主要别名有刺茄、山颠茄、金纽扣、鸭卡等。

小苦子果为茄科多年生草质灌木水茄的果实。多生长在湿热地区的山野、路旁、荒地、山坡灌丛及村落附近潮湿处。云南的东南部、南部及西南部地区多有分布。

中医认为，小苦子果味苦、性凉，具有通经络、祛风湿、消肿、散瘀、止痛、止咳的功效。

小苦子果清香软嫩，是西双版纳、普洱、德宏一带少数民族传统的苦味食物。一般的烹调方法为：煎、炒、炸、煮、舂等。

大苦子果 DaKuZiGuo

大苦子果，学名红茄。为茄科多年生草质灌木红茄的果实。

大苦子果常见于云南的南部、东南部及西南部，多生长在山野、路边、灌丛中及村寨周围。

大苦子果清香脆嫩，是西双版纳、普洱、德宏一带少数民族传统的苦味食物。大苦子果可单料为菜，还能与各种荤食料配伍为肴。一般的烹调方法为：拌、炒、爆、炝、炸、炖、焖、烧、舂等。

刺天茄

CiTianQie

刺天茄，主要别名有苦天茄、苦果、细茄子等。

刺天茄为茄科多枝灌木，常见于海拔180—1800米的林下、路边、田边荒地，在干燥灌木丛中有时成片生长。

中医认为，刺天茄性寒、味苦，具有祛风止痛、清热解表，主治风湿痛、牙痛、头痛、乳痛、痄腮、跌打疼痛等。

刺天茄清香软嫩，是西双版纳、普洱、德宏一带少数民族传统的苦味食物。其应用及烹调方法可参照小苦子果。

鲜莲蓬 XianLianPeng

鲜莲蓬，主要别名有莲房、莲蓬壳、蓬壳等。

鲜莲蓬为睡莲科莲属植物莲的成熟带子花托，多年水生草本植物。莲为中国原产，《诗经》已有记载，《神农本草经》收作药物。

用鲜莲蓬做菜当今少见，但古时有记载。鲜莲蓬入肴主要是取食成熟莲房中的子实，即蓬子。蓬子入炊，主要选择鲜品为佳。

鲜莲子内含蛋白质、脂肪、碳水化合物、粗纤维、胡萝卜素、硫胺素、核黄素、尼克酸、抗坏血酸及多种微量元素。中医认为，其味甘涩、性平，入心、肾、脾三经，具有养心、益肾、补脾、涩肠之功效。入药可用于治疗多梦、遗精、淋浊、久痢、久泻、妇女崩漏带下等症。

鲜莲子入肴主要用于制作热菜，甜咸皆可，能制羹，可做饼。能与各类荤素食料配伍，一般的烹调方法为：蒸、炖、焖、煨、煮、瓤、扒等。

常见食用花卉

花卉可美化环境，花卉可供人观赏，有些花卉亦可食用，还可入药。花卉同野生食用菌、野菜一样是一种天然的美食，是现代人们追求的时尚和养生健体的需要。

在我国，食用花卉菜点，用花卉制作补膳，历史悠久。屈原在《离骚》中云："朝饮栏之坠露兮，夕餐秋菊之落英。"《吕氏春秋·本味篇》载："菜之美者……寿木之华。"宋代林洪《山家清供》收录了用梅花、菊花做成的"梅粥"、"蓬糕"、"雪霞羹"、"广寒糕"等十多种肴馔。顾仲的《养小录》收录了用牡丹花瓣、兰花、玉兰花瓣、腊梅、迎春花等十多种花卉制作的菜肴。清代《餐芳谱》详细介绍了20多种鲜花食品的制作方法，如桂花丸子、茉莉汤、桂花干贝、茉莉鸡脯、菊花糕、冰糖百合……《本草纲目》中收载了百余种花卉药物。等等。

现代研究表明，花卉分泌的多种芳香物质及花粉等具有较好的保健、药用功能。花卉肴馔不但可丰富广大人民群众的饮食生活，还能增强人们的身心健康。云南的花卉资源十分丰富，食用花卉肴馔的历史悠久，然而，进一步地发掘、开发、推广应形成一种趋势。

野芭蕉花 YeBaJiaoHua

野芭蕉花为芭蕉科多年生草本植物树头芭蕉的花。

野芭蕉，异名象腿蕉。多生长在海拔1200米以下的沟谷潮湿肥沃土中。滇东南、滇南、滇西南多有分布。采食刚破茎而出的淡黄色圆锥形花为佳。

中医认为，芭蕉花味甘淡微辛，性凉，具有化痰软坚、平肝、和瘀、通经等功用，可用于胸膈饱胀、脘腹痞疼、吞酸反胃、呕吐痰涎、头目昏眩、妇女行经不畅等症。

野芭蕉花清香软嫩，是云南东南部、南部、西南部地区一些少数民族（如傣族、哈尼族、基诺族、景颇族等）喜食的食物。一般的烹调方法为：蘸、拌、煮、炸、蒸、烤、炒等。

棕榈花 ZongLvHua

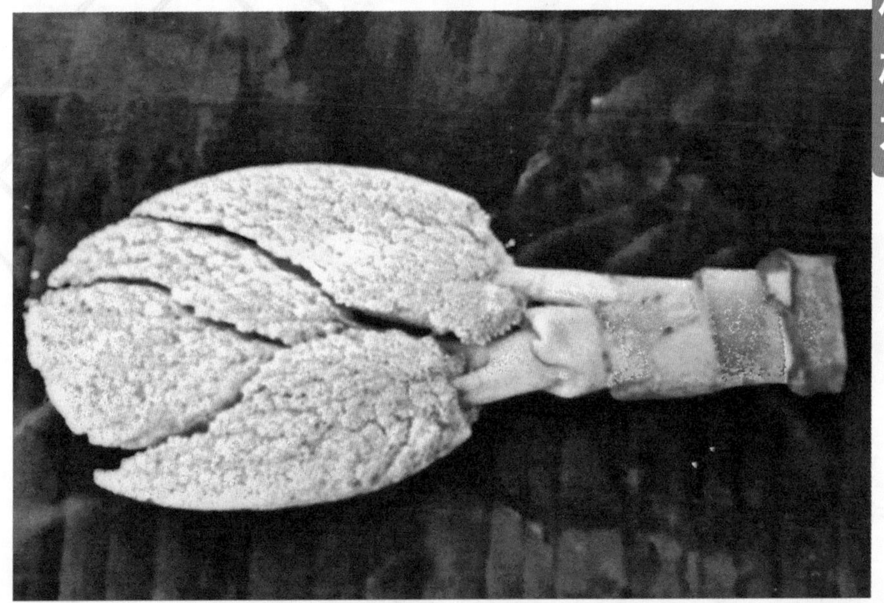

棕榈花为棕榈科棕榈属常绿乔木棕榈的花。

棕榈花，主要别名有棕树花、棕衣树花、棕鱼、棕笋、木鱼等。

棕榈多生长于中低海拔地区的荒野、沟谷、疏林中及村寨周围，云南多数地区均有分布。采食其嫩花苞。

棕榈花性平，味苦微涩，具有清火、止泻、降血脂、降血压、降血糖等作用。

棕榈花清香软嫩，焯水漂净后可拌、炒、炸、烧、包烤，还能与荤食料结伴为肴。

大白花 DaBaiHua

大白花，学名羊蹄甲。主要别名有老白花、白花洋紫禁、白花羊蹄甲等。

大白花为苏木科缅茄属小乔木或灌木羊蹄甲的花。多生长于海拔150—1500米的疏林、丛林或林缘地带，喜温暖湿润气候，喜阳，在排水良好的酸性沙壤土生长良好。云南的瑞丽、龙陵、建水、蒙自、昆明均有分布，采食鲜花。

大白花内含蛋白质、维生素C、钾、钙等营养物质。性凉、味淡，具有消炎的功用，用于治疗肺炎、支气管炎。

大白花清香鲜醇，去花蕊及花柄，焯水漂净后可拌、炒、炸、煎、煮、烩食。

槐花 HuaiHua

槐花，主要别名有槐蕊、槐花米、槐花尖、槐米等。

槐花为豆科植物槐的花或花蕾。多生长在中海拔地区温暖肥沃的山坡、路旁及房前屋后。

槐花内含蛋白质、脂肪、碳水化合物、钙、磷、铁、胡萝卜素、硫胺素、核黄素、尼克酸、维生素C等，并且还含芸香甙、三萜皂甙。中医认为，其性凉、味苦，入肝、大肠经，具有清热、凉血、止血的作用。

槐花清香鲜嫩，营养丰富。用淡盐水浸泡去苦味，焯水漂净后可拌、炝、炒、炸、蒸食，还可与荤食料配伍为肴。

黄花菜

HuangHuaCai

黄花菜，主要别名有萱草花、金针菜、萱萼、忘忧草等。

黄花菜为百合科多年生草本植物。多生长于林间、草甸、沼泽地、湿草地，现已人工培植。

黄花菜内含蛋白质、脂肪、纤维素、碳水化合物、灰分、硫胺素、核黄素、尼克酸、钾、纳、钙、镁、铁、锰、锌、铜、磷、硒，并含有维生素A、B、C等营养物质。中医认为，黄花菜性凉、味甘，归心、肝、脾经，具有养血平肝、利尿消肿、通乳、凉血等功能。

黄花菜清香鲜嫩，去花蕊、花粉漂洗干净，焯水后可拌、炒、烩、烧、炸食，还能与各类荤食料搭配为肴。

金雀花

JinQueHua

金雀花，主要别名有锦鸡儿、金鹊花、阳雀花、坝齿花、黄雀花等。

金雀花为豆科落叶灌木锦鸡儿的花。多生于海拔1500—2000米的山坡疏林下、灌木丛中和林缘路旁。滇东、滇中、滇西均有分布。

金雀花内含蛋白质、胡萝卜素、维生素C、钾、钙等营养物质。中医认为，其味甜、性温，入肝、脾二经，具有滋阴、和血、健脾的功效。《滇南本草》载，用之和猪肉、笋、鸡煨食，可补气血痨伤、寒热痨伤、寒热痨热、治咳嗽、白带、头晕、耳鸣、腰膝酸疼等。

金雀花采后，摘去花托洗净即可供用。拌、炒、烩、炝、熘、煮皆可成菜，还能与荤食料或面粉搭配为菜为点。

韭菜花

JiuCaiHua

韭菜花为百合科葱属多年生宿根草本植物韭菜的花。

韭菜，另名懒人菜、起阳草、草钟乳等。云南各地均有栽培。韭菜又分为细叶韭、宽叶韭、苔用韭、花用韭。主要分布于曲靖、昆明、建水、通海、江川等地区。

韭菜性温，味辛、微甘，具有补肾益胃、散瘀行滞、止汗固涩的作用。韭菜中还含有硫化物及挥发性精油，能促进食欲、降低血脂，同时对高血压、冠心病、高血脂也有一定疗效。

韭菜花宜腌制成咸菜，如“曲靖韭菜花”、“韭菜花干巴菌”等，韭菜花是食用“涮羊肉”必备的调料之一。

苦藤花

KuTengHua

苦藤花，主要别名有苦凉花。

苦藤花为萝摩科南山藤属南山藤的花。多生长于海拔600—1200米的林地、箐边及村寨周围。滇中、滇南、滇东南、滇西均有分布。

苦藤花味苦、性凉，具有清热解毒、利尿除湿等功能。

苦藤花清香软嫩，其应用及烹调方法可参照苦刺花。

苦刺花

KuCiHua

苦刺花，主要别名有白刺花、狼牙刺、苦豆刺、苦刺、苦刺树等。

苦刺花为豆科槐属多年生灌木苦刺树的花。多生长于海拔1300—2000的山坡、荒地、路旁。滇东、滇西、滇中的一些地区有分布。

苦刺花含蛋白质、钾、钙、槐果碱、香叶木苷碱、香叶木苷等。其性凉、味苦，具有清热解毒，凉血、止血、利湿、消肿等功效。

苦刺花清香软嫩，采其鲜花洗净焯水滤出，用清水漂透后即可供用。炒、烩、煎、炸、腌均可。还能与荤食料（包括蛋类）及面粉配搭为肴为点。

NanGuaHua

南瓜花

南瓜花，主要别名有饭瓜花、斜瓜花等。

南瓜花为葫芦科一年生草本植物南瓜的花。多生长于山坡、田园、村寨四周。云南大部分地区均有分布。

南瓜花内含蛋白质、胡萝卜素、维生素C、钾、钙、瓜氨酸、天门冬素、甘露醇等。性温、味甘，具有补中益气、降血脂、降血糖的功效。

南瓜花以连萼食用为好，因其花粉具有保健作用。一般的烹调方法为：拌、炒、煮、炖、煎、炸、瓤等。

石榴花

ShiLiuHua

石榴花为安石榴科落叶乔木或乔木石榴植物的花。

石榴又名安石榴、若榴、丹若、金罂、金庞、榭榴等。在云南，石榴主要分布在海拔500—1800米的滇中和滇南地区。

石榴花内含蛋白质、维生素C、钾、钙及甘露醇、苹果酸、安石榴苷等。其性平，味酸涩。《本草纲目》载：“榴花阴干为末，和丹铁服，一年白发如漆。干叶者，治心热吐衄。又研末吹鼻，止衄血立效。亦傅（敷）金疮出血。”

鲜石榴花采摘后用淡盐水漂洗，焯水后滤入清水中漂一天后捞出即可入炊。一般的烹调方法为：拌、炝、炒、炖、炸、瓤等，还能与荤食料配伍为肴。

核桃花

HeTaoHua

核桃花，主要别名有胡桃花、万岁花等。

核桃花为胡桃科植物核桃的雄花。核桃多生长在海拔1800—2400米的江边、山坡、宅旁。在云南滇中、滇东、滇西均有分布。

核桃花内含脂肪酸、碳水化合物及钙、磷、铁等。其性温、味甘涩，具有补肾固精、润肺定喘等功能。对肾虚、阳痿、小便频数有疗效。

核桃花质地柔嫩清脆，将采集的核桃花去杂质用清水洗净，焯水后用清水漂透滤出即可供用。一般的烹调方法为：炝、拌、烩、炸、炖等，还能与荤食料搭配为肴。

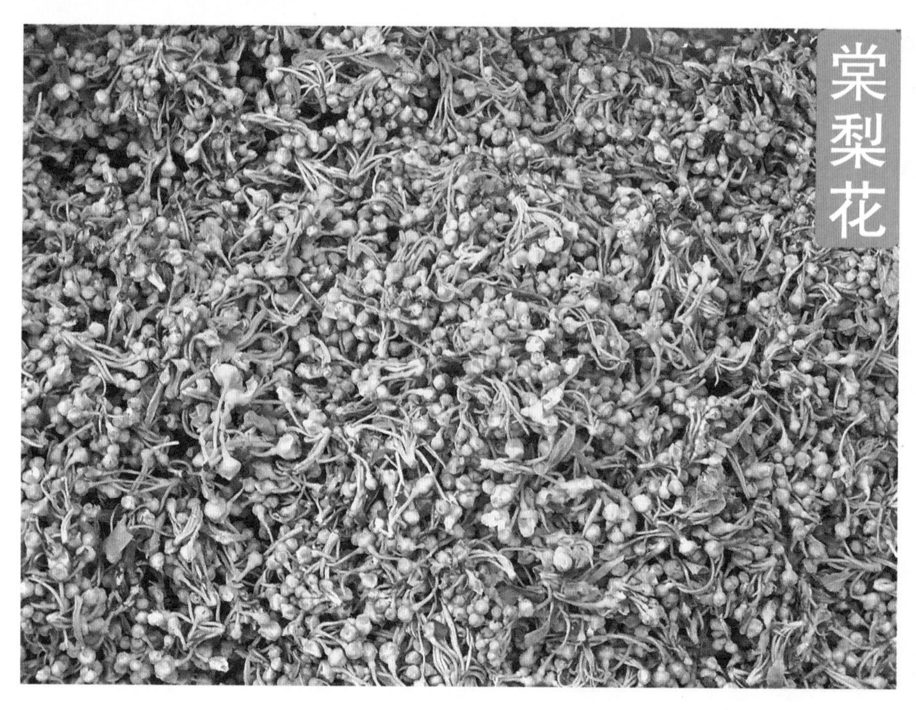

棠梨花

TangLiHua

棠梨花，主要别名有杜梨花、棣梨花、样藜花、棠梨刺花等。

棠梨花为蔷薇科植物杜梨，又称土梨、甘棠、赤棠的花。多生长在海拔800—2000米的山谷丛林中或江河边。

棠梨花内含蛋白质、纤维素、钾、钙等，其性温、味甘带酸涩。具有消食、化瘀、通便等功能。

棠梨花清香软嫩，采集后用洗水洗净，焯水后入清水中漂透滤出即可供用。可单料为菜，还能与荤食材配伍为肴。一般的烹调方法为：拌、炒、炖、烧等。

小雀花

XiaoQueHua

小雀花，主要别名有洋雀花、小粉团花等。

小雀花为蝶形花科灌木大叶小雀花的鲜花，多生长于海拔1000—3000米的山坡及向阳的灌丛中，在石质山地、干燥地以及溪边、沟旁、林边与林间等地均有生长。在云南的中部、西部、西北部均有分布。

小雀花性平、味甘淡。具有止咳化痰、滋阴健脾、祛风活血等功能。

小雀花清香甜嫩，采集应去杂质用清水洗净，焯水后捞入清水中漂净滤出供用。可与肉、蛋及一些素食料配伍为肴。一般的烹调方法为：炝、拌、炒、煎、炖、烤、烩、炸等。

白杜鹃花

BaiDuJuanHua

白杜鹃花，主要别名有大白杜鹃花、尖叶杜鹃、白杜鹃、老白花等。

白杜鹃花为杜鹃花科杜鹃花属植物半常绿灌木的花朵。多生长在海拔1800—2500米的山野丛林中。滇中和滇西多有分布。

白杜鹃花内含杜鹃花醇、杜鹃花苷及多种熊果酸、挥发油等。其性温、味辛略酸，具有化痰止咳、活血祛瘀、止带、固精等功能。

白杜鹃花清香软嫩，采集后去蒂、去杂质用清水洗净，焯水后捞入清水中漂净滤出供用。其应用及烹调方法可参照大白花。

山茶花

ShanChaHua

山茶花，主要别名有白山茶花。

山茶花为山茶科常绿灌木或小乔木植物的花，多生长在海拔1800—2400米的背阴山坡、林下、灌林丛中。滇中、滇东、滇西多有分布。

山茶花内含花白甙、花色甙等。其性凉、味甘苦，具有凉血、止血、润肺、散瘀消肿等功能。主治吐血、衄血、咯血、痔疮出血、创伤出血、跌打损伤等。

采鲜山茶花，取其花瓣用淡盐水漂去苦味，再用清水洗净滤出供用。一般的烹调方法为：拌、炒、套炸、烩、炖、煮或制饼、制粥。还能与荤食料搭配为肴。

芋头花

YuTouHua

芋头花，主要别名有芋艿花、芋花、芋苗花等。

绿秆芋头花

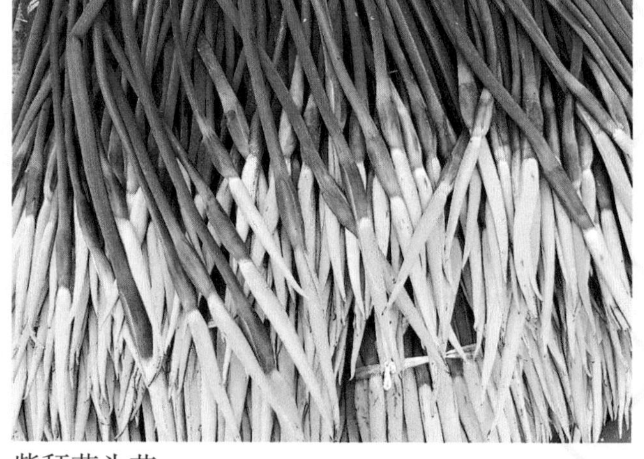

紫秆芋头花

芋头花为天南星科植物芋艿的花。在云南的中部、东南部、西部皆有分布。采食其花及茎，有红秆和绿秆两种。

芋头花内含蛋白质、胡萝卜素、维生素C、钾、钙等营养物质。中医认为，其性平、味麻，可用于治疗胃痛、吐血、痔疮、脱肛等症。

芋头花清香软嫩，红秆芋头花要撕去秆的外皮，去花蕊，改段，用清水漂净，配茄条、加昭通酱、青椒、蒜片炒透，上笼蒸炟食用，其滋味鲜美、特别。绿秆芋头花只去花蕊，无须去秆皮，即可改段，加青椒、蒜片，或加点酱料，炒熟即可食用，清香软糯、味美可口。

鸡蛋花

JiDanHua　　鸡蛋花，主要别名有缅栀子、蛋黄花等。

鸡蛋花为夹竹桃科鸡蛋花属落叶灌木或小乔木。喜高温高湿、阳光充足、排水良好的环境。生长在热带亚热带地区。云南的南部、西南部地区有分布。鸡蛋花花瓣洁白，花心淡黄，极似蛋白包着蛋黄，故名。在西双版纳以及东南亚一些国家，鸡蛋花被佛教寺院定为“五树六花”之一而广泛栽培。鸡蛋花是西双版纳傣族人家招待贵宾的美食之一。

鸡蛋花具有清热、利湿、解暑的功能，主治感冒发热、肺热咳嗽、湿热黄疸、泄泻痢疾、尿路结石等。

鸡蛋花清香甜嫩，采集后用淡盐水漂洗干净滤出供用。一般的烹调方法为：拌、炝、炒、烩、套炸、熘、瓤、炖、煮等。还能与荤素食料配伍为肴。

荷花玉兰

HeHuaYuLan

荷花玉兰，主要别名有广玉兰、洋玉兰、大花玉兰等。

荷花玉兰为木兰科木兰属常绿乔木。荷花玉兰原产北美洲东南部。现我国长江流域以及以南的各大城市均有栽培。多生长在园林中、道路旁。

荷花玉兰内含蛋白质、芳香油，其性湿、味辛，入肺、胃、肝经，具有祛风、散寒、行气血、止痛的功效。主治外感风寒、头痛鼻塞、脘腹胀痛、呕吐腹泻、高血压、偏头痛等。

荷花玉兰清香洁白、肉质嫩润，采集后去把去蕊，置淡盐水中漂透滤出，再用清水洗净捞出供用，其应用及烹调方法可参照山茶花。

木棉花

MuMianHua

木棉花，主要别名有斑枝花、攀枝花、英雄树、红棉等。

木棉花为木棉科植物木棉树的花，多生长在热河谷地的江边、山坡上。云南的元阳、元江、元谋、新平等地区均有分布。

木棉花内含蛋白质、碳水化合物、灰分、总醚抽取物、不挥发醚抽出物。中医认为，木棉花味甘性凉，具有清热、利湿、解毒、止血的功效。

木棉花清香软嫩，采集后去蒂洗净，焯水后用清水漂透滤出供用。其应用及烹调方法可参照山茶花。

白玉兰

BaiYuLan

白玉兰，主要别名有玉兰、白木莲、木兰、应春花、望春花、玉堂春等。

白玉兰为木兰科植物玉兰的花。多生长在海拔1800—1500米的山坡、林缘及庭院中。云南大部分地区均有分布。

白玉兰花蕾含挥发油，其中包括柠檬醛、了香油酚、1，8—桉叶素等，还含发氏玉兰素、望春花素等，具有降压作用。据《本草纲目拾遗》谓玉兰花“性温”，具有“消淡、益肺和气”的功效。

白玉兰花肉质肥厚，清香鲜醇，采集后取花瓣用淡盐水漂洗，然后用清水洗净滤出供用。其应用及烹调方法可参照鸡蛋花。

玫瑰花

MeiGuiHua

玫瑰花，主要别名有赤蔷薇、刺玫花、徘徊花、梅桂、笔头花、红玫瑰等。

玫瑰花为蔷薇科落叶灌木玫瑰的花。多生长在海拔1500—2000米的山野河边和田园。现多栽培。

玫瑰花内含挥发油、糖类、黄色结晶性甙、色素、没食子酸。中医认为，玫瑰花味甘微苦、性温，具有疏肝解郁、理气调中、醒脾辟秽、活血散瘀、止痛等作用。

玫瑰花清香软嫩，采集后用清水洗净滤出供用。可拌、烩、炒、炖、套炸，还能与荤食料配伍为肴，并且还可用来制作玫瑰糖、鲜花饼、玫瑰糕点、蜜饯、熏茶等。

栀子花

ZhiZiHua

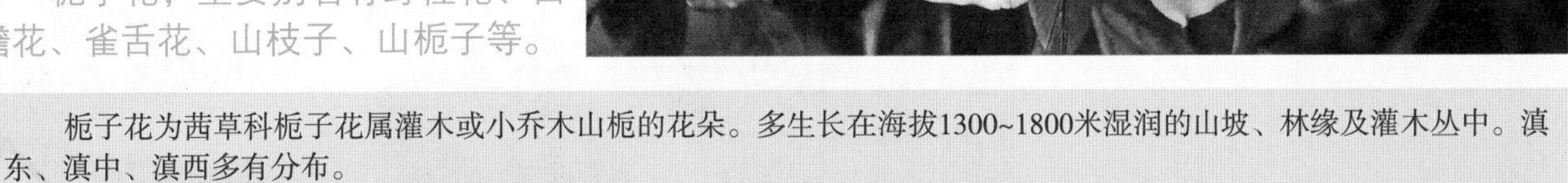

栀子花，主要别名有野桂花、白蟾花、雀舌花、山枝子、山栀子等。

栀子花为茜草科栀子花属灌木或小乔木山栀的花朵。多生长在海拔1300~1800米湿润的山坡、林缘及灌木丛中。滇东、滇中、滇西多有分布。

栀子花内含栀子苷，栀子酮苷、熊果酸、挥发油等。中医认为其味苦、性寒，具有清肺、凉血功效，可用于肺热咳嗽、鼻衄等症。

栀子花清香软嫩，采集后去蒂，取花瓣浸入淡盐水中泡透滤出，又用清水洗净备用，其应用及烹法可参照山茶花。

月季花

YueJiHua

月季花，主要别名有四季花、长春花、月贵花、朋红、斗雪红等。

月季花为蔷薇科常绿直立灌木月季的花。多生长在海拔1500—2400米的园林、路边。云南多数地区均有分布。

月季花内含挥发油、糖类，还含有槲皮甙、鞣质、没食子酸、色素等。中医认为，其性温、味甘，具有活血、调经、祛瘀止痛、消肿解毒的功效。

月季花清香软嫩，采集后用淡盐水漂透滤出，再用清水洗净捞出供用。其应用及烹法可参照玫瑰花。

缅桂花

MeiGuiHua

缅桂花，主要别名有白兰花、白兰、木兰花、白缅花、缅桂等。

缅桂花为木兰科含笑属植物白兰的花。滇中、滇东南、滇南、滇西南均有分布。缅桂花内含甲基—丁酸甲基和芳樟醇、醋酸甲脂、异丁酸甲脂、丁酸甲脂、乙酸乙脂等。中医认为，其味苦辛，性温，具有止咳、化浊的功效，可用于治疗慢性支气管炎、前列腺炎、妇女白带等症。

缅桂花鲜香软嫩，采集后用淡盐水漂洗，再用清水冲净滤出即可供用。能与荤素食料配伍为肴。一般的烹调方法为：炒、烧、熘、烩、炖、套炸、煮等。缅桂花还可以用来熏茶。

鲜

干

密蒙花

MiMengHua

密蒙花，主要别名有黄饭花、羊耳朵、羊耳朵花、染饭花等。

密蒙花为马钱科落叶灌木密蒙花的花。多生长在海拔1000—2000米的山坡、灌木丛中，云南大部分地区均有分布。

密蒙花内含醉鱼草甙、刺槐素、密蒙花甙等。中医认为，其味甘、性凉，入肝经，有祛风、凉血、润肝、明目等功效。除适用于目疾外，对慢性肝炎、肝硬化、贫血亦有效用。

密蒙花鲜香滋嫩，采集后用清水洗净即可供用，可与蛋类、肉类、禽类配伍蒸、炖、煎、炸、煮食或与面粉搭配制粑粑食用。云南的傣族、壮族、哈尼族、瑶族等少数民族用密蒙花汁与糯米混合，染制成金黄色的糯米饭，香甜可口，用以庆贺年节或招待贵宾。

百合花

BaiHeHua

百合花，主要别名有野百合、家百合、喇叭筒花、山百合花、夜合花等。

百合花为百合科百合属多年生草本球根植百合原花。百合品种繁多，食用花朵的百合一般以选用白色的为佳。云南大部分地区均有分布。

百合花内含蛋白质、脂肪、淀粉、还原糖、蔗糖、果胶，还含有秋水仙碱、维生素（B_1、B_2、C）、泛酸、胡萝卜素等营养物质。百合花味甘、微苦，性微寒。有驻颜美容、润肺平喘、清火安神等功效。据《滇南本草》载：百合花可以“止咳嗽、利小便、安神、宁心定志”。

百合花清香甜嫩，采集后用淡盐水漂透滤出即可供用。其应用及烹法可参照山茶花。

桂花 GuiHua

桂花，有黄白红三种，常见的有丹桂、金桂、银桂和四季桂。

桂花为樨科常绿阔叶乔木木樨的花。桂花成熟于八月，古人称八月为桂月，故名桂花。云南多数地区均有分布。

桂花内含挥发油及木樨甙，芳香物质中包括癸酸内纳酯、紫罗兰酮、反芳樟醇氧化物、顺芳樟醇氧化物、芳樟醇、壬醛及水芹烯、橙花等。中医认为，其味甘、性温，有暖胃平肝、祛瘀散寒、健脾益肾、活络化痰等功效。

桂花的食用价值较高，可制作菜肴、面点、糕点、粥、汤圆、茶、酒、糖等。

扶桑花 FuSangHua

扶桑花，主要别名有佛桑、朱槿、赤槿、花上花、小牡丹、吊钟花等。

扶桑花为锦葵科灌木或小乔木朱槿的花。多生长在中低海拔地区的山坡、林缘、路旁和园林。滇中、滇东南、滇西均有分布。

扶桑花味甘性平，具有清肺、化痰、凉血、解毒的功能。现代医学研究表明，扶桑花含矢车菊素1，2—葡萄糖甙、矢车菊素槐糖葡萄糖甙和皮素2—葡萄糖甙。其中甙类物质可降低血压，对平滑肌有解痉作用。

扶桑花软嫩鲜香，取其花瓣，用淡盐水漂后又用清水洗净后即可供用。其应用及烹法可参照山茶花。

黄菊花

白菊花

秋菊

QiuJu

秋菊，即秋天开的菊花。其品种多、颜色多、作为烹饪应用的一般选用瓣大肉厚的白、黄两种菊花。

菊花为菊科菊属多年生宿根草本植物菊的头状花序。多生长在海拔1000—2400米的山坡、园林。有野生，多栽培，云南大部地区均有分布。

菊花内含挥发油、菊甙、腺嘌呤、胆碱、水苏碱、黄酮类、菊色素、维生素A样物质、维生素B_1、氨基酸及刺槐素等。中医认为，其味甘苦、性平，入肺、肝经，具有疏风、清热、明目、解毒的功效。现代医学研究表明，临床用治冠心病、高血压病，均有不同程度的疗效。

秋菊清香软嫩，鲜醇味美，摘其花瓣用清水漂洗干净滤出供用。可单料为菜，但常与各类荤食料为伴，一般的烹调方法为：拌、炝、套炸、氽、蒸、炒、烩、熘等，如：套炸菊花条、菊花乌鱼片、菊花氽鱼圆、菊花过桥米线等等。菊花还可制糕、饼、粥、茶、酒等等。

木槿花

MuJinHua

木槿花，主要别名有木锦、白玉花、煮煮花、白牡丹等。

木槿花为锦葵科木槿属植物木槿的花。多生长在田野、路旁、园林。云南的东部、中部、西部地区均有分布。

木槿花内含蛋白质、脂肪、碳水化合物、钙、磷、铁、尼克酸等营养物质。中医认为，其性甘苦、性凉，入脾、肺二经，具有清热、利湿、凉血的功效，可用于肠风泻血、痢疾、白带等症。

木槿花肉质细腻软滑，鲜甜清香，取其花瓣用淡盐水漂透，又用清水冲净后滤出供用。其应用及烹调方法可参照山茶花。

茉莉花

MoLiHua

茉莉花，主要别名有茉莉、李花、抹丽、抹厉、木梨花等。

茉莉花为木樨科常绿小灌木茉莉的花。多生长在中低海拔地区温暖湿润的山坡、林缘、园林。云南大部分地区均有分布。

现代药理研究表明：茉莉花主要成分为素馨、苯甲醇、茉莉酮、苄醇及脂类等。有降压作用。中医认为，其味甘、性平，具有清热解表，疏风解表、理气和中，平肝止痛的功效。

茉莉花清香甜嫩，采取未完全开放之花朵，用盐水漂后入清水中洗净滤出即可供用。其应用及烹法可参照桂花。

紫玉兰

ZiYuLan

紫玉兰，主要别名有辛夷花、茄兰、大叶枇杷等。

紫玉兰为木兰科落叶灌木或小乔木。多生长在海拔1200—2500米的林缘、山坡和园林中，滇中、滇东、滇西均有分布。

紫玉兰肉质厚嫩，清香鲜醇，取其花瓣入淡盐水中漂后滤出，用清水洗净可供用，其应用及烹调方法可参照鸡蛋花。

牡丹花

MuDanHua

牡丹花，主要别名有洛花、洛阳花、富贵花、吴牡丹等。

牡丹花为毛茛科植物牡丹的花。生于向阳及土壤肥沃处。牡丹原产中国西北，今甘肃、青海等处仍有野生种，现全国广有栽培。

牡丹花内含黄芪甙等成分，13种氨基酸（其中有8种是人体必需的氨基酸），多种维生素、多种糖类（其中一种具防癌作用），含黄酮类物质（其中一种能降高血脂），另还含多种酶、7种常量元素和5种人体必需的微量元素。中医认为，其性平、味苦淡，具有调经活血的功效。

牡丹花质嫩鲜香，营养丰富，采集后用淡盐水漂后用清水洗净即可供用，可生拌、熟炝、套炸；能与各类荤食料配伍为肴。一般的烹调方法为：炒、爆、煸、熘、煎、炸、烩、扒、焖、蒸、瓤、烧等。还能与米粉、面粉等配合制作糕、饼及小吃等。

紫薇花

ZiWeiHua

紫薇花，主要别名有百日红、满堂红、痒痒树、海棠树等。

紫薇花为千屈菜科落叶灌木或小乔木紫薇的花。多生长于林缘、路旁、灌木丛中及园林中，在云南多数地区均有分布。

紫薇花内含6种生物碱，并有黄酮化合物的反应，有抵抗流感病毒的作用。其性平、味微苦，具有活血止血、解毒、消肿、利尿等功能。

紫薇花鲜香软嫩，取其花瓣用淡盐水漂后用清水洗净滤出供用。其应用及烹调方法可参照山茶花。

大丽花

DaLiHua

大丽花，主要别名有大理花、天竺牡丹、东洋菊、大丽菊、地瓜花等。

大丽花为菊科、大丽花属多年生草本植物。大丽花原产墨西哥，世界各地多有栽培，品种多达3万余个，花色花形繁多，是世界名花之一。中国各地均有栽培，但以大理产的为佳，故名大理花。

大丽花味辛、性平，归肝经，有活血散瘀的功效，可治跌打损伤。

大丽花清香软嫩，取其花瓣漂淡盐水中，2—3分钟后捞出用清水洗净滤出供用。其应用及烹调方法可参照秋菊。

荷花

HeHua

荷花，主要别名有莲花、水芙蓉、芙蕖、菡萏、藕花等。

荷花为睡莲科莲属植物多年生水生莲的花。多生长在中低海拔地区的湖泊、池塘和水田里、多为栽培。

荷花内含槲草甙、异槲皮甙、山柰酚、葡萄糖甙及多种黄酮类物质。中医认为，其味苦甘、性温，入心、肝二经，具有活血止血、去湿消风的功效，可用于跌损呕血、天泡湿疮等症。

荷花瓣清香质嫩，取其嫩花瓣用清水洗净即可供用。其应用及烹调方法可参照山茶花。

迎春花

YingChunHua

迎春花，主要别名有迎春柳、金梅花、金腰带、黄梅、金美莲、小黄花等。

迎春花为木犀科落叶灌木迎春柳的花。多生长在海拔1800—2000米的山野沟边、路旁、岩石边及灌木丛中。滇东、滇中、滇西均有分布。

迎春花内含丁香甙、迎春花甙及迎春花苦味质等。其性凉、味苦，具有清热解毒、利尿消肿、消炎杀虫等功能。主治发热头痛、小便热痛等病症。

迎春花清香软嫩，取其花朵用淡盐水稍泡捞出，用清水洗净滤出可供用。其应用及烹调方法可参照山茶花。

樱花

樱花，主要别名有山樱花、青肤樱、荆桃、红福樱、樱桃花等。

樱花为蔷薇科樱属落叶乔木或灌木。樱花原产北半球湿带环喜马拉雅山地区，现世界各地均有栽培。云南与喜马拉雅地域相近，自然是最早受惠地区，滇樱花也很有名气。云南的樱花与日本樱花同属，它是由原生腾冲、龙陵一带的苦樱桃演变而来的，是一个变种。日本有一种传说，称日本樱花的祖本是由僧人从云南带回去的。

樱花味淡略涩、性平，富含维生素A、B、E及樱花黄酮，具有止咳平喘、宣肺润肠、美容养颜等功能。

樱花清香软嫩、营养丰富，取其花瓣用清水漂洗干净即可供用。其应用及烹调方法可参照玫瑰花。

睡莲花

ShuiLianHua

睡莲花，主要别名有茈碧花、睡莲菜、瑞莲、子午莲、乡花、辞别花（白族）等。

睡莲花为睡莲科睡莲属植物睡莲的花。多年生水生草本。自生或栽培池沼湖泊中，云南大部分地区有分布。

睡莲花味甘、苦，性平，归肝、脾经，具有消暑、解酒、定惊的功效，是滋补肝肺、润喉的佳品。

睡莲花清香细嫩，取其花瓣用清水洗净即可供用。其应用及烹调方法可参照山茶花。

鲜三七花（籽）

XianSanQiHua

三七花为五加科植物人参三七的花，三七花又称田七花，产于云南省文山州，云南名特产品。

三七花是三七全株中三七皂甙含量最高的部分。其性凉、味甘，入肝、肾二经，具有清热解毒、平肝、明目、降血压、降血脂、减肥、消炎、养颜、抗癌的功效，适用于头昏、目眩、耳鸣、高血压、急性喉炎等症。

鲜三七花洗净后即可入炊，能与各种蛋、肉类配伍为肴。一般的烹调方法为：炒、煮、煎、蒸、煮、爆等，还可泡茶煲汤。

节节高花

JieJieGaoHua

节节高花为千屈菜科节节菜属圆叶节节菜的花。

圆叶节节菜分布于长江以南的云南、广西、湖北等地区的稻田或潮湿的地方。

圆叶节节菜的别名有水苋菜、水指甲、水马桑、红格草、水红莲草等。圆叶节节菜的花顶生，有稠密的穗状花序，花瓣3—6瓣，倒卵形，淡紫红色。其性凉、味甘淡，具有清热解毒、健脾利湿、消肿的作用。

将采集到的节节高花用清水洗滤出即可供用。可烩、煮、氽、炒、套炸食用。

时蔬瓜果豆菜

清檀萃《滇海虞衡志》曰："滇南瓜，蔬最早，冬腊开筵，新陈豆米，正初即进，元谋之西瓜酿，元江大茄，不能以常候拘也。"清戴纲孙《昆明县志》载："滇蔬种最繁而甚早，其值亦贱。山肴野蔌芼之都可登盘，不必餍鸡豚也"。《云南作物种质资源·蔬菜篇》云："据南北朝时期郦道元所著《水经注》以及《丽江府志》、《昭通县志》、《腾冲县志》记载，早在1500多年以前云南就已有白菜、山药等近百种蔬菜栽培……明嘉靖《大理府志》记载的蔬菜有白菜、青菜、山韭菜、芹、芝麻菜、芋花、荷包豆、金雀花、藜蒿等38种。昆明的蔬菜在明朝时期，不包括野生蔬菜和菌类就已有葱、韭、茴香、芥菜、白果、苦菜、豌豆、蒜、刀豆、豇豆、芫荽、菠菜、扁豆、芹菜、萝卜、胡萝卜、冬寒菜、苋菜、甜瓜、西瓜、冬瓜、丝瓜、黄瓜、山药等蔬菜……至1917年《大理县志》记载的蔬菜种类已达72种。由此可见云南时蔬瓜果豆类的历史风貌。

绿叶菜

大白菜

大白菜为十字花科芸薹属芸薹种中的一个亚种，为一年生或两年生草本。大白菜的种甚多，共有4个变种：①散叶变种；②半结球变种；③花心变种；④结球变种。大白菜系是由小白菜衍化而来。白菜这个名称实际包括30多种蔬菜，仅大白菜便有六七百个地方品种。白菜起源于中国，云南各地均有种植，有种及变种10个。

DaBaiCai

黄芽白　　黄芽白

结球白菜　　散叶白菜　　直筒白菜

大白菜主要别名有结球白菜、黄芽白、散叶白、包心白等。大白菜是中国人民的主要蔬菜之一，其烹调应用甚广。可用于主食、副食，适应很多烹调方法。大白菜营养丰富，内含蛋白质、脂肪、碳水化合物、膳食纤维、胡萝卜素、硫胺质素、核黄素、尼克酸、抗坏血酸、维生素E、钾、纳、钙、镁、锰、锌、铜、磷、硒等，此外，还会有吲哚类化合物等等成分。中医认为，其味甘、性平，有养胃、利小便等功能。

小白菜 XiaoBaiCai

小白菜，主要别名有普通小白菜、菘菜、青菜、夏菘、青白菜、鸡毛菜等。

宽叶小白菜

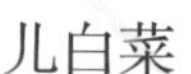

儿白菜

调羹白

奶白菜

青毛叶小白菜

小白菜为十字花科芸薹属芸薹种中小白菜亚种的一个变种。一年生或两年生草本。北方按叶柄颜色分为青帮、白帮两类；南方按季节分春白菜、夏白菜、秋冬白菜；有的地方按叶色分为白油菜、黑油菜等。按植物学和园艺学特点分为两类：①圆柄类型；②阔柄类型。阔柄类型是中国白菜类的原种，最初的“菘”便是它。经过农民的培育，衍化出大白菜、乌塌菜、菜薹等变种。云南小白菜的品种较多，各地区均有栽培。

小白菜内含蛋白质、脂肪、碳水化合物、膳食纤维、胡萝卜素、硫胺素、核黄素、尼克酸、抗坏血酸、维生素E、钾、钠、钙、镁、铁、锰、锌、铜、磷、硒等营养物质。中医认为，其味甘、性平，入肠、胃经，具解热除烦、通利肠胃功效。

小白菜烹调应用十分广泛。用以炒、煮、烧、烩、煨等，单用或配荤素食料，也可做汤菜，或切碎腌后调拌做小菜。

乌塌菜

NiaoTaCai

乌塌菜，主要别名有塌棵菜、踏地菘、乌菘菜、塌菜、黑菘、黑油菜等。

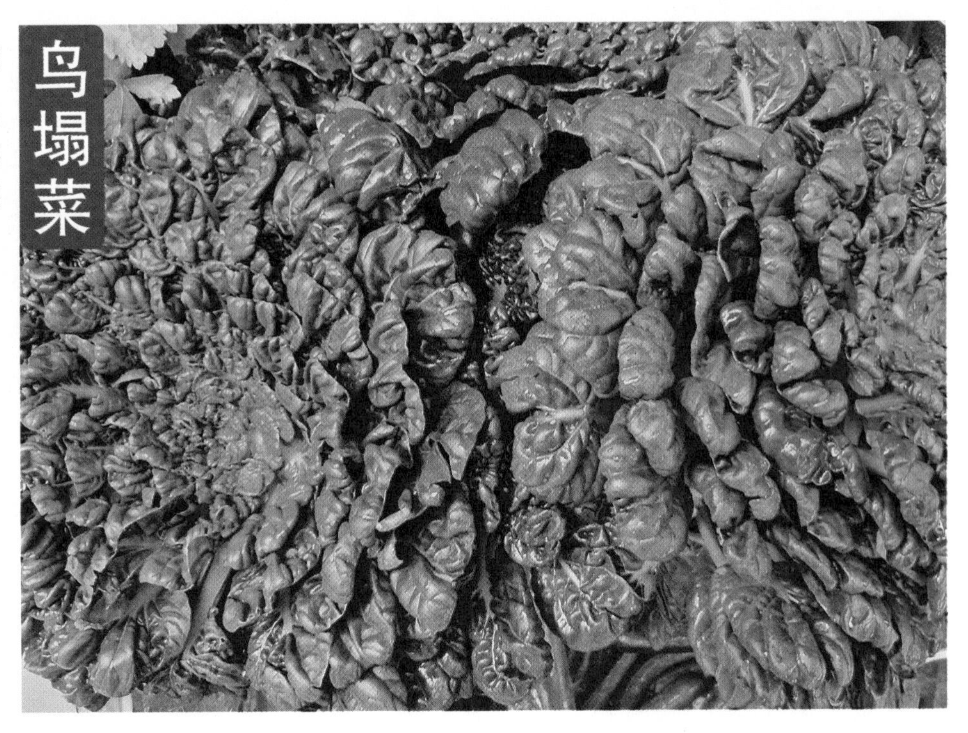

乌塌菜为十字花科芸薹属芸薹种中小白菜亚种的一个变种。两年生草本。云南各地均有栽培。

乌塌菜内含蛋白质、脂肪、碳水化合物、膳食纤维、胡萝卜素、核黄素、尼克酸、抗坏血酸、钾、钠、钙、镁、铁、锰、锌、铜、磷、硒等。此外，还含有吲哚类化合物等许多成分，具有抗癌等多种防病保健功效。中医认为，其性平、味甘，有滑肠、疏肝、利五脏的功效。

乌塌菜可煸、炒、烧、烩、煮、焖、炖、熬，还能与各类荤素食料相伴为肴。

菜薹

CaiTai

菜薹，主要别名有菜心、薹用白菜、薹用油菜、胡菜、寒菜、薹菜、白菜薹等。

菜薹为十字花科芸薹属芸薹种中小白菜亚种的一个变种。一两年生草本植物。菜薹分青菜薹、紫菜薹两种类型。云南各地均有栽培。

菜薹内含蛋白质、脂肪、碳水化合物、膳食纤维、胡萝卜素、核黄素、硫胺素、尼克酸、抗坏血酸及多种矿物质，以及吲哚类化合物等多种成分，具有抗癌等多种防病保健功效。中医认为，菜薹味辛、性凉，入肺、肝、脾经，能散血、消肿、破结、通肠，可治劳伤吐血、血痢、丹毒、热毒疮等症。

菜薹以选用脆嫩为上品。菜薹可为主料，也可为配料，一般的烹调方法为：炒、炝、拌、爆、熘、烩等。

大头菜 DaTouCai

大头菜，学名根用芥。主要别名有疙瘩菜、辣疙瘩、芥头、芥菜等。

云南玫瑰大头菜

大头菜为十字花科芸薹属中以肉质根为主品的一个变种。1—2年生草本植物。以肉质根形状可分为圆锥形、圆柱形、荷包形及扁圆形。云南主栽的品种有萝卜叶芥（即大叶芥）、芝麻叶芥和鸡啄叶芥（即花叶芥）。

大头菜未加工前叫生芥，加工后叫熟芥。云南大头菜有黄芥和黑芥两种。黄芥是只用盐腌未经酱渍的一种大头菜；黑芥除用盐腌外，还需经老酱和香料浸渍。标准的黑芥外表墨绿色，内心深红色，咸中有甜，清香脆嫩。内含硫胺素、核黄素、尼克酸、蛋白质、脂肪、碳水化合物、粗纤维、无机盐等营养成分。昆明永香斋所产的“云南玫瑰大头菜”是云南传统名特产之一，已有300多年的历史。

菠菜 BoCai

菠菜，主要别名有波棱、菠棱、红根菜、赤根菜、雨花菜、波斯菜等。

菠菜为藜科菠菜属1—2年生草本植物。原产西亚亚海湾一带，古代阿拉伯人称之为“蔬中之王”。全国各地均有栽培。

菠菜内含胡萝卜素、抗坏血酸、镁、锰、锌、维生素B_{10}和B_{11}、维生素K，其根含有两种皂甙，有抗菌和降胆固醇的功效。中医认为，其味甘、性凉，有养血、止血、敛阴、润燥的作用。

菠菜鲜香软嫩。一般的烹调方法为：拌、炒、氽、煮、烩、做馅、制粥等。

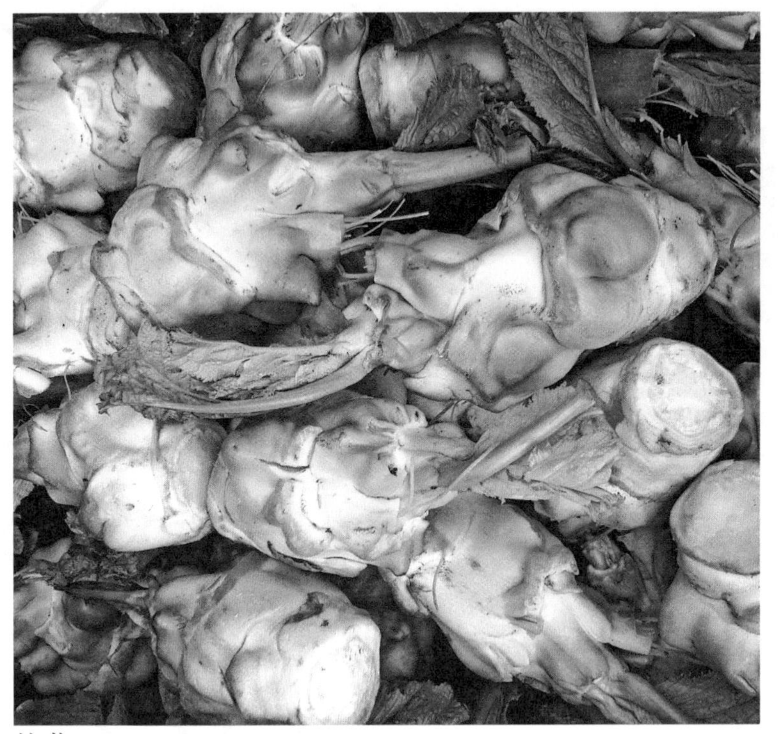
榨菜

棒菜

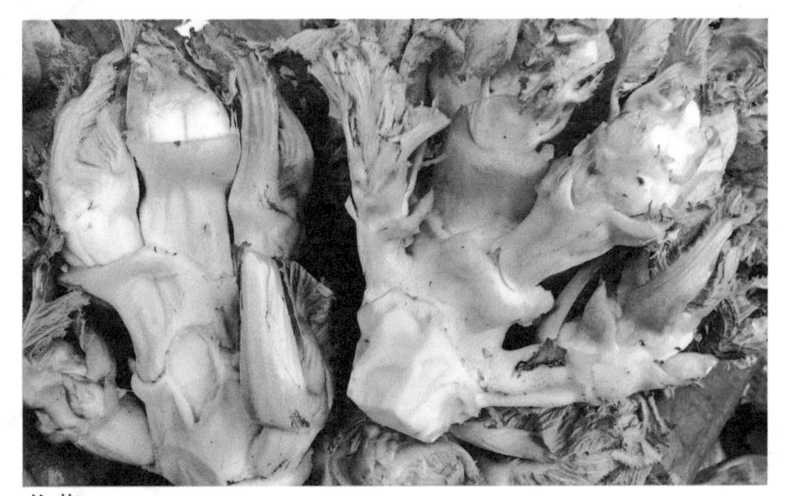
儿菜

茎用芥 JingYongJie

茎用芥，主要别名有榨菜、棒菜、青菜头等。

茎用芥为十字花科芸薹属中以嫩茎为产品的一个变种。滇中、滇东、滇东北地区多有栽培。

茎用芥内含蛋白质、脂肪、碳水化合物、热量、粗纤维、钙、铁等营养物质。鲜榨菜去皮，除可炒、烧、烩、拌、炖、煮、瓤食外，主要用于腌制成咸菜，四川涪陵和浙江海宁的榨菜可为其代表。鲜棒菜去皮、去老茎，可煮、炒、烧、烩、炖、腌、拌食，还能与各类荤食料结伴为肴，也可腌制成咸菜食用。

苦菜

叶用芥

YeYongJie

叶用芥，主要别名有苦菜、青菜等。云南人一般将青菜称为苦菜。

叶用芥为十字花科芸薹属芥菜种中以叶及叶球为产品的变种，1—2年生草本植物。其类型和品种很多，如：大叶青菜、小叶青菜、花叶青菜、宽叶青菜、叶瘤芥菜、种用芥菜等，云南多数地区均有栽培。

叶用芥内含蛋白质、脂肪、碳水化合物、粗纤维、热量、钙、铁等营养物质。其性温、味辛，具有祛痰镇咳、消肿散结、止痛等功效。适宜于肺炎、支气管炎、消化不良、风湿性关节炎、糖尿病的辅助治疗。

叶用芥菜清香软润，滋味鲜美，可煮、炒、炖、烧食，还可将其腌制成咸菜食用。

花叶小苦菜

昆明粉秆青菜

宽叶苦菜

牛肋巴苦菜

小米菜 XiaoMiCai

小米菜，主要别名有苋菜、焊菜等。

小米菜为苋菜科苋属一年生草本植物。苋菜以叶片形状或颜色分有多种。民间常以颜色区分，分3个类型：绿苋、红苋、彩苋。云南多有栽培。

小米菜内含蛋白质、脂肪、碳水化合物、膳食纤维、胡萝卜素、硫胺素、核黄素、尼克酸、抗坏血酸、维生素E、钾、钠、钙、镁、铁、锰、锌、铜、磷、硒等营养物质，中医认为，其味甘、性凉，可清热、利窍，用于赤白痢、二便不通等症。

小米菜取嫩叶茎洗净后可供用。一般的烹调方法为拌、炝、炒、烩、烧等，还能与鸡蛋或鱼片、肉丝、豆腐、粉丝等食料结伴为肴，还可为荤菜的垫底。

大叶花红苋菜

小米菜（绿）

小米菜（红）

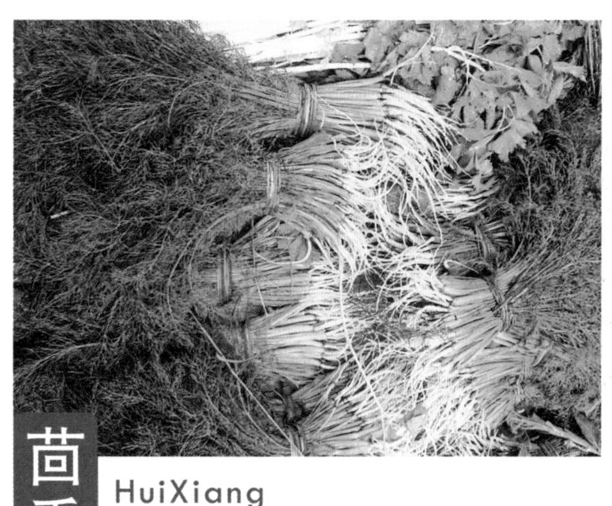

结球茴香

茴香 HuiXiang

茴香，主要别名小茴香。

茴香为伞形花科茴香属多年生宿根草本植物。茴香原产于地中海沿岸及西亚，中国自古即有栽培，云南大多数地区均有分布。采食其嫩茎叶。

茴香的主要成分为茴香醚、茴香酮、茴香醛等，具有特殊香味。并且，其胡萝卜素、钙、钠、铜、钾的含量也比较高。中医认为，其味辛、性温，入肾、膀胱、胃经，具有温肾散寒、和胃理气的功效。

小茴香芳香鲜嫩，可煮、炒、炖食，用其与各种荤食料结合制作饺子、包子的馅心，风味特别，还可用其与面粉、苞谷粉、荞粉等结合制作粑粑、窝窝头等。

结球茴香于1964年从海外引入，其特征为植株基部明显肥大而呈扁球形，纤维少，较柔嫩，可凉拌、炒、爆、做馅，还能与荤食料配搭为肴。

韭黄

韭菜 JiuCai

韭菜，主要别名有丰本、草钟乳、起阳草、一束金、懒人菜、壮阳草等。

韭菜为百合科葱属多年生宿根草本植物。原产中国，栽培历史悠久，云南各地均有栽培，以其嫩叶和幼嫩花茎（韭菜苔）、韭花（韭菜花）供食。经软化栽培后的韭黄，又称黄草韭菜，较青韭更加鲜嫩香美，属高档原料。

韭菜内含蛋白质、脂肪、碳水化合物、膳食纤维、胡萝卜素、硫胺素、核黄素、尼克酸、抗坏血酸、维生素E、钾、钠、钙、镁、铁、锰、锌、铜、磷、硒等营养物质，此外，还含有硫化物、甙类、苦味质等。中医认为，韭菜味辛、性温，入肝、胃、肾经，能温中、行气、散血、解毒，可治胸痹、噎膈、反胃、衄血、尿血、痔漏、虫毒等。据现代医学临床报告称，平时吃些韭菜，有抗癌的功效。

韭菜入馔，可生食亦可熟食，可做主料单炒，或配肉类、豆腐、豆干、土豆、豆芽、粉丝、凉粉蛋类等炒拌食用，可做垫底，可做馅心；生料切碎可作调味料等。

茼蒿菜为菊科茼蒿属一年或两年生草本植物。中国原产，云南栽培历史悠久。分布较广，在海拔800—2000米的昆明、玉溪、曲靖、楚雄、红河等州市均有栽培。

茼蒿菜内含蛋白质、脂肪、碳水化合物、膳食纤维、胡萝卜素、硫胺素、核黄素、尼克酸、抗坏血酸、维生素E及多种微量元素，此外，还含有多种氨基酸和挥发性精油。其味甘、性平，入脾、胃经，具有平肝补肾、清血养心、宽中理气、止咳化痰、除肺热、利两便、消痰饮的功效。

茼蒿菜以鲜品供食，其色泽碧绿、质地脆嫩，可凉拌、炒、煮、烩食，还能与一些荤素食料配伍为肴，还可与面粉、米粉相伴为粑等。

茼蒿菜

TongHaoCai

茼蒿菜，主要别名有菊叶菜、蓬蒿、同蒿菜、菊花菜、春菊等。

空心菜

KongXinCai

空心菜，主要别名有蕹菜、通菜、空筒菜、竹叶菜、蓊菜、拱菜等。

空心菜为旋花科牵牛属一年生或两年生曼生草本植物。原产于中国和印度热带雨林地区。中国自古就有栽培，西南地区栽培最多。云南空心菜分布于海拔100—2000米的昆明、河口、元江、勐腊、景洪、双江、富宁、六库、建水、开远、石屏、华坪、弥勤等地。

空心菜内含蛋白质、脂肪、碳水化合物、膳食纤维、胡萝卜素、硫胺素、核黄素、尼克酸、抗坏血酸、维生素E及多种矿物质。中医认为，其味甘、性凉，具有清热解毒、利尿、止血的功效。

空心菜嫩茎叶脆嫩滑爽，清香可口，营养丰富，可凉拌、炝、炒、煮食，还能与各种荤食料配伍为肴。

豆腐菜

DouFuCai

豆腐菜，主要别名有落葵、木耳菜、滑藤、胭脂菜、天葵、软浆叶等。

豆腐菜为落葵科落葵属一年生缠绕性草本植物。原产中国。云南有两种，即小叶落葵，云南昆明地方品种；紫落葵，云南大理地方品种。

豆腐菜内含蛋白质、脂肪、碳水化合物、膳食纤维、胡萝卜素、视黄醇当量、硫胺素、核黄素、尼克酸、抗坏血酸、维生素E及多种矿物质，此外，还含有葡聚糖、粘多糖、类胡萝卜素及有机酸、皂甙等成分。中医认为，其味甘酸、性寒，入心、脾、肝及大小肠经，具有清热、滑肠、凉血、解毒的功效。

豆腐菜的嫩茎叶清香滑嫩，营养丰富，洗净后可供用。可清炒，可氽汤，可与多种荤食料配伍为肴，可为垫底，焯水后可拌、可炝。

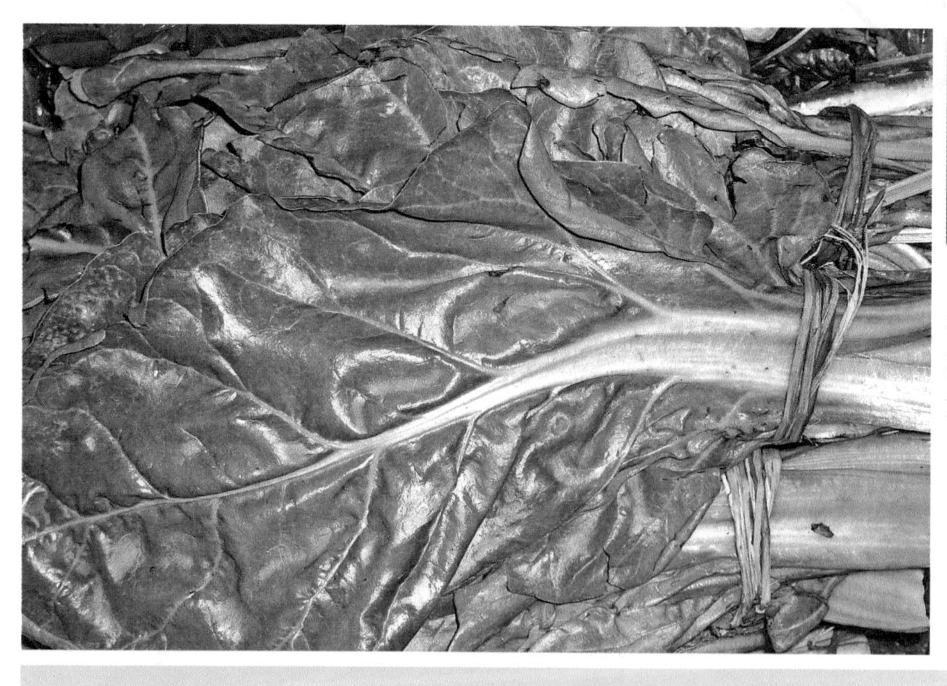

牛皮菜

NiuPiCai

牛皮菜，主要别名有叶萘菜、莙荙菜，厚皮菜、叶用甜菜、萘菜、波浪菜等。

牛皮菜为藜科萘菜属一年或两年生草本植物。萘菜原产欧洲地中海沿岸。公元5世纪从阿拉伯传入中国，南北普遍栽培。在云南，分布于海拔1000—2500米的东川、建水、个旧、蒙自、宾川、元谋、腾冲、巧家、丽江、香格里拉等地。主要有白梗、绿梗、红梗3个类型。

牛皮菜内含蛋白质、脂肪、碳水化合物、膳食纤维、胡萝卜素、核黄素、尼克酸、抗坏血酸及多种矿物质，还含有较多硝酸盐，据现代医学研究表明，牛皮菜含抗癌成分。中医认为，其味甘、性凉，入手足太阴经，具有清热解毒、行瘀止血等功效。

牛皮菜嫩叶做蔬，质地柔滑，清香可口。洗净后切段、切块或切碎后即可炒、粉蒸或做汤，炒时加豆豉或蒜茸，其味更佳；牛皮菜还可制作成腌菜，或泡菜；改刀焯水后还可拌、炝食用。

水晶菜

ShuiJingCai

水晶菜，主要别名有白茎千筋京水菜。

水晶菜为十字花科芸薹属一至两年生草本植物。是日本最新育成的一种外形新颖，含矿物质营养丰富的蔬菜新品。昆明地区已有栽培。

水晶菜富含维生素C和钙、钾、钠、锰、磷、铜、铁、锌、锶等营养物质。

水晶菜清香柔嫩，味美可口，可单料为菜，还能与多种荤素食料相伴为菜、为馅。一般的烹调方法有：拌、炝、炒、爆、烩、炖、熘、煮等。

西芹

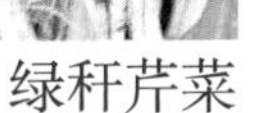

绿秆芹菜

白秆芹菜

芹菜

QinCai

芹菜，主要别名有胡芹、蒲芹、药芹等。

芹菜为伞形花科芹属中形成肥叶柄的两年生草本植物。芹菜原产地中海沿岸，2000年前希腊人已栽培，约汉代传入中国，经过千百年的栽培训化，形成了具有中国特色的地方品种。云南芹菜有两个种和变种。云南种植芹菜的历史悠久，分布广泛，海拔2800米以下的昆明、建水、巧家、彝良、蒙自、个旧、寻甸等地均有分布。

中国芹菜，又称本芹，按叶柄颜色又分为白秆芹和绿秆芹。西芹又称洋芹、大棵芹、美芹，叶柄宽而肥。

芹菜内含蛋白质、脂肪、碳水化合物、膳食纤维、胡萝卜素、硫胺素、核黄素、尼克酸、抗坏血酸、维生素E、钾、钠、钙、镁、铁、锰、锌、铜、磷、硒等，还含有芹菜甙、佛手柑内酯、a-芹子烯、丁基苯酞等物质，临床用于防治高血压、乳糜尿等有较好疗效。中医认为，其味甘苦、性凉，入足阳明、厥阴经，有平肝清热、祛风利湿、健胃、利尿和醒神健脑的功效。

芹菜是一种香辛蔬菜，去叶后叶柄是主要食用部分，鲜香、脆嫩。改刀焯水后可拌、可炝；生料腌、渍、炒、爆皆可，还能与各种荤素食料配伍为肴，也可用其与肉类相配制作成包子、饺子的馅心等。

莴笋 WoSun

莴笋，学名莴苣。主要别名有青笋、莴苣笋、莴苣、莴苣菜等。

莴笋为菊科莴苣属植物莴苣的能够形成肉质嫩茎的变种茎用莴苣。一两年生草本植物。莴苣原产地中海沿岸，由野生演变而来，大约于隋代传入中国。经过长期栽培驯化，在中国演变出以肥大肉质茎的变种茎用莴苣，又名莴笋。云南莴苣有6个种和变种。莴笋的品种分类根据叶形分为尖叶、团叶和苦荬叶（即花叶）。各型中根据茎色又可分为白皮、绿皮和紫皮莴笋。

莴笋内含蛋白质、脂肪、碳水化合物、膳食纤维、胡萝卜素、硫胺素、核黄素、尼克酸、抗坏血酸、维生素E及多种矿物质。中医认为，其性凉、味苦甘，具有清热化痰、利气宽胸、利尿通乳的功效。

莴笋肉质细嫩，清甜鲜美，切丝、片、丁、条任你选择，生吃、熟食由你挑选，能与各类荤素食料配伍为肴。一般的烹调方法有：拌、炝、腌、渍、炒、爆、烩、煮、炖、烧等。

生菜 ShengCai

生菜，主要别名有叶用莴苣、千层剥、鸡窝菜等。

生菜为菊科莴苣属中能形成叶球或嫩叶的一年生或两年生草本植物。莴苣叶用种为中国原产，又一种说法认为，莴苣原产地中海沿岸。叶用莴苣的分类及品种有3个变种：①散叶莴苣；②皱叶莴苣；③结球莴苣及油麦菜（新型生菜）。

生菜内含蛋白质、碳水化合物、维生素、矿物质，其含量均比莴笋高。由于生菜多为生食，其营养损失很少，利用率更高。中医认为，生菜味苦甘、性微寒，具有解热毒、消酒毒、利大小便的功效。

生菜清香甜嫩，营养丰富，多为生食，但也可炒、爆、煮食。

红珊瑚（生菜）

油麦菜（生菜）

蒜薹

紫皮青蒜

青蒜、蒜薹

QingSuan（SuanTai）

青蒜、蒜薹为百合科葱属植物，多年生宿根草本，作一年生或两年生栽培。

基生叶狭长而扁平，淡绿色，肉厚，表面有蜡粉，即称为青蒜、蒜苗。自茎盘中央抽出花茎，即称为蒜薹。青蒜和蒜薹均可做蔬菜，也可做调味品。云南大多地区均有栽培。

青蒜洗净改刀后可凉拌、炒食，也可与一些荤素食料配伍炒、蒸、烩、烧食用，也可以顶刀切碎成蒜花，作为一些菜肴、小吃的调料。

蒜薹，多切段或粒，焯水后可凉拌、炝食，生料可与多种荤素食料搭配为肴。一般的烹调方法为：拌、炒、爆、烩、烧等。

注：青蒜、蒜薹的营养价值、药用价值可参照大蒜条。

豌豆尖

WanDouJian

豌豆尖，主要别名有安豆尖、豌豆苗等。

豌豆尖为豆科一年生或两年草本植物豌豆枝蔓的尖端嫩茎叶。云南除传统的豌豆尖品种外，20世纪80年代从台湾引进主要以采收豌豆苗食用的台湾豆苗。其品种矮蔓，生长势强，茎粗叶肥而大，播种后约50天开始采收豌豆嫩尖叶，此品种叶绿色，叶柄浅绿色，叶较肥厚，肉质嫩，味鲜甜，具豌豆清香味，现多用于外销出口东南亚国家及港澳地区。

豌豆尖富含维生素A、维生素C、钙、磷等营养物质，还含有大量的抗酸性物质，具有很好的防老化功能，能起到有效的排毒作用。中医认为，其味甘、性凉，具有清热解毒的功效。

豌豆尖清香甜嫩，一般炒、氽食用，焯水后可凉拌、炝食，豌豆尖经常与一些高档食材相配，作为汤菜、烩菜、蒸菜、炖菜等的配色、调味佳品。

宝塔菜

洋花菜

YangHuaCai

洋花菜，主要别名有花椰菜，花菜、花甘蓝、菜花等。

洋花菜为十字花科芸薹属甘蓝种中以花球为产品的变种花椰菜的巨大嫩花蕾。原产地中海东部沿岸，约在19世纪初引入中国。现全国各地均有广泛的栽培，在云南，主要分布在海拔1000—1800米的南亚热带至北亚热带气候层的昆明、玉溪、曲靖、红河、保山、大理、普洱等地区。

洋花菜内含蛋白质、脂肪、碳水化合物、膳食纤维、胡萝卜素、硫胺素、核黄素、尼克酸、抗坏血酸、维生素E及多种矿物质等。其维生素A的含量高于莴笋、甘蓝，还含有大量的抗癌酶。中医认为，其味甘、性平，具有补脑髓、利脏腑、开胸膈、益心力、壮筋骨等作用。

洋花菜肉质肥厚，雪白细嫩，改为小朵洗净后即可入烹。生料可炒、爆、炖、煮、烩，焯水后可拌、炝，还能与各种荤食材结伴为肴。

青花

QingHua

青花，主要别名有西兰花、绿花菜、立木甘蓝、意大利芥蓝、茎椰菜等。

青花为十字花科芸薹属甘蓝植物中以绿色花球为产品的一个变种。一两年生草本植物。原产于意大利。以绿色花蕾和嫩茎供食。大约在明末清初传入中国。云南约在滇越铁路修通后最先在蒙自、建水、个旧等地区种植，至今已近百年。云南海拔1200—1600米南亚热带气候层的建水、石屏等地分布的建水青花菜，为云南特有地方品种或变种。

青花菜营养丰富，与洋花菜比，其维生素C的含量高1倍多，胡萝卜素高60倍，铁、磷矿物质元素高1倍，而且还含有抗癌物质，值得重视并加以利用。

青花菜脆嫩鲜香，可单料为菜，还能与多种荤食料相搭配。一般的烹调方法为：拌、炝、炒、爆、烩、熘、扒、蒸、套炸、氽等。

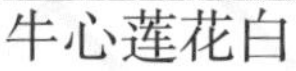

牛心莲花白

莲花白

LianHuaBai

小甘蓝

莲花白，主要别名有结球甘蓝、卷心菜、白球甘蓝、包包菜、莲花菜、圆白菜等。

莲花白为十字花科芸薹属甘蓝种中能形成球的一个变种。两年生草本植物。莲花白依叶球形状及成熟期早，迟可分为尖头型、圆头型、平头型三种，在云南主要分布在海拔1000—2000米的昆明、玉溪、曲靖、红河、普洱、昭通、等地区。甘蓝起源于地中海至北海沿岸，由不结球野生甘蓝演化而来，16世纪传入中国。

莲花白内含蛋白质、脂肪、碳水化合物、膳食纤维、胡萝卜素、硫胺素、核黄素、尼克酸、抗坏血酸、维生素E、钾、钠、钙、镁、铁、锰、锌、铜、磷、硒等。此外，还含有较多的维生素U，对胃及十二指肠溃疡可止痛和促进愈合，并有保肝、降血压作用；还含有吲哚-3-乙醛、葡萄糖芸薹素、黄酮醇、花白甙、绿原酸等物质，具有抗癌功效。

莲花白清香脆嫩，生吃热食皆可，可单料为菜，还能与多种荤食料相搭配为肴。一般的烹调方法有：腌、渍、拌、炝、炒、爆、烩、炖、烧、熘、煮等。

紫甘蓝

苤蓝 PieLan

苤蓝，主要别名有球茎甘蓝、掰蓝、擘蓝等。

苤蓝为十字花科芸薹属甘蓝种植物中能形成肉质球状茎的变种。两年生草本植物。苤蓝品种分类按球茎质色可分为绿色、绿白色、紫色三个类型。中国始见载于明代兰茂《滇南本草》和王象晋《群芳谱》。云南的球茎甘蓝主要分布在中部、中南部、西部海拔1000—1800米的南亚热带至北亚热带气候层的昆明、玉溪、保山、曲靖、红河、东川等地。

苤蓝内含蛋白质、脂肪、碳水化合物、膳食纤维、胡萝卜素、硫胺素、核黄素、尼克酸、抗坏血酸、维生素E及多种矿物质。中医认为，其味甘辛、性凉。可治小便淋浊、大便下血、肿毒、脑漏。

苤蓝肉质肥厚脆嫩，常去皮切丝腌后拌、炝生食，脆嫩爽口。可切丝、片、条炒、爆或煮食，还能与各类荤食料配搭为肴。

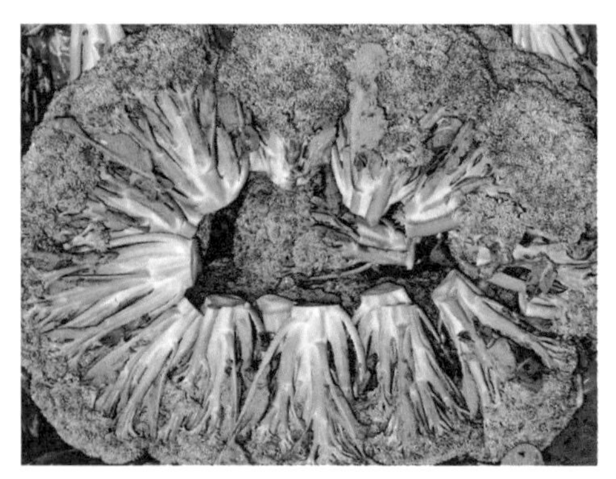

甜脆芥兰

芥蓝 JieLan

芥蓝，主要别名有白花芥蓝、叶用甘蓝、不结球甘蓝、绿叶甘蓝、羽叶甘蓝等。

羽衣甘蓝

芥蓝为十字花科芸薹属甘蓝种植物中以叶薹为产品的变种。一两年生草本植物。芥蓝原产中国南方，以广东、广西、福建、台湾栽培较多。云南省的芥蓝主要有黄花芥蓝和白芥蓝及引进的甜脆芥蓝等品种。

芥蓝内含蛋白质、脂肪、碳水化合物、膳食纤维、胡萝卜素、硫胺素、核黄素、尼克酸、抗坏血酸、维生素总E及多种微量元素，其胡萝卜含量甚高。中医认为，其性温、味辛，具有利膈开胃、通肺化痰、温中止咳、明目的功效。

芥蓝清香脆嫩，营养丰富。常用于炒、氽，焯水后可拌、炝，能与多种荤素食材相配为肴。

瓜豆菜

NanGua

南瓜，主要别名有阴瓜、番南瓜、麦瓜、癞瓜、饭瓜、金瓜、倭瓜等。

南瓜为葫芦科南瓜属蔬菜。根据考古资料及品种资源分布，确认南瓜起源于北美洲。云南有7个种和变种。南瓜为云南人民喜爱食用的主要蔬菜，在云南分布较广，普遍栽培。

南瓜富含蛋白质、脂肪、碳水化合物、膳食纤维、胡萝卜素、硫胺素、核黄素、尼克酸、抗坏血酸、维生素E、钾、钠、钙、镁、铁、锰、锌、铜、磷、硒。另外还含有葫芦巴碱、腺嘌呤等等成分。可中和亚硝酸盐等有害物质，增强肝、肾细胞再生能力，在预防高血压和减少肺癌发病率等方面有一定作用。现代医学研究证明，南瓜具有治疗糖尿病的功用。中医认为，南瓜味甘、性温，有润肺、补中、益气、消炎止痛、解毒杀虫的功效。

南瓜皮薄肉厚，质地细腻，清香鲜甜。嫩瓜切丝、片等可炒、爆食，可做馅、做汤菜，能与多种荤素食料搭配为肴；老瓜可焖、炖、蒸、煮；可制南瓜饭、饼、糕点、热饮、热羹、甜菜等等，南瓜是蔬菜中适应面最广的佳品之一。

易门姜柄瓜

昆明黑绿麦瓜

小麦瓜

长形南瓜

黑籽南瓜

小金瓜

西葫芦

XiHuLu

西葫芦，主要别名有美国南瓜、美洲南瓜、菜瓜、小香瓜、水葫芦、洋西葫芦等。

西葫芦为葫芦科植物西葫芦的果实。一年生草本植物。西葫芦原产北美洲南部，约于18世纪前期或更早传入中国。在云南的昆明、玉溪、大理、个旧多有栽培。

西葫芦内含蛋白质、脂肪、碳水化合物、膳食纤维、胡萝卜素、硫胺素、核黄素、尼克酸、抗坏血酸、维生素E及多种矿物质，此外，还含有利于新陈代谢的葫芦巴碱，利于抑制糖类转化为脂肪的丙醇二酸，有助减肥。

西葫芦嫩果清香脆嫩，可单料为菜，还能与多种荤素食料结伴为肴。一般的烹调方法有：拌、炝、炒、爆、烩、炖、焖等。还能制馅、做饼等。

苦瓜

KuGua

苦瓜，主要别名有凉瓜、锦荔枝、癞葡萄、红绫鞋、菩提瓜等。

苦瓜为葫芦科苦瓜属植物苦瓜的果实。一年生攀援草本。苦瓜原产亚洲热带地区。约自宋元间传入中国。云南苦瓜种质资源较为丰富，有栽培种和野苦瓜两个种。

苦瓜内含苦瓜甙、五羟色胺、多种氨基酸、“多肽-P”化学物质（有类似胰岛素的功效）、苦瓜蛋白等，具有增进食欲、帮助消化、治疗糖尿病及抗癌的功效。中医认为，苦瓜味苦、性寒，有清暑涤热、明目、解毒的作用。

苦瓜清香脆嫩，可单料为菜，还能与多种荤食料相搭配。一般的烹调方法为：拌、炝、炒、煎、瓤、焖、煸、烧等。

黄瓜 HuangGua

黄瓜，主要别名有胡瓜、王瓜、刺瓜、青瓜等。

小黄瓜

昆明旱黄瓜

天津黄瓜

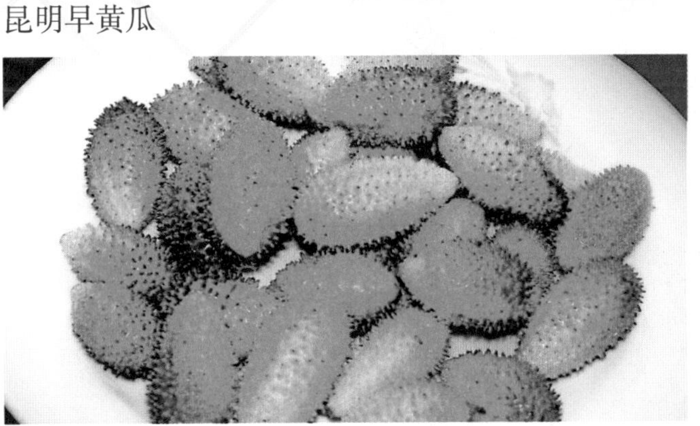

刺黄瓜

西双版纳大黄瓜

黄瓜为葫芦科甜瓜属一年生草本植物。黄瓜起源于印度西部，据史料记载，于公元前138—119年传入中国（有史记载春秋战国时期从印度、锡金经缅甸传入云南）。云南黄瓜共有两个种和变种、两个近缘野生种。还有新变种西双版纳黄瓜，以及耐寒性强、瓜大的昭通大黄瓜等。

黄瓜内含蛋白质、脂肪、碳水化合物、膳食纤维、胡萝卜素、硫胺素、核黄素、尼克酸、抗坏血酸及多种矿物质。此外，还含有抑制糖类转化为脂肪的两醇二酸，有减肥作用；黄瓜酶，能有效促进新陈代谢。中医认为，其味甘、性凉，具有清血、除热、利水、解毒的功效。现代医学研究证明，黄瓜中含有的苦味葫芦素，有明显的抗肿瘤功能，能抑制癌细胞生长。

嫩黄瓜清香脆嫩，入肴常做冷菜，但又可做热菜，能与多种荤素食料相搭配。一般的烹调方法为：拌、炝、腌、渍、炒、爆、烩、熘等。

思茅短丝瓜

十楞丝瓜

瑞丽短丝瓜

昆明马尾丝瓜

丝瓜

SiGua

丝瓜，主要别名有天罗、蛮瓜、无丝瓜、布瓜、绵瓜等。

丝瓜为葫芦科丝瓜属一年生攀援性草本植物。丝瓜起源于亚洲热带，最早栽培在印度。约6世纪（南朝梁代）传入中国。云南丝瓜资源较多，品种类型丰富，有4个种和变种。一般有2个栽培种，即普通丝瓜和有楞丝瓜。主要分布于亚热带的保山、红河、昆明、大理等地区。

丝瓜内含蛋白质、脂肪、碳水化合物、膳食纤维、胡萝卜素、硫胺素、核黄素、尼克酸、抗坏血酸、维生素E及多种微量元素，还含有皂甙，丝瓜苦味质、多量黏液与瓜氨酸等。中医认为其味甘、性凉，入肝、胃经，具有清热、化痰、凉血、解毒的功效。

丝瓜清香软嫩，营养丰富，去皮后可切片、块、丁、丝、条等。可单料为菜，还能与多种荤素食料配伍为肴。一般的烹调方法有：拌、炝、炒、烩、汆、煮等。

葫芦瓜

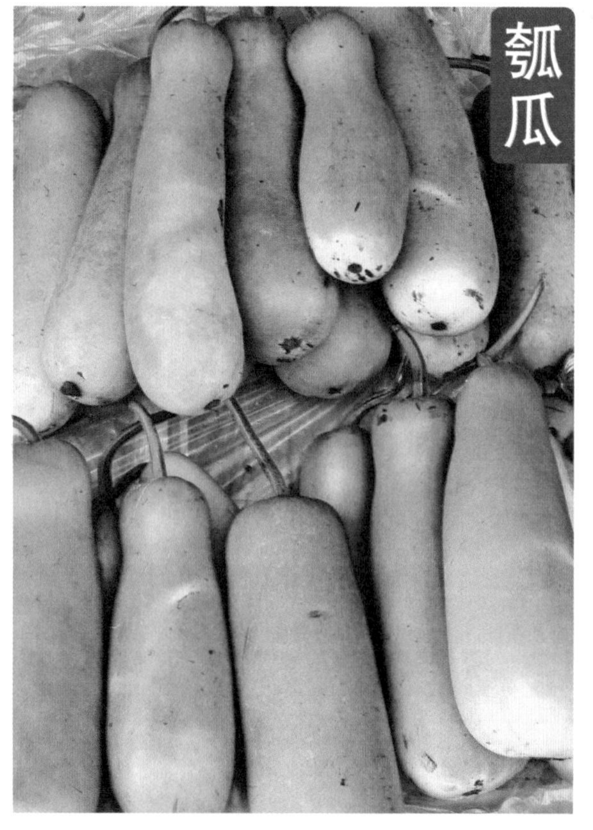

瓠瓜

HuGua

瓠瓜，主要别名有瓢瓜、匏、瓢、瓠匏等。

瓠瓜为葫芦科葫芦属植物葫芦的变种——瓠瓜的瓠果。一年生草本攀援植物。云南瓠瓜资源丰富，有3个变种（长瓠、葫芦瓠瓜、团瓠瓜）。

瓠瓜内含葫芦素（有致泻作用）、荞草酸、戊聚糖等物质。中医认为，其味甘淡、性平，入肺、脾、肾经，有利水、通淋功效，可治水肿、腹胀、黄疸、淋病。

瓠瓜选嫩果入炊，一般切块烧煮食用，也可与荤食料一起炖、焖、煮食。

粉皮冬瓜

版纳小冬瓜

冬瓜

DongGua

冬瓜，主要别名有白瓜、枕瓜、濮瓜、东瓜等。

冬瓜为葫芦科冬瓜属植物冬瓜的果实。一年生攀援性草本植物。冬瓜原产中国和东印度，中国早有栽培，汉代的《神农本草经》已有冬瓜的记载。冬瓜在云南栽培普遍，全省各县市均有栽培，品种较多。

冬瓜内含蛋白质、脂肪、碳水化合物、膳食纤维、胡萝卜素、硫胺素、核黄素、尼克酸、抗坏血酸、维生素E、钾、钠、钙、镁、铁、锰、锌、铜、磷、硒等。现代医学研究认为，冬瓜所含无脂低钠可以利尿，阻遏碳水化合物的脂肪转化，并减少水钠潴留，可消耗体内脂肪，有减肥之效。中医认为冬瓜味甘淡、性凉，入肺、大小肠、膀胱经，有利水、清热、消痰、解毒的功效。

冬瓜入肴，宜选老不宜嫩，因其味清淡，本身无显味。可单料为肴，但多与荤料相配。常用的烹调方法为：烧、煮、烩、炖、煨等，冬瓜还可制作冬瓜盅、冬瓜盒（甜咸皆可）等。

洋丝瓜

YangSiGua

洋丝瓜，主要别名有佛手瓜、安南瓜、瓦瓜、合掌瓜、拳头瓜等。

洋丝瓜为葫芦科佛手瓜属植物佛手瓜的瓠果。原产中美洲和西印度群岛，19世纪初传入中国。中国南方的广东、广西、云南、贵州栽培较多。云南的洋丝瓜分布较广，尤其在海拔1200—1900米的温带至南亚热带的山区、坝区普遍栽培。

洋丝瓜内含蛋白质、脂肪、碳水化合物、胡萝卜素、硫胺素、核黄素、尼克酸、抗坏血酸及多种矿物质（其中钾的含量多，钠的含量少）。

洋丝瓜无瓤，削去外皮，剜去种子即可随意加工成块、片、丝、坨、丁、末等，可单料为肴，还能与多种荤素食料配伍。一般的烹调方法为：腌、拌、炝、炒、爆、炖、炸、烩、烧、焖等。

蚕豆 CanDou

蚕豆，主要别名有胡豆、佛豆、罗汉豆、南豆、白马豆等。

蚕豆为豆科野豌豆属植物蚕豆的种子。一两年生草本植物。中国原产。中国考古学界于20世纪50年代后期在浙江吴兴钱山漾新石器时代遗址发现有蚕豆，距今约5000年。云南是蚕豆现面积最大的省区之一，有3个种和变种。干熟豆多为粮食，鲜豆多做菜用，是粮食、蔬菜兼用作物。云南蚕豆栽培历史悠久。明代王世懋《学圃杂疏》载："蚕豆初熟、甘香，种自云南来者，绝大而佳。"清檀萃《滇海虞衡志》云："滇以豆为重，始则连荚而烹以为菜，继则杂米为炊以当饭，干则洗之以为粉，故蚕豆粉条，明澈、清缩，杂之燕窝汤中，几不复辨。"将云南蚕豆的品种及用蚕豆制作的菜、饭（蚕豆焖饭、蚕豆粉条等）描写得十分生动。

蚕豆内含丰富的蛋白质、氨基酸、有机酸、多种矿物质。中医认为，其味甘、性平，入脾、胃经。有健脾、利湿、开胃和脏腑、补中益气、涩精实肠、止血、利尿等功效。

蚕豆清香软嫩，可单料为菜，还能与多种荤素食材结伴为肴。一般的烹调方法为：拌、炝、炒、烩、炸、爆等，还能制饭、制羹、制馅等。

毛豆 MaoDou

毛豆，学名大豆。主要别名有黄豆、枝豆、香珠豆、青豆等。

毛豆为豆科大豆属植物大豆的嫩豆粒。一年生草本植物。大豆原产中国，古已食用。云南大多数地区均有栽培。

毛豆内含蛋白质、脂肪、碳水化合物、膳食纤维、胡萝卜素、硫胺素、核黄素、尼克酸、抗坏血酸、维生素E、钾、钠、钙、镁、铁、锰、锌、铜、磷、硒等，其营养成分较其他蔬菜含量高。中医认为，其性平、味甘，入脾、胃经，主治胃中积热、水胀肿毒、小便不利等。

毛豆清香细腻，耐咀嚼，可单料为肴，还能与多种荤素食材结伴为肴。一般的烹调方法有：拌、炝、煮、炒、烩、爆、炸等，还可制成豆泥、豆羹、豆馅等。

食荚菜豆

ShiJiaCaiDou

菜豆，主要别名有四季豆、刀豆、玉豆、京豆、茶豆、棍儿豆、龙爪豆等。

菜豆为蝶形花科菜豆属一年生草本植物。以嫩荚果供食。普通菜豆起源于美洲的中部和南部，约在16世纪传入中国。根据苏联植物学家研究，食荚菜豆是由普通菜豆产生失去果壁上的硬质层的基因突变而成的，这种变异发生在中国，因此中国被认为是菜豆的次生起源中心，食荚豆为普通菜豆的一个变种。云南菜豆有3个种和变种，在云南的昆明、红河、玉溪、文山、昭通以及迪庆等地均有栽培。

菜豆内含蛋白质、脂肪、碳水化合物和多种维生素及矿物元素，还有较多的精氨酸、亮氨酸、赖氨酸等人体必需的氨基酸成分。菜豆性平、味甘，有温中下气、益肾补脾的功效。

食荚菜豆清香软嫩，可摘段、切丝、切丁、切块、批片，可配各种荤素食料。一般的烹调方法为：拌、炝、炒、爆、煎、炸、焖、烩、煮等。

茶豆

泥鳅豆

猫眼豆

奶油豆

昆明花雀蛋豆

荷包豆 HeBaoDou

荷包豆，主要别名有大菜豆、洋扁豆、皇帝豆、南豆、棉豆等。

荷包豆为豆科菜豆属一年生缠绕性草本植物。荷包豆原产美洲热带，清代嘉庆年间传入福建。荷包豆在滇中、大理、保山等地区多有栽培。

荷包豆内含氮化物、维生素C、蛋白质、淀粉、水分等。

去荚、去皮的鲜荷包豆粒，清香甜嫩，焯水后可拌、炝、烩、炖食，能与多种荤素食料配伍为肴。一般的烹调方法为：烩、烧、扒、炖、蒸、炸、炒等。

扁豆 BianDou

扁豆，主要别名有南扁豆、蛾眉豆、鹊豆、篱豆、白衣豆等。

扁豆为豆科扁豆属一年或多年生缠绕藤本植物。扁豆原产印度和印度尼西亚，约在汉晋间引入中国。除高寒山区外，云南各地区普遍栽培。根据花荚颜色可分为白花、紫花、绿，白豆荚或紫豆荚，栽培品种较多。昆明以白花为多。

扁豆富含蛋白质和多种氨基酸、多种矿物质。现代医学研究证明，扁豆中含有胰蛋白酶和淀粉酶抑制剂，这两种物质有减缓各种消化酶对食物的快速消化和降低血糖的作用。扁豆中还含有血细胞凝集素A、B，植酸钙、泛酸等，它们对血细胞有一定的凝集作用，是抑制病毒的有效成分，有抗癌的作用。中医认为，其味甘、性平，有健脾和中、消暑化食的功效。

扁豆去边筋洗净，切丝或块后可拌、炒食，生料可烧、煮、焖吃，还能与一些荤素食料搭配为肴。

昆明金边豇豆

绿豇豆

紫豇豆

豇豆

JiangDou

豇豆，主要别名有裙带豆、江豆、筷豆、姜豆、带豆、长豆角等。

豇豆为豆科豇豆属中能形成长豆带荚的栽培种，一年生缠绕草本植物。据学者研究，豇豆第一起源中心在非洲东北部和印度，第二起源中心为中国。亦有人认为起源于埃塞俄比亚。云南的长豇豆按荚的颜色可分为绿、白、紫三种。地方品种有绿豇豆、紫豇豆、白豇豆、金边豇豆等。

豇豆内含蛋白质、脂肪、碳水化合物、膳食纤维、胡萝卜素、硫胺素、核黄素、尼克酸、抗坏血酸、维生素E及多种矿物质。中医认为，其味甘、性平，入脾、肾经，有健脾补肾、理中益气、清热解毒、散血消肿的功效。

豇豆入肴多为烧、煮、煸、炒，生料改刀焯水后可拌、炝，焯水切碎与肉结合成馅，能与一些荤素食料相伴为肴，还可腌、渍、泡、酱为小菜。

甜脆豌豆

TianCuiWanDou

豌豆，主要别名有回回豆、荷兰豆、安豆、寒豆、毕豆、莞豆等。

豌豆

豌豆荚

豌豆为豆科，豌豆属一年生或两年生草本植物。中国自古栽培，云南省有4个种和变种，地方品种较多，栽培普遍，全省均有分布。主要分布于昆明、玉溪、大理、文山、楚雄等地区。食新鲜嫩豆粒、嫩荚、嫩尖等。

豌豆内含蛋白质、脂肪、碳水化合物、膳食纤维、胡萝卜素、硫胺素、核黄素、尼克酸、抗坏血酸、维生素E及多种矿物质。中医认为，其味甘、性平，入脾、胃经，有和中益气、补肾健脾、消肿止疼的功效。豌豆还含有植物凝集素、止权素、赤霉素A_{20}等。

嫩豌豆粒可生吃，可炒、爆、烩、炸食，还能与各种荤素食料配伍为肴。

嫩豌豆荚能切丝、改块，焯水后可拌、炝，生料一般多炒、爆，能与多种荤食料搭配为肴。

干豌豆可磨粉代粮，可制作稀豆粉、豌豆凉粉、豌豆芽等。

茄果、水生菜

紫长茄

茄子

QieZi

茄子，主要别名有昆仑紫瓜、落苏、伽子、昆味、矮瓜等。

圆紫茄

棒头茄

茄子为茄科茄属以浆果为产品的一年生草本植物。茄子起源于亚洲南部热带地区，印度为最早驯化地，中国栽培茄子历史悠久，是茄子第二起源地，云南西双版纳有野生品种分布。茄子在云南省栽培普遍，历史悠久，种质资源丰富，有种和变种5个，近缘野生种3个。按植物学分类，茄子分为3个变种：长茄、圆茄、矮茄。

茄子营养丰富。特别是紫茄皮中，所含维生素P较多，其主要成分为芸香苷（又称芦了），还有儿茶素、怪草素、陈皮甙等。可降低毛细血管脆性和渗透性。此外，还含葫芦巴碱、胆碱、腺膘呤、水苏碱等。现代医学报道，常吃茄子（连皮）可预防高血压、动脉硬化、脑溢血、脑血栓等。中医认为，茄子味甘、性凉，具有清热解毒、活血、止痛、利尿、消肿等功效。

茄子入炊不应去皮，去把洗净后可任意改刀，拌、炝、烧、焖、炸、瓤、炒、蒸、烤皆可。

番茄 FanQie

番茄，主要别名有西番柿、西红柿、洋茄子、酸汤果等。

番茄为茄科番茄属一年生或多年生草本植物。番茄起源于南美洲的秘鲁、厄瓜多尔等国家，最早是清代由欧洲或东南亚传入中国。云南省茄果类蔬菜栽培历史悠久，分布地域广泛，从海拔76.4米的河口至海拔2200米的丽江、香格里拉县的虎跳峡均有栽培。云南省栽培的番茄，主要有普通番茄和樱桃番茄2个变种。

番茄是蔬菜，也是水果。番茄入炊应撕去韧性外皮及除去带浆果的种子，改刀为片、丝、粒皆可。改片后拍粉或挂糊，可以煎炸、烩食，或配荤食材炒食，改大片可卷、瓤各类荤细料。

圣女番茄

樱桃番茄

辣椒 LaJiao

辣椒，主要别名有辣茄、海椒、秦椒、番椒、辣子等。

野山椒

小米辣

昆明牛心辣

昆明皱皮红椒

涮涮辣

昆明皱皮青辣椒

昭通大牛角辣

昆明羊角辣

辣椒为茄科辣椒属一年或多年生草本植物。一般认为辣椒产于南美洲，于明代传入中国。但是，1986年考古发掘发现成都的唐代垃圾坑中，已有完好的辣椒出土，如此可定论，则中国唐代已有辣椒。中国南方一种形似辣椒幼果的野山椒，也许是中国辣椒的原生种。此外，云南还有一种涮涮辣（有辣椒之王的称谓），此亦系中国原产。据上所述，中国应原产有辣椒，引入者均属品种之引进。云南辣椒栽培历史悠久，资源丰富，有种及变种9个。分布地区较广，除部分高寒山区外，从海拔76.4米的河口至海拔3300米的香格里拉均有分布。云南辣椒的品种类型几乎包括了中国大部分辣椒种类及变种（尚有野生种小米辣）。

辣椒为蔬菜中含有维生素C最高的一种，每一百克含52—198毫克；胡萝卜素含量也很高，在蔬菜中仅次于胡萝卜；辣椒又属含钴量高的蔬菜之一。辣椒含的辣椒碱、二氢辣椒碱等成分，为其辣味来源，有促进食欲、改善消化、抗菌杀虫等作用。近年一些资料报道，辣椒有防止胃癌的可能，还可预防和控制心脏病和冠状动脉硬化。中医认为，其为辛，性热，入心、脾二经，具有温中、散寒、开胃、消食的功用。

辣味厚重的辣椒多用于调味，辣味淡的辣椒可单料为肴，也可与各种荤素食料搭配为肴，一般的烹调方法为：拌、炝、炒、炸、煎、瓤、烧、焖等。

菜玉米 CaiYuMi

玉米，主要别名有苞谷、玉麦、棒子、珍珠米、苞米等。

菜玉米为禾本科玉米属一年生本科植物。玉米原产中美洲的墨西哥和秘鲁，传入中国已有400多年的历史。玉米在云南一般称为苞谷，菜玉米也叫菜苞谷。玉米分为硬粒型、马齿型、中间型、糯米型、甜质型等5个变种。云南有许多的地方菜玉米资源，如糯质型和甜质型主要做蔬菜栽培，统称为菜玉米。云南的菜玉米主要分布在海拔500—1900米的昆明、楚雄、建水、永善、保山等市县，栽培历史悠久。

在谷类中，玉米具有较高的营养价值和保健作用，玉米含大量膳食纤维，具有刺激胃肠蠕动、帮助消化的作用。含有较多的谷氨酸，有健脑的作用；玉米富含镁、硒等元素，可抑制肿瘤的生长，具有防癌功效；玉米油中富含维生素A、维生素E、卵磷脂亚油酸高达60%，长期食用可降低胆固醇，防止动脉硬化。中医认为，玉米味甘、性平，入脾、肾经，可和中开胃、益肺宁心，并有利尿、止血、利胆、降血压等作用。

菜玉米可煮、蒸、烤、炒食。能与一些荤素食料搭配为肴，制成泥、浆能制粑、羹、热饮等。

菜玉米（黄）

菜糯玉米（白）

紫花菜玉米

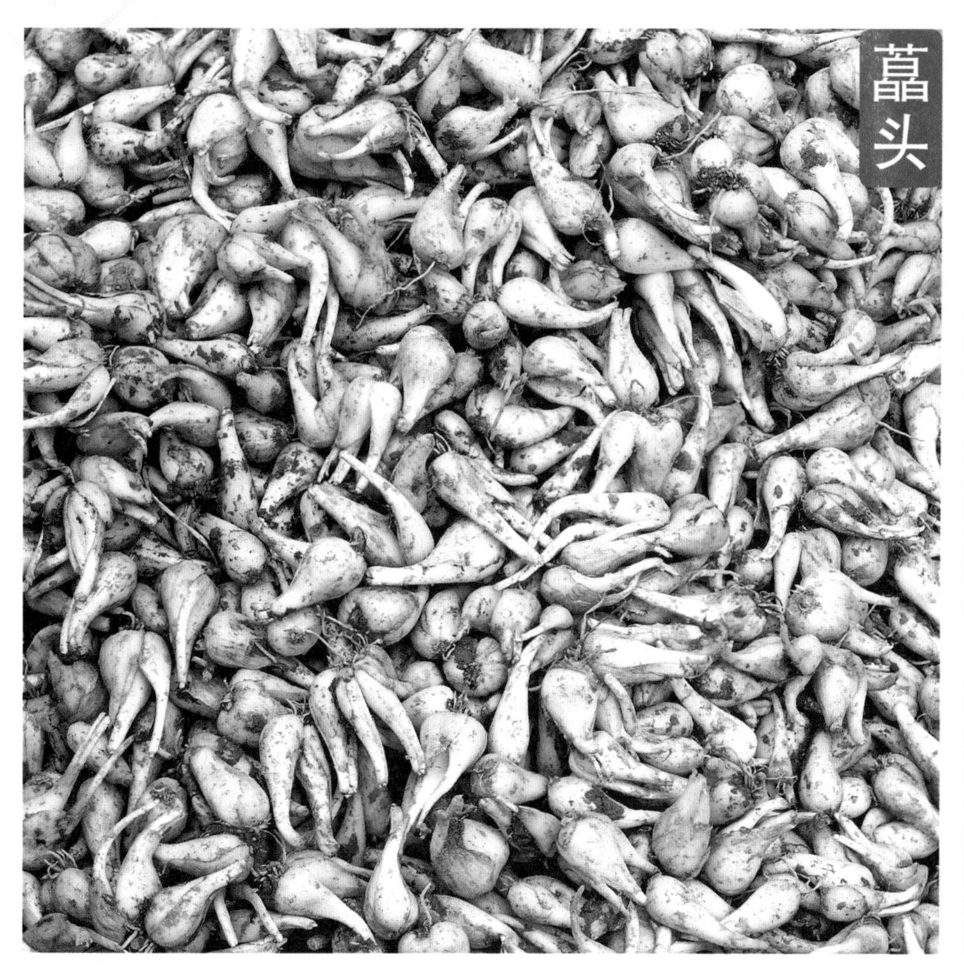

藠头

JiaoTou

藠头，主要别名薤、薤白、小蒜、藠子、薤白头。

藠头为百合科葱属一两生或多年生草本植物。藠头原产中国，是一种古老的蔬菜，古已栽培，食用亦早。《礼记》有“青用薤”、“脍……秋用薤”、“切葱若薤实之”之记。藠头，云南各地均有栽培，品种较多，主要有两种：开远藠头和马龙藠头。

藠头味辛苦，性温，入手足阳明经，具有理气、宽胸、通阳、散结功效。今临床用于胸痛、胸闷、心绞痛；又用于慢性支气管炎、慢性胃炎、痢疾等症。

藠头可以腌渍或炒食，但主要用其泡、腌为咸菜食用。例如：云南开远甜藠头就是全国知名的藠头特色产品。

茭瓜

JiaoGua

茭瓜，主要别名有茭白、雕瓜、茭笋、菰、绿节等。

茭瓜为禾本科菰属植物菰的变态绿质嫩茎。多年生宿根草本植物。茭瓜为中国原产，自古食用。云南栽培食用茭瓜的历史悠久。优质的品种有昆明红壳茭瓜、富民绿壳茭瓜、昆明白茭瓜等。主要分布于昆明、玉溪、大理等地区。

茭瓜内含蛋白质、脂肪、碳水化合物、膳食纤维、硫胺素、核黄素、尼克酸、抗坏血酸、维生素E、钾、钠、钙、镁、铁、锰、锌、铜、磷、硒等营养物质。中医认为，其味甘、性凉，具有去烦热、止渴、除目黄、利大小便及开胃解毒功效。

茭瓜肉质洁白细嫩，清香鲜甜。去老茎粗皮可任意改刀，焯水后可拌、炝或腌渍食用；可与各类荤素食料搭配为肴。一般的烹调方法为：炒、爆、烩、炖、煎、焖等。

莲藕

Lian'ou

莲藕，主要别名有蕅、水丹芝、玉龙擘、莲素、雪藕、玉玲珑等。

莲藕为睡莲科莲属植物莲的地下肥嫩根状茎。多年生草本植物。莲藕起源于中国和印度。在《诗经》已有记载。云南栽培莲藕的历史悠久，主要分布在呈贡、澄江、江川、新平、建水、丘北、广南、弥渡等地。

莲藕营养丰富，除含有一般蔬菜所含有的营养物质外，还含有天门冬素、焦性儿茶酚、d-没食子儿茶精、新绿原酸、无色矢車、菊素、无色飞燕草素以及过氧化物酶等成分。中医认为，生藕味甘、性凉，可消瘀凉血、清烦热、止呕渴；熟藕味甘、性温，有益胃健脾、养血补虚、止泻的功能。

莲藕清香甜嫩，去老节洗净后可加工成丁、丝、片、块、条、泥。可生食。能与各种荤食搭配为肴。一般的烹调方法为：拌、焓、炒、煮、煎、炸、炖、焖、瓤等，还制饼、制粥等。

慈姑

CiGu

慈姑，主要别名有藉姑、茨菰、剪刀草、慈姑、剪刀菜等。

慈姑为泽泻科慈姑属植物。一年生或多年生水生草本。慈姑中国原产。云南各地均有栽培，以云南中部和南部栽培较多，栽培历史悠久，球茎供食。

慈姑营养丰富，除含有一般蔬菜所含的营养物质外，还含有淀粉、胆碱、甜菜碱、胰蛋白酶抑制物等，可抑制癌细胞的分裂和增殖。中医认为，其为甘、性微寒，入心、脾、肺经，具有行血通淋功用。

慈姑清香甜嫩，去粗皮洗净可切片、块炸、炒、焖食；还能与一些荤食料搭配为肴；煮熟后切片、切碎可煎、炸、制圆子、制饼、制粥等。

荸荠 BiQi

荸荠，主要别名有马蹄、乌芋、地栗、乌茨、地梨等。

荸荠为莎草科荸荠属植物荸荠的地下球茎。多年生水生草本植物。原产中国南部、印度。在云南主要分布于昆明、建水、石屏等地。

荸荠营养丰富，除含有蛋白质、脂肪、碳水化合物、膳食纤维、多种矿物质外，还含有一种不耐热的抗菌成分——荸荠英。荸荠英对金色葡萄球菌、大肠杆菌、产气杆菌及绿脓杆菌均有抑制作用。中医认为，其味甘、性寒，具有清热化痰、消积等功效。

荸荠清香甜嫩。生吃，熟食皆可。可为果品，可做糕点、粥饭、甜菜、饮品，入肴一般多为配料。

菱角 LingJiao

菱角，主要别名有水菱、龙角、水菱角、紫菱等。

菱角为菱科菱属植物菱的果实。一年生蔓性水生草本植物。中国原产。菱角在云南主要分布于各高原湖泊的浅水区，有零星栽培。

菱角富含蛋白质、脂肪、碳水化合物、粗纤维、钙、磷、铁，并含有麦角甾四烯、β-谷甾醇等成分。在以艾氏腹水癌作体内抗癌的筛选试验中，发现种子的醇浸水液有抗癌作用。中医认为，其味甘、性凉，入肠、胃经，生食可消暑解热、除烦止渴，熟食益气健脾。

鲜嫩菱角肉质白嫩、甜脆，可为水果；老菱果实肥大饱满，去硬壳后供用，能单料为菜，还能与各种荤食料结伴为肴。一般的烹调方法为：拌、炒、爆、煮、焗、炖、烧、焖等。

核桃 HeTao

核桃，主要别名有胡桃、羌桃、虾蟆、长寿果等。

核桃为胡桃科胡桃属植物核桃的果实。落叶乔木。核桃原产伊朗。汉代张骞出使西域带回，故称胡桃。云南各地均有分布，以大理漾濞、楚雄大姚的核桃为最佳。

核桃的营养价值高于等量的鸡蛋、牛奶、牛肉。中医认为，核桃味甘、性温，具有补肾固精、温肺定喘、润肠通便、滋润肌肤、乌发等功效。现代医学研究表明，常吃核桃油有助于防治高血脂症、动脉硬化症和冠心病。

核桃的果仁，无论是鲜品还是干品均可生食；单料常做凉菜；与各类荤食料搭配，多为辅料；磨成浆或泥可做热菜、热饮，甜咸皆可。

白果 BaiGuo

白果，主要别名有银杏、平仲果、灵眼、公孙果、鸭脚子等。

白果为银杏科银杏属植物银杏的果实。落叶乔木。银杏为孑遗树种，是植物界裸子植物古老的树种，为世界上现在仅存于中国的著名“活化石”。云南各地均有栽培。白果以果核供食。

白果核内含蛋白质、脂肪、碳水化合物、核黄素、维生素E、钾、钠、钙、铁、锰、锌、铜、磷、硒，还含少量氰甙、赤霉素和动力精样物质，内胚乳中并分离出两种核糖酸酶。药理实验有抑制结核杆菌、葡萄球菌、链球菌、白喉杆菌、炭疽杆菌、伤寒杆菌等的作用。中医认为，其味苦涩、性平，有毒，入肺、肾经，具有敛肺气、定喘咳、止带浊、缩小便等功效。注意：白果中含有少量氰化物，不可多食。

白果核入肴应去胚芽，因胚芽中的氰化物含量较多。用白果核做菜可单料为肴，但常与荤素食料为伴。一般的烹调方法为：蜜渍、烤、炒、烩、炖、焖、扒、熘、烧等。

板栗 BanLi

板栗，主要别名有栗、篮实、锥栗、河东饭、甘栗、毛栗等。

板栗为山毛榉科植物栗子的果实。落叶乔木。中国食用栗子的历史十分悠久，西安半坡遗址已发现有栗的遗存。殷商甲骨文中已有“栗”字。云南各地区均有栽培。

鲜板栗内含蛋白质、脂肪、碳水化合物、膳食纤维、胡萝卜素、核黄素、视黄醇当量、硫胺素、尼克酸、抗坏血酸、维生素E、钾、钠、钙、镁、铁、锰、锌、铜、磷、硒等。干板栗养分含量更高。中医认为，其味甘、性温，入脾、胃、肾经，具有养胃健脾、补肾强筋、活血止血功效。现代医学认为，栗子所含的不饱和脂肪酸和多种维生素，能抗高血压、冠心病、动脉硬化等症，对于中老年人来说板栗是抗老化、延年益寿的滋补佳品。

食用板栗应去壳，可生吃，一般熟食，可代粮。可为肴，用于做菜的板栗还应去皮。板栗入馔应用广泛，可做菜肴、糕点、小吃、馅心等。做菜常与荤素食料配伍，一般的烹调方法为：烧、焖、炖、扒、煨、炒等。

薯蓣根菜

甘露子 GanLuZi

甘露子，主要别名有草石蚕、地蚕、螺丝菜、宝塔菜、地牯牛、白虫草等。

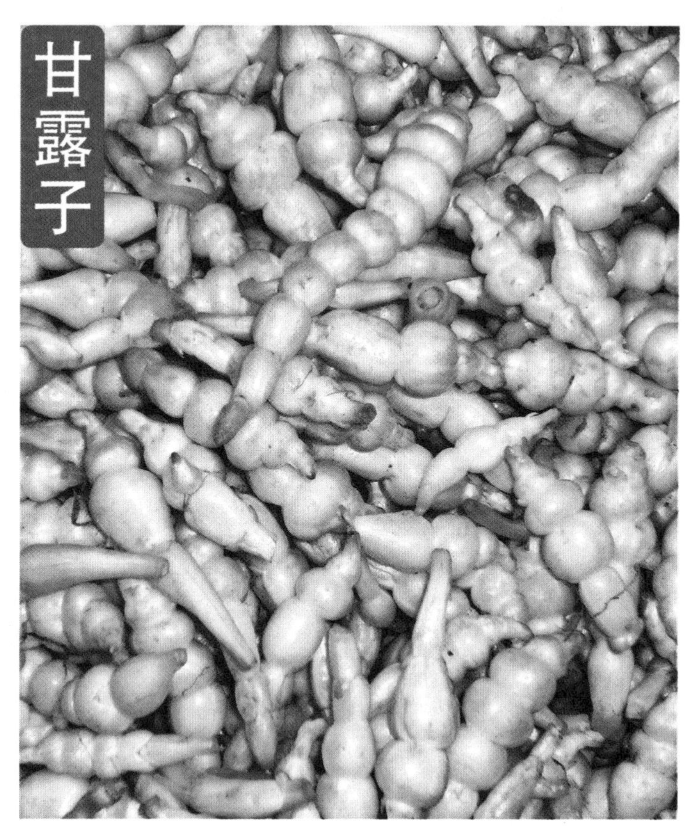

甘露子为唇形科水苏属多年生草本植物。以地下块茎供食。甘露子原产中国。南京诗人杨万里始予吟咏。《梦粱录》记载南京都城市场有售，列为蔬品。云南东南部、中部地区有产出。

甘露子内含蛋白质、脂肪、碳水化合物、膳食纤维、硫胺素、核黄素、尼克酸、抗坏血酸、维生素E及多种微量元素。此外，还含有水苏碱、胆碱、水苏糖等。中医认为，其味甘、性平，具有利五脏、下气、清神以及清肺解表、滋养强壮等功效。可用于风热感冒、虚劳咳嗽、肺痨、小儿疳积等症。

甘露子清香甜嫩，脆爽可口。可生吃；拌、炝、腌、渍后可为凉菜；炒、爆、煮、炖、套炸皆可；还能与一些荤食料配伍为肴；甘露子还是制作咸菜的上等材料，如云南的腌甘露子。

棒山药

BangShanYao

山药，主要别名有薯蓣、大薯、脚板薯、准山药、玉诞、山芋等。

富民棒山药

青山药

紫山药

山药为薯蓣科薯蓣属一年或多年生蔓生藤本植物。棒山药为其中的一种变种。中国是山药亚洲群中的重要产地和驯化中心，主要有山药和田薯两个种及长山药、棒山药、佛掌山药三个变种。在云南不仅栽培历史悠久，品种繁多，而且分布较广，除昆明、开远、禄丰、宜良、建水、通海、普洱、弥渡、系盟等地出产，其他地方也有栽培。

山药内含蛋白质、碳水化合物、维生素及丰富的钙、磷、钾、铁等微量元素。此外，还含有淀粉酶、胆碱、黏液质、副肾皮素、糖蛋白和自由氨基酸等等。中医认为，其味甘、性平，入肺、脾、肾经，有健脾、补肺、补中益气、长肌肉、止泄泻、治消渴和健肾、固精的功用。

棒山药肉质洁白细腻，可切为块、条、片、丁，还可制成泥；既可为主料，又可配以荤料制成滋补性的菜肴；可制粥，可为馅心，可做饼，咸甜皆可。适宜于煮、蒸、炸、炒、扒、蜜汁、拔丝等烹调方法。

甜薯

TianShu

甜薯，主要别名有甘薯、山薯、红薯、紫薯、白薯等。

红薯

紫薯

黄心白薯

甜薯为薯蓣科多年生缠绕草质藤本植物。云南多数地区均有栽培。

甜薯内含蛋白质、脂肪、碳水化合物、粗纤维、胡萝卜素、硫胺素、核黄素、尼克酸、抗坏血酸、灰分、钙、磷、铁。中医认为，其味甘、性平。《本草纲目》谓其可“补虚乏、益气力、健脾胃、强肾阴，功同薯蓣”。

甜薯蒸、煮、烤可供做主食，加工成泥可制成点心、小吃、馅心、饮品，也可制作菜肴。

萝卜 LuoBo

萝卜，主要别名有菜菔、罗服、紫菘、大根、土酥等。

樱桃萝卜

红皮萝卜

萝卜为十字花科萝卜属一至两年生草本植物。原产中国，周代以前已种植。《诗经》“中田有庐”和“采葑采菲”句中的“庐”与“菲”都是萝卜。汉代的几部工具书《说文》《尔雅》《方言》《广雅》等都有萝卜的记载。云南萝卜资源分布广泛，主要集中分布在云南中部、中南部、东部、西部、西南部等海拔1500—1900米的地区。云南栽培历史悠久，种质资源丰富，有中国萝卜和四季萝卜两个变种。

萝卜内含蛋白质、脂肪、碳水化合物、膳食纤维、胡萝卜素、视黄醇当量、硫胺素、核黄素、尼克酸、抗坏血酸、维生素E、钾、钠、钙、镁、锰、锌、铁、铜、磷、硒，此外尚含香豆酸、咖啡酸、阿魏酸、苯来铜酸、甲硫醇、莱菔甙等。据现代医学研究报道，白萝卜所含多种酶可消除亚酸胺的致细胞突变作用；所含木质素能提高巨噬细胞的活力，故有一定的抗癌作用。中医认为，其味辛甘、性凉，入肺、胃经，具有消积、化痰热、下气、宽中、解毒等功效。

萝卜在烹调中应用十分广泛，可用于凉菜、热菜、面点、小吃、主食，还可腌制为咸菜、蜜饯等。

胡萝卜 HuLuoBo

胡萝卜，主要别名有十香菜、胡菜菔、红萝卜、黄萝卜、丁香萝卜、香萝卜等。

胡萝卜为伞形花科胡萝卜属野萝卜变种植物。以其肥硕的肉质根供食用。原产于欧洲的英国及中亚细亚等地。云南胡萝卜种质资源分布广泛，各市县城郊及山区均有分布。云南胡萝卜资源为圆柱形和长圆锥形。

胡萝卜的营养丰富，内质根含有蔗糖、葡萄糖、淀粉、脂肪、纤维素、维生素C以及钾、钙、磷、铁等。维生素可达1%，含有丰富的β胡萝卜素。有降低血压、强心、消炎、抗过敏等医药作用，对贫血、肠胃、肺病等也有治疗作用。

胡萝卜可生吃，也可熟食，并是酱、泡、渍和腌菜的原料。入肴可炒、拌、烧、焖，能与多种荤食料搭配为肴，但多为配料。

洋芋 YangYu

洋芋，主要别名有土豆、阳芋、山药蛋、山芋、地蛋等。

洋芋为茄科茄属一年生草本植物。洋芋起源于南美洲大陆安第斯山区，演化中心在玻利维亚和秘鲁。明末清初传入中国，19世纪云南已大面积种植。按肉质颜色可分为白皮白心、白皮黄心、黄皮黄心、紫皮花心等种。

洋芋内含淀粉、蛋白质、脂肪、碳水化合物、胡萝卜素、视黄醇当量、硫胺素、核黄素、尼克酸、维生素E及多种微量元素。中医认为，其味甘、性平，具有补气、健胃、消炎等功效。

洋芋肉质肥厚细腻，可切为丝、片、条、丁、块、坨，可加工成泥；能单料成菜，拌、炒、炸、煎、炝、煮、焖皆可。能与各种荤食料搭配为肴，还能与面粉、米粉制品制成各式面点小吃。

多头芋

多子芋

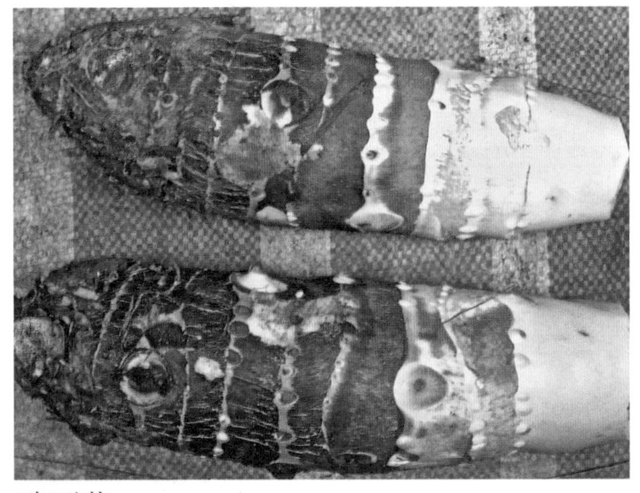
瑞丽芋

毛芋

芋头 YuTou

芋头，主要别名有芋艿、毛芋头、蹲鸱等。

芋头为天南星科芋属一年或多年生草本植物。原产中国、印度和马来半岛等热带沼泽地带。云南大部分地区有栽培。云南芋类分叶、球茎用、花用以及野生芋。球茎用芋以肥大的球茎为产品，又分为魁芋、多头芋菜种。

芋头营养丰富，除含有一般蔬菜所含有的营养物质外，还含有大量的淀粉，黏液皂素，在其所含的矿物质中，氟的含量较高，具有洁齿、防龋、保护牙齿的作用。中医认为，其味甘辛、性凉，入肠、胃经，可消瘀散结，对瘰疬、肿毒、腹中癖块、牛皮癣、汤火伤等症具有一定疗效。

芋头可代粮，可做蔬菜。芋头具有滑、软、酥、糯的特点，制作菜肴最宜煨、烧、煮、焖，也可炒、拌、煎、蒸、炸等。芋头可做甜菜，也可与面粉、米粉结伴制成各式面点小吃，也可为馅心等。

常见食用昆虫

中国古代对食用昆虫利用的记载至少有3000多年的历史，如蚁卵、天牛幼虫等是当时贡奉皇帝的珍品。迄今在我国的许多地区，尤其是云南等少数民族地区仍保留着食昆虫的习俗。清陈鼎《滇游记》载："以酒糟群蜂饷亲友，如温台之海味也。蚱蜢油炙如虾，或晒干下酒。倮倮男妇小儿见草中螽斯之属即欢笑，扑取、火燎其毛，嚼吞之。"《滇海虞衡志》云："赵扑庵言：'夷人炙带小蜂窝，以为珍品，恐传之中国，将来必如燕窝。'然此亦古礼，上公二十四豆，则范（即蜂）与蜩（如蝉）俱列，岂以虫为轻之？燕窝与海参，见重于中国甫百年，前此无所著闻。若使滇南之蜂窝则稳行陆地，以二窝相较，则蜂窝处其优矣。"可见，古时到云南为官的人士都为昆虫菜着迷。

昆虫是地球上种类最多，数量最大的生物资源。在人类进化的历史长河中，人类利用昆虫作为食品有十分悠久的历史。随着世界人口的增长，蛋白质缺乏将是21世纪的一个严重问题，采集昆虫或饲养昆虫来满足对蛋白质的需求是一个很切实的途径。昆虫食品、昆虫菜肴，伴着人类社会的诞生而诞生，伴着人类社会的发展而发展。昆虫是地球上尚未被开发利用的巨大生物资源。昆虫是一座巨大的生物营养宝库。作为蛋白质资源，食用昆虫是对昆虫蛋白最直接的利用。昆虫体内富含氨基酸、蛋白质、维生素及微量元素等营养成分，具有蛋白质质量高、营养丰富等特点。

在云南，食用昆虫的种类繁多，如竹虫、柴虫、蚕蛹、豆虫、蚂蚱、蝉、蚂蚁、蛴象、蜉蝣、白蚂蚁、椰子虫、爬沙虫等等，占中国食用昆虫的80%以上。当今，昆虫菜肴已走进了城市，走进了一般餐馆、酒楼，以至高档的宾馆、饭店。然而，这只是一个新的起点。

竹虫

ZhuChong

竹虫，主要别名有竹蠹螟、竹蛆、笋蛆、篾（傣语）、竹蛹等。

竹虫为节肢动物门昆虫纲鞘翅目象甲科动物竹象的幼虫。云南的西双版纳、普洱、德宏等地区较常见，每年的10月至第二年的2月，当地的农贸市场均能见到竹筒装的鲜活竹虫售卖。

竹虫内含粗蛋白29%、粗脂肪60.42%、总糖1.9%、灰分1.3%、16种氨基酸（其中有7种是人体必需的氨基酸）及钾、钠、钙、镁、磷、铜、锌、铁、锰微量元素。食用竹虫有舒筋活络、醒脑提神、强身健体的功效。

竹虫鲜香软嫩，营养价值较高。取鲜竹虫置淡盐水中漂洗干净滤出，可蒸、烩、炖、包烧食；如要煎、炸、烤食，最好先稍微蒸一会儿，使其蛋白凝固再煎、炸、烤，效果更佳。

蜂蛹

FengYong

蜂蛹，主要别名有螽、蜂、蠤、腊蜂、家蜂等。又称蜂儿、蜂子。

蜂蛹为节肢动物门昆虫纲膜翅目蜜蜂科动物中华蜜蜂，除成虫、蜂尸可供食用外，主要以其幼虫和蛹供食。我国周代已食用，《礼记·内则》中已将“蜩、范”列入食单。

据检测，雄蜂蛹含蛋白质20.20%、碳水化合物19.5%、脂肪7.5%，人体必需的8种氨基酸均有；且含维生素A、D，含量超过牛肉、鸡蛋多陪，还含有多种微量元素、激素（保幼激素、蜕皮激素）、酶类等生物活性物质。中医认为，蜂蛹味甘、性平，有柔养肝血、益肾生精、悦颜润肤、解毒疗疮、补虚滋阴等功效。《神农本草经》且谓蜂子“长服令人光泽，好颜色，不老”。

取鲜蜂蛹置淡盐水中漂洗干净滤出，可煎、炸、烩、烧、煮食，最好是先焯水或蒸过再煎、炸、烤，其口感、质地、风味可更佳。

蚕蛹

CanYong

蚕蛹，主要别名有蛹子、小蜂儿、蚕宝等。

蚕蛹为节肢动物门昆虫纲鳞翅目蚕蛾科动物家蚕的蛹。同目天蚕蛾科的柞蚕和蓖麻蚕的蛹相同用。

鲜蚕蛹每百克含蛋白质21.5克（干蚕蛹达6%），脂肪13克（干蚕蛹达25%~30%），碳水化合物6.7克，维生素E9.89毫克及镁、锰、锌、磷等。在所含16种氨基酸中有8种是人体必需的氨基酸。民间有“七个蚕蛹一个鸡蛋”的说法。中医认为，蚕蛹味甘辛咸，性温，有和脾胃、去风湿、长阳气的功效。

蚕蛹入肴，应选用鲜料（放置时间过久的不可用）。取鲜蚕蛹置淡盐水中漂洗干净滤出即可供用，炒、焖、蒸皆可；榨取其浆液可以和蛋液调和后炒、煎、蒸、烤食用；如煎、炸、烤食最先稍微蒸或焯水。

胡蜂蛹

HuFengYong

胡蜂蛹，主要别名有马蜂或黄蜂。

胡蜂蛹为节肢动物门昆虫纲膜翅目胡蜂科动物胡蜂的幼虫与蛹。据统计，全世界现有的胡蜂种类约15000余种，有记录的有5000余种。我国已发现200余种，分属世界已知胡蜂总科11个科中的7个科。胡蜂作为食用昆虫，国内国外都有这种习俗，我国民间许多地方都有食用胡蜂幼蜂的习惯，历史悠久，在唐朝刘恂的《岭表录异》中就有捕捉、食用胡蜂的记录。在云南少数民族地区，胡蜂的幼虫和蛹是用来招待贵客的珍品。

胡蜂蛹内含粗蛋白17.12%、粗脂肪6.97%、总糖2.24%、灰分1.17%、水分71.58%、16种氨基酸（其中有7种是人体必需的氨基酸）及多种微量元素。

对于胡蜂蛹入肴的加工及烹调方法可参照蜂蛹。

柴虫 ChaiChong

柴虫，在云南少数民族地区，天牛、小蠹虫、吉丁虫等蛀干害虫的幼虫统称为柴虫。

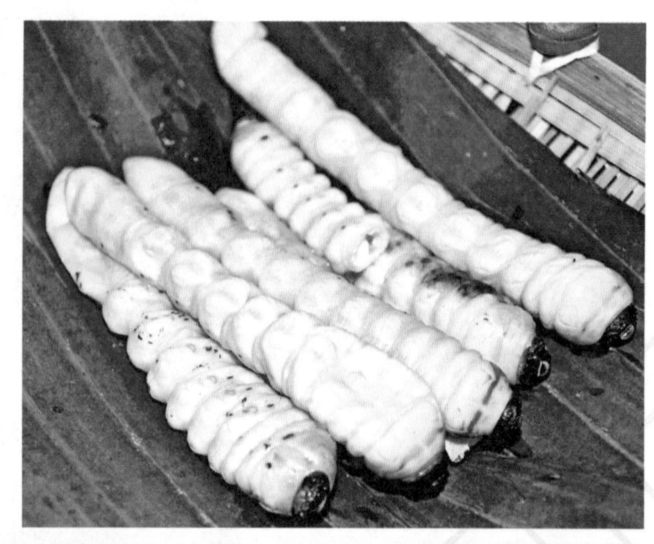

柴虫为鞘翅目天牛科昆虫天牛、吉丁科昆虫吉丁虫、小蠹科昆虫小蠹虫的幼虫。天牛是危害林木的蛀干害虫，然而，天牛作为食用昆虫却有很高的营养价值。国内国外有许多国家和地区都有食用天牛的习俗。我国古代就有食用天牛的记载，我国云南等少数民族地区，迄今仍保留食用天牛幼虫的习俗，并用来招待远方的来客和贵客。

柴虫营养丰富，氨基酸含量为25%~5%（人体必需氨基酸含量12%~21%），蛋白质20%~49%，还含有钙、镁、锌、铜、锰等微量元素。《草本纲目》中引用《大业拾遗录》中记载："隋时始安献桂蠹四瓶，以蜜渍之。紫色，辛香有味。啖之去痰饮之疾。"《清稗类钞》载："桂蠹，桂树所生之虫也。大如指，色紫而香，蜜渍之，可为珍品。汉赵佗以献文帝者即此。"桂蠹：柴虫中的佳品，即桂树所生之虫。

柴虫入肴，可参照竹虫。

飞蚂蚁 FeiMaYi

飞蚂蚁，在西南地区将白蚂蚁称为飞蚂蚁。白蚂蚁是中国最常见的食用昆虫，有30 多种被民间食用。

一般用灯光诱集方法收集成虫。常见的食用白蚂蚁有：土垅大蚂蚁、黄大蚂蚁、隆头大蚂蚁、黑翅土白蚁、云南土白蚁、台湾乳白蚁等。飞蚂蚁为等翅目白蚁科白蚂蚁的成虫。白蚂蚁的成虫、幼虫和巢都有很高的食用价值和药用价值。云南白蚁资源丰富，自古以来均有食用飞蚂蚁的习俗。云南白蚂蚁的品种主要是土垅大白蚁、云南大白蚁、景洪大白蚁、勐龙大白蚁。

飞蚂蚁营养价值丰富，内含17种氨基酸（其中有7种是人体必需的氨基酸）、多糖、多种维生素、多种矿物质及磷脂类物质。具有镇咳、祛痰、抗菌等作用，可治疗虚咳、慢性支气管炎、肝炎等疾病。

将收集到的飞蚂蚁去翅，用淡盐水漂洗干净滤出即可供用。可煎、炸制成蚁酱食用。

酸蚂蚁

SuanMaYi

酸蚂蚁即黄猄蚁，在云南黄猄蚁俗称酸蚂蚁，又名黄柑蚁。

酸蚂蚁为蚁科昆虫黄猄蚁的成虫。

酸蚂蚁内含丰富的氨基酸和蛋白质（据检测粗蛋白高达68.49%）、多种矿物质及维生素。据当地居民介绍，食用酸蚂蚁能强身健体、养颜、抗衰老。

云南的彝族、哈尼族、傣族等少数民族均有食用酸蚂蚁的习俗，一般的方法是将黄猄蚁用沸水烫死后浸泡几个小时即可为酸醋食用，除此外，黄猄蚁还常作为一种特殊的调味品与其他菜、点一起食用。

蚂蚁蛋

MaYiDan

蚂蚁蛋即蚂蚁卵（木盲切叶蚁的蚁卵）。

蚂蚁蛋为昆虫纲膜翅目蚁科昆虫木盲切叶蚁的蚁卵。蚁卵是食用昆虫中的珍品。中国食蚁，历史已久，《周礼》《礼记》均记载有“蚳醢”，注文谓：“蚳，以蜉蝣子为醢也。谓食服修者以蚳五；醢配之。”唐朝《岭表录异》中记载：“交广溪洞间酋长多收蚁卵，淘泽令净，卤以为酱。或其味酷似肉酱，非官客亲友不可得也。”长期以来，生活在云南西双版纳、瑞丽、普洱等地的少数民族均有食用蚂蚁蛋的习俗。

蚂蚁蛋营养丰富，内含粗蛋白33.68%、粗脂肪55%、总糖3.52%、灰分2.22%；含18种氨基酸，总量为32.69%，（人体必需的氨基酸含量为16.91%，占氨基酸总量的51.72%），以及钾、钠、钙、镁、磷、铜、锌、铁、锰等营养物质。

取新鲜蚂蚁蛋用清水漂洗干净滤出可供用。拌、炒、烩、蒸皆可。或制成蚂蚁卵酒、蚁酱。傣族的名肴“三味蚂蚁蛋”早已闻名遐迩。

蚂蚱 MaZha

蚂蚱，主要别名有蝗虫、草虫、蚱蜢、草蜢、蝗子等。

蚱蜢为昆虫纲直翅目蝗科昆虫蝗虫的成虫。蝗蚁称蚱蜢，自古食用。民间常见食用的蝗虫有：中华稻蝗、东亚飞蝗、长翅黑背蝗、短星翅蝗、黄脊阮蝗等。自古以来，云南各族人民皆有食蚂蚱的习俗，语曰“蚂蚱也是肉”，充分地体现了人们对蚂蚱的喜爱之情。

蚂蚱内含蛋白质（含量达22%），18种氨基酸（其中8种是人体必需氨基酸，含量为7.98%），粗脂肪（2.2%），粗纤维（2.9%），总糖（1.2%），灰分（1.2%），维生素B1、B2，维生素E，维生素A，胡萝卜素及钠、钙、镁、铁、铜、锌、磷、硒等营养物质。中医认为，其味辛甘，性温。《本草纲目》谓其可“治咳嗽、惊风、破伤风等。

蚂蚱去翅，去小脚即可供用。一般用油煎炸食用。也可将其烤香舂碎制成蚂蚱酱或把炸香的蚂蚱加酱等料制成酱蚂蚱食用，还可用白酒泡鲜蚂蚱喝，据说可治风湿。

水蜻蜓 ShuiQingTing

蜻蜓为昆虫纲，蜻蜓目，差翅亚目昆虫的通称，又分蜻总和蜓总科两科。

蜻蜓分布很广，世界各大地区都有。热带地区种类较多。据估计，我国约有600多种，已有记载的种类有300多种。在云南少数民族地区有食用蜻蜓稚虫的习俗。在云南红河州的少数民族经常食用的蜻蜓稚虫（水虿）种类有6—7种，最常见的有红蜓、角突箭蜓、舟尾丝蟌的稚虫。

蜻蜓内含粗蛋白、粗脂肪、总糖、灰分、18种氨基酸（其中8种是人体必需的氨基酸，占13%~20%）、钾、钠、钙、镁、磷、铜、锌、锰、铁等营养物质。中医认为其性微寒、无毒。《名医别录》谓其可“强阴，止精”。《日华子草本》谓其可“壮阳，暖水脏”。

将收集到水蜻蜓用淡盐水漂洗干净（如是活的可用沸水烫死）滤出供用。一般用油煎、炸食用；也可与鸡蛋一起炒食或与酸菜共煮面食；还能与小鱼、小虾混在一起炒、烧、烤食。

椰子虫 YeZiChong

椰子虫，又称棕虫。为昆虫纲鞘翅目金龟总科昆虫椰蛀犀金龟的幼虫，主要以椰子树和棕树为寄主，为蛀干害虫，幼虫和蛹在寄主树中生活。

在云南瑞丽、西双版纳等地的少数民族食用椰子虫较为普遍。赵学敏在《本草纲目拾遗》中云：“《滇南各旬土司记》：棕虫产腾越州外各土司中。穴居棕木中，食其根脂。状如海参，粗如臂，色黑。土人以为珍馐。土司饷贵客，必向各峒丁索取此虫作供。连棕木数尺解送，剖木取之。做羹味绝鲜美，肉亦坚韧而腴，绝似辽东海参云。食之增髓补血。尤治带下。彼土妇人无患带者，以食此虫也。”

将收集到的椰子虫的蛹或幼虫用淡盐水漂洗干净滤出可供用。一般煎、炸、烤、蒸、包烧食用；还可制羹、煲粥食用。

蝎子 XieZi

蝎子，主要别名有虿、虿尾虫、主簿虫、全蝎、茯背虫、钳蝎等。

蝎子为节肢动物门蛛形纲蝎科动物。《诗经》已有记载。南北朝见于药用。《清稗类钞》载北人食蝎与蜈蚣……闻有巨蝎、长蚣，则展转乞求，得则去其首尾，嚼之若有余味。其食之法，先浸以酒，后灼以油。晚清时，鲁式满全席“已以青州全蝎压席，每人1只。食用蝎子，现在全国已很普遍，云南也不例外。

蝎子内含蛋白质、脂肪、碳水化合物、维生素E、钙、镁、铁、锰、锌、铜、磷及多种氨基酸等营养物质。药理实验，具抗惊厥、降血压及镇静作用。中医认为，其味咸辛、性平、有毒，具有祛风、止痉、通络解毒等功效。

烹制蝎子，多取炸法。将全蝎摘去毒钩，放在温水中浸泡，然后滤去水分，入五成热油锅炸热即可，或将全蝎下冷盐水中，上炉加温，令蝎子在水中蹦跳排除毒液，捞出用清水冲净后再炸至酥脆即可。

九香虫

JiuXiangChong

九香虫，主要别名有黑兜虫、屁板虫、屁巴虫、蝽象。

九香虫为节肢动物门昆虫纲半翅目蝽科动物。云南的傣族，普洱地区的少数民族，食用多种蝽象的成虫和若虫。

九香虫体呈椭圆形，头部小向前狭尖，略呈三角形，复眼一对，突出呈卵圆形，单眼一个，体一般呈紫黑色，带铜色光泽，触角黑色，足褐色，为瓜类植物害虫。

食用蝽象在我国许多古籍中早有记载。唐代温庭筠《乾朘子》云："剑南东旧节度使鲜于叔明好食臭虫，时人谓之蟠虫。每散。令人采拾。得三五斤，即浮之微热水中，以抽其气尽。以酥及五味熬之。卷饼而啖。云其味甚佳。"

九香虫内含脂肪、蛋白质及儿丁质。有报道称其蛋白质高于花生多倍，脂肪中含有硬脂酸、棕榈酸、油酸等。臭味来源于醛或酮。中医认为，其味咸、性温，入肝、肾经，有理气止痛、温中壮阳的功效。可治胸膈气滞、脘痛痞闷、脾肾亏损、腰膝酸楚、阳痿等症。

采此虫应先排除臭气，一般将之装入布袋，浸入50℃以上的热水中，虫受烫排除臭气而死，然后滤出，摘去翅，用油炸至酥脆，佐以调料食之，酥香可口。另外，还可用其泡为药酒喝，据说有抗肿瘤之功效。

高原名贵水产品

云南地处云贵高原，滇西北德钦县境内梅里雪山的主峰卡瓦格博峰海拔高达6740米，而滇南河口县南溪河口的海拔仅76.4米，高低悬殊竟达6663.6米。伊洛瓦底江、怒江、澜沧江、金沙江、元江和南盘江的帚形水流纵贯云南，流入东海、越南、缅甸。这六大水系的支流遍及全省，形成了无数大大小小的河流，并还联系着30多个较大的湖泊和数不清的水库和池塘。如滇池、洱海、阳宗海、抚仙湖、星云湖、杞麓湖、泸沽湖、程海、碧塔海、者海等等。在这些江河、湖泊、水库中生长着各种珍贵的高原水产品，如滇池金线鱼，大理弓鱼、抚仙湖抗浪鱼，江川大头鱼，异龙湖鱇条鱼、中华鲟，澜沧江面瓜鱼，元江鲤鱼、上树鱼等等。这些均是云南珍贵的水产物种资源。前些年，由于过度地捕捞和污染，几乎使这些名贵鱼种处于消失之势。然而，这些年来，政府的重视、人们的醒悟，随着对江河、湖泊污染的治理，对稀有鱼种人工养殖的成功和推广，这些物种的产量又在逐日增长。

滇池金线鱼

DianChiJinXianYu

金线鱼，学名金线鲃。主要别名有葛氏鲃、波罗鱼、小黄翅膀鱼、洞鱼等。

金线鱼为脊椎动物门鱼纲鲤形目鲤科鲃亚科金线鲃属的金线鲃。产于云南滇池、抚仙湖、阳宗海等东部各湖泊中，为云南特产的经济鱼类，也是名贵鱼类之一。由于资源日减，被国家列为二类保护动物。现已有人工养殖，金线鱼的量在逐步恢复。

滇池金线鱼在古时已闻名于世，我国明代地理学家徐霞客在他的《游太华山记》里将金线鱼称为“滇池珍味”。清乾隆年间著名文人师范《昆明池金线鱼》诗咏：欲泛昆明海，先问金线洞。洞水涤且甘，嘉鱼果谁纵？罟师向予言：秋风昨夜动。内腴体外热，衔尾游石空。本畅清凉怀，转做羹脍用，或应上官需，或诣高门送。产非太僻远，拟向天庭贡。我时获一二，不减熊蹯重。那羡瑶池仙，烹鳞瀹紫凤。由此可见金线鱼之珍味“及稀贵”。

金线鱼肉质细嫩，味道鲜美，加工如常鱼，适应多种烹调方味及味型，常见的烹调方法有：煎、炸、烤、煮、蒸、炖等。《滇南本草》云：“金线鱼……味甘，甜美，性平温，润五脏，养六腑，通津液于上窍，治胃中之冷痰。食之滋阴调元，暖肾添精，久服轻身延年。”

抚仙湖抗浪鱼

FuXianHuKangLangYu

抗浪鱼，主要别名有康郎鱼、蜣螂鱼、鳈鲹鱼等。云南特产鱼类。

抗浪鱼为脊椎动物门鱼纲鲤形目鲤科鲌亚科白鱼属的鳈鲹白鱼。系云南澄江县抚仙湖的特产鱼类，清乾隆时曾被列为贡品。抚仙湖是滇中的高原断陷深水湖泊，风光如画，抗浪鱼是在和波浪抗衡中成长的，故名“抗浪”。据《澄江府志》载：“湖侧多鱼洞，垒石为界。当暴雨入湖，康朗（抗浪）鱼蔽湖鳞次而来。”现已人工繁殖，产量在逐步恢复。

抗浪鱼肉质细嫩，刺软鳞小，清香鲜甜，加工时只需以锥子从胸部挑去杂脏洗净即可供用。一般的烹调方法为：煎、炸、烧、煮、汆、腌等。

洱海弓鱼

ErHaiGongYu

弓鱼，主要别名有公鱼、工鱼、江鱼、洱海花、竿鱼、裂尻鱼等。云南特产鱼类。

弓鱼为脊椎动物门鱼纲鲤形目鲤科裂腹鱼属裂腹鱼亚科裂尻鱼亚属的大理裂腹鱼。由于它能跃出水面，形状如弓，因而得名。洱海特产。食用历史悠久，唐代南诏时已列为贡品。明朝诗人杨慎赞之为“鱼魁”；清著名文人师范为它留下了“嫩腹含琼膏，圆脊媚春面”的诗句；当地白族群众则称它为“洱海花”。由于资源日减，被列为国家二类保护动物。现已人工养殖，弓鱼的量在逐步恢复。

弓鱼肉厚多脂，肥腴细嫩鲜美，加工时无须去鳞，于腹部开一小口后去杂脏洗净即可供用。一般的烹调方法有：烧、煮、炖、蒸、烤、煎、炸、做汤、制羹、腌、糟等。

澜沧江面瓜鱼

LangCangJiangMianGuaYu

面瓜鱼学名巨魾，又名老黄鱼。“巴些”（傣语）等。云南特有鱼类。

面瓜鱼，因其肉黄似面瓜（南瓜）而得名。迄今，我国只在澜沧江、怒江和元江发现，为中型鱼类，大的一条可达二十至三十公斤。面瓜鱼头大，扁而宽，尾巴细小，皮灰黑，肉黄似老南瓜，除脊骨，肋骨外，无细刺，其肉质鲜甜软嫩，香醇可口。

面瓜鱼肉质肥厚，可改刀为丝、丁、片、条、块、坨、泥等，味型可任意调理。常见的烹调方法为：炒、爆、烧、氽、煮、蒸、煎、炸、烤、煒等。

江川大头鱼

JiangChuanDaTouYu

大头鱼，学名大头鲤。主要别名有碌鱼。云南特产鱼类。

大头鱼为脊椎动物门鱼纲鲤形目鲤科鲤亚科鲤属的大头鲤。产于云南星云湖、杞麓湖，原为产区重要经济鱼类，由于资源日减，被列为国家二类保护动物。现已人工养殖，大头鱼的量在逐步恢复。

江川大头鱼在古时已名扬四方，明代顾养谦《滇云纪胜书》云："江川海，出大头鱼，鱼头大如鲢，而鲤身。以白酒煮之，肥美不数槎头鳊也。"

江川大头鱼因头大而闻名。此鱼头部充满胶质，肉质细嫩鲜美，含脂量高，风味特异。其加工如常鱼，一般烹调方法有：烧、煮、炖、蒸、烤、煎、炸、熣、腌等。

滇池银白鱼

DianChiYinBaiYu

滇池银白鱼，主要别名有银白鱼、小白鱼、大白鱼、桃花白鱼等。

银白鱼为鲤形目鲤科鲌亚科白鱼属。银白鱼为我国特有种，仅见于滇池。银白鱼与滇池油鱼（云南鲴、滇池红梢鱼）的资源日减，已成为濒危的鱼种。随着滇池水质的逐步好转，银白鱼的产量在不断上升。

银白鱼肉质洁白细嫩，鲜香可口，去鳞、去鳃、去内脏洗净即可供用。可煮、氽、烧、烤、煎、炸、腌，一般多煎、炸食用。

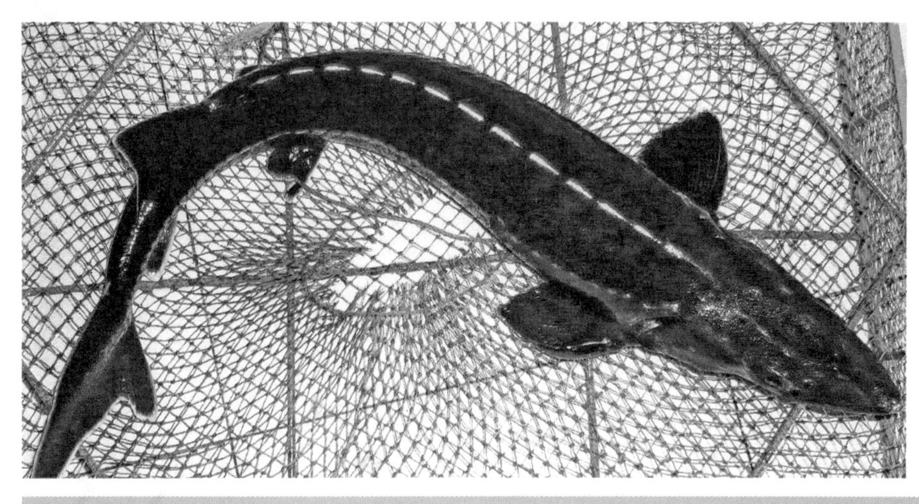

腊子鱼

LaZiYu

腊子鱼，学名中华鲟鱼。主要别名有鲔、秦王鱼、苦腊子、鲟龙鱼、鲟鲨等。

腊子鱼为脊椎动物门鱼纲鲟形目鲟科鲟属的中华鲟。国家一类保护动物。现全国各地已大量人工繁殖。

腊子鱼古已食用，并做祭品。腊子鱼生活在长江中下游，我省昭通地区的绥江等县的金沙江中常有捕获。腊子鱼喜洄游，每年秋季上溯到金沙江下游产卵。我省绥江、永善、巧家都有其产卵场所。

腊子鱼以其稀有珍贵而被誉为上乘食料，又因其肉质肥腴细嫩，富含胶质，且无小刺，被视为席上佳肴。小者整条烹制；大者可解体切割；其唇、皮、骨头、脊髓、卵巢等皆可为馔。整条最宜清蒸、白汁、清炖、红烧、干烧等。鱼肉切割，可片可段，可丝可丁，还可加工成泥。味型、烹调任你选择。

乌鱼

WuYu

乌鱼，主要别名有鳢、鲖、黑鳢鱼、财鱼、乌棒等。

乌鱼为脊椎动物门鱼纲鲈形目攀驴亚目鳢科鳢属的乌鳢。古已食用，始见于《诗经》：“鱼丽于罶、鲂、鳢。”《新纂云南通志物产考》：“乌鱼与鳢鱼同属，因体色苍黑，亦云墨鱼……滇池及各处沼池中均常有之。普通长尺许，色苍灰，细鳞黏滑，上有黑斑，分向两侧，各成二列，腹鳍全无，胸鳍一对甚大，作团扇状。背鳍与臀鳍均延长，尾系角尾。此鱼为食用美味，今市食馆及筵席上，每剥其皮，以焰鱼片，极白嫩鲜。”

乌鱼去鳞、去鳃、去内脏洗净即可供用。其肉质肥厚，肉白、少刺。但纤维多，必须斜纹切割，破坏其肌肉纤维组织及硬度，使其截面呈现纹理。可割切为段、条、片、丝、丁、米、球。乌鱼一般小型者可整条烹制，一般切割解体，乃至斩碎。常见的烹调方法有：拌、炒、爆、氽、烧、煎、炸、熘、蒸、涮、炝等。

挑手鱼

TiaoShouYu

挑手鱼，主要别名有胡子鲇、须子鲇、塘虱、暗钉鱼等。

挑手鱼为脊椎动物门鱼纲鲇形目胡鲇科胡鲇属的胡子鲇。栖息于河川、池塘、沟渠、稻田和沼泽中。喜群居，分布于长江中下游及以南各水体中。

挑手鱼肉质细嫩，香醇可口，去鳃、去内脏洗净，入烹前用盐搓去其体表黏液，漂洗干净后即可供用。烹制多整条应用，味型任意选择。一般烹调方法有：炸、烧、烤、包烧、炖、焖、氽、腌等。

上树鱼

ShangShuYu

上树鱼，主要别名有爬墙鱼、石爬子、黄石爬鮡、火箭鱼、云南鮡、石爬鮡等。

上树鱼为脊椎动物门鱼纲鲶形目鮡科石爬属石爬鮡。云南特产鱼类。上树鱼体扁平，头大尾小，头部特别扁平，背鳍起点之前隆起，体后部侧扁。口宽大，下位。唇厚，肉质，有多数乳突和皱褶，稍成吸盘状。须4对。眼小，位于头顶。背鳍不发达，脂鳍长而低，胸鳍大而宽阔，呈圆形，吸盘状；富肉质，尾鳍截形。无鳞。背尾部黑色，腹白色。有两种：黄石爬鮡和青石爬鮡。在云南主要分布在腾冲槟榔江和西双版纳。

上树鱼富含蛋白质、脂肪，肉质极细嫩，去鳃、去脏杂即可供用。其应用及烹调方法可参照挑手鱼。

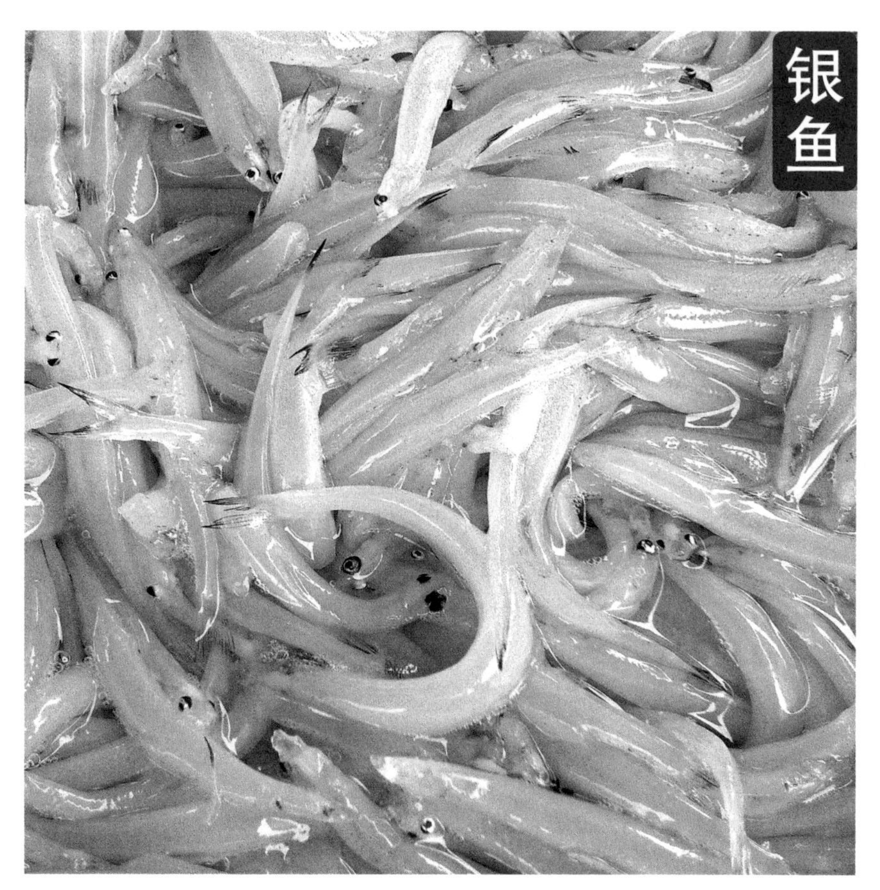

银鱼

YinYu

银鱼，主要别名有白小、鲙残鱼、面鱼、银条鱼、白饭鱼、小白鱼。

银鱼为脊椎动物门鱼纲鲑形目银鱼亚科。栖息于近海、河口或江湖淡水中上层，有多种。云南的银鱼为短吻银鱼，于1977年从江苏太湖成功引入滇池，大量繁殖起来。1984年滇池的短吻银鱼引入洱海、星云湖、曲靖西河和潇湘水库等十个湖泊、水库。

银鱼体形纤细透明，肉质洁白细嫩，洗涤后即可供用（也可挤出内脏）。可单料成菜，炸、炒、氽、烩、煎、蒸均可，还能与一些荤素食料配伍为肴。

滇池大鲫鱼

DianChiDaJiYu

鲫鱼，主要别名有鲋、鱄、鰿、鲫子鱼、鲫壳鱼等。

鲫鱼为脊椎动物门鱼纲鲤形目鲤科鲤亚科鲤属的鲫。鲫鱼是我国历史悠久的食用鱼之一。早在新石器时期的浙江河姆渡遗址和桐乡罗家角遗址，均发现鲫鱼骨骼，距今约7000多年。鲫鱼，按颜色分有多种，滇池鲫鱼为银鲫。清檀萃《滇海虞衡志》云："鲫本为鲋，滇池多草，产鲫多，皆白鲫，颇肥美。"《新纂云南通志物产考》："滇池多草，产鲫皆白，已名白鲫，颇肥美，入冬更佳，另称冬鲫，微嫌刺多。蒙化、大理所产，有重至五斤以上者。他县亦常见，惟地方土名甚多。"

鲫鱼肉质细嫩，色洁白，腥少味鲜，去鳞、去鳃、去内脏，洗净即可供用。多整条烹制，一般的烹调方法为：氽、煮、炸、炖、煎、㸆、焖、蒸等。

洱海虾

滇池青虾

高原淡水虾

GaoYuanDanShuiXia

淡水虾，俗称河虾、白虾、青虾、草虾、沼虾、虾儿等。

滇池白虾

河虾为节肢动物门甲壳纲十足目长臂虾科动物的沼虾，为纯淡水白虾类。云南各湖泊、沟河中均有分布。

淡水虾肉质细嫩香醇，去须洗净即可供用。生拌、炸、炝、炒、煮、烤皆可；去壳取虾仁，炒、熘、烩或用其做馅心、制圆子……应用广泛。

田螺 TianLuo

田螺，主要别名有田中螺、黄螺、池螺、响螺、蜗螺牛等。

田螺为软体动物门腹足纲田螺科圆田螺属动物。中国古已食用，云南各地区均有分布。以12月至次年2月的肉质最好。

田螺入烹前应用清水浸泡（加几滴精炼油）让其吐尽污物。整用时应剁去螺丝尾部两层左右，然后加香料焖，卤食用；出肉用可刮花、片片、切丁等。常用的烹调方法为凉拌、炝、炒、爆、炸等。烹制生螺丝肉需特别注意火候，掌握不好肉质老韧难嚼。

螺黄 LuoHuang

螺黄，即云南湖泊所产螺蛳的雄性生殖腺。此螺个头大，壳高可达7厘米，肉鲜美，螺黄尤为名贵。

该螺蛳为中国特有属种，仅分布于云南各湖泊中，属云南特产。

螺蛳，又称海螺。为软体动物门腹足纲田螺科一些种的概称。中国食用螺蛳历史悠久。云南各地新石器的遗址发现许多螺蛳丘（壳尾部已经被砸去），说明云南各地民族自古就有食用螺蛳的习俗。《滇海虞衡志》云："滇池多巨螺，池人贩之……则滇嗜螺蛳已数百年矣。剔螺掩肉，担而叫卖于市，以姜末秋油调，争食之立尽，早晚皆然。又剔其尾之黄，名螺蛳黄，滇人尤矜，以为天下所未有。有曹姓业于此者，居菜海边（今翠湖公园），人谓之曹螺蛳云。"

螺黄鲜香滋嫩，营养丰富，鲜螺黄洗净后即可供用。味型、烹法可据需要随意选择。著名的菜式有"酸辣螺黄"、"鸡茸螺黄"、"套炸螺黄"等。

黄鳝

HuangShan

黄鳝，主要别名有鳝、田鳗、鳝鱼等。

黄鳝为脊椎动物门鱼纲合鳃鱼科黄鳝属。中国自古食黄鳝。《山海经》已有记载。《滇海虞衡志》载："滇池多黄师鱼，亦鲜美。"《新纂云南通志物产考》："黄鳝，河沟泥穴中常有之。体形如蛇，俗呼蛇鱼，亦名黄师鱼。"

鳝鱼肉质细嫩，滋味鲜美，但必须活用。初加工有两种：一是活杀，去骨，去内脏后生料入烹。二是烫杀，取熟料入烹，可根据成菜的风味和需要来选择其方法。鳝鱼入肴应用广泛，可为凉菜，可做热菜，可制小吃，可为馅心，烹法与味型任尔选择。

小花鱼

XiaoHuaYu

小花鱼是云南德宏地区梁河县的名贵特产，被列入全省鱼类的珍贵水产资源。小花鱼又称篙筒鱼，一般为小指头粗细，身上呈黑白相间的半环状花纹。

按其保护色可将小花鱼分山花鱼和花江鱼两种，前者多呈金黄色，后者多呈灰黑色。据民国二十三年（1934）《南甸司地志资料》载："小花鱼，产大盈江，其味鲜美，桃花浪起，此鱼始出，食之而佳，名驰中外。"歌咏："盈江二月花鱼肥，守溜渔人满载归。"

小花鱼清甜鲜嫩，味美可口，取鲜鱼洗净或挤出肚杂洗净即可入炊。一般的烹调方法为：煎、炸、氽、煮、包烧、色蒸等。

名特畜禽制品

云南名特畜禽制品是用云南的名特家禽种精制而成的。其品种如大河猪、撒坝猪、保山猪、滇南小耳猪、明光小耳猪、迪庆藏猪、文山黄牛、迪庆黄牛、邓川牛、云南瘤牛、大额牛、中甸牦牛、武定鸡、茶花鸡、云南麻鸭、云南鹅等等。

在云南众多的新石器遗址中均出土了大量的动物骨骼，经鉴定证明，云南的先民早在新石器时代就已经饲养猪、狗、牛、羊、马、鸡等六畜了，其中以猪的饲养占首位。到了战国中后期，随着云南农业进一步的发展，饲养畜禽的种类和规模也大大增加了。《后汉书·西南夷列传》载："此郡（益州郡）……河土平敞，多出鹦鹉、孔雀，有盐池田渔之饶，金银畜产之富。"从古滇国青铜器的放牧图像上看，当时驯养的家畜家禽品种主要有：黄牛、猪、马、山羊、绵羊、狗、鹿、兔、鸡、鸭、孔雀、鹦鹉等。在石寨山出土的古滇国青铜器——干栏房模型房屋的横梁上挂着条形肉干和猪腿肉。据有关专家分析，这应该是用盐腌制过的肉。看来，这种容易保存、食用方便的腌腊肉及其技术在古滇国时期已经相当普遍。由此可见云南腌腊制品及其技术之悠久历史。

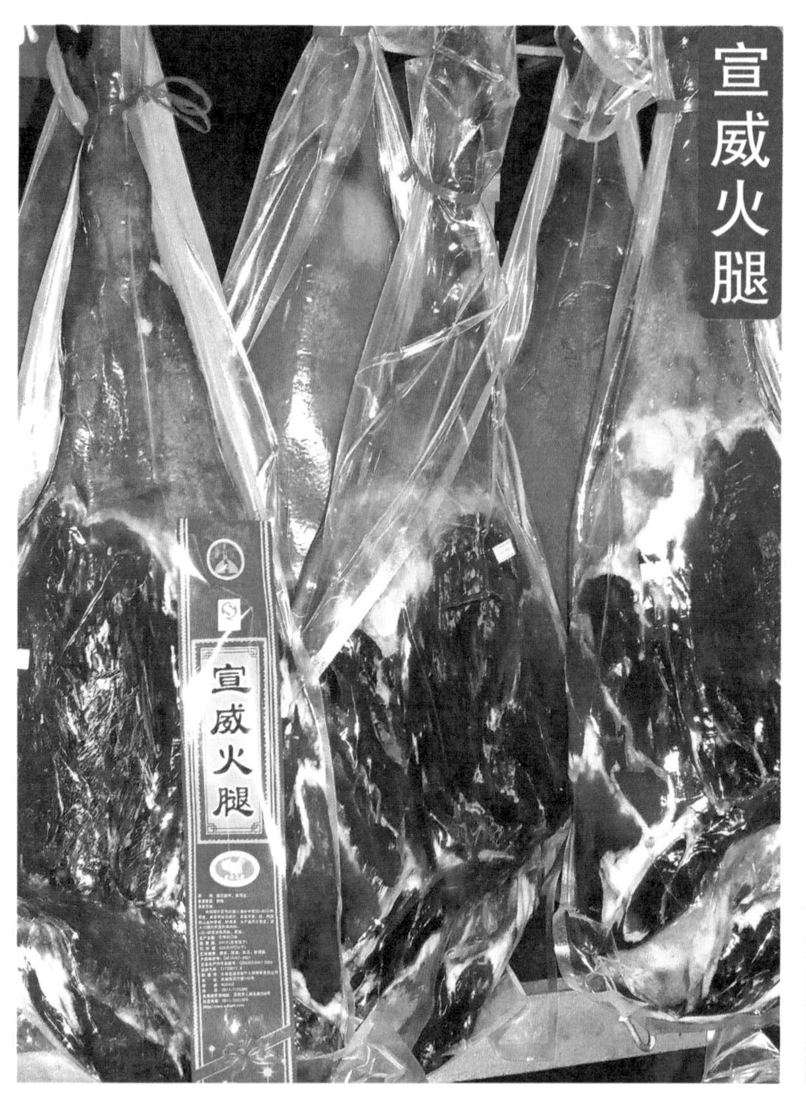

宣威火腿

XuanWeiHuoTui

宣威火腿，因产于云南省宣威县而得名。“宣威火腿”是与浙江“金华火腿”齐名媲美的中华名腿。

2010年，宣威火腿制作技术被列为国家非物质文化遗产保护项目。1915年，宣威火腿在巴拿马万国博览会获金奖。1923年在广州举办的全国食品赛会上，宣威火腿受到国内外人士的好评，孙中山先生特为题词“饮和食德”。从此，宣威火腿声誉大振，远销港澳地区和东南亚国家。

宣威火腿历史悠久，最迟始创于明代，在我国清代著名的食谱《中馈录》中就详细介绍了宣威火腿的制法。据《宣威县志》记载，早在清朝雍正五年（公元1727）就著称于世，并以“身穿绿袍，肉质厚，精肉多，蛋白丰富，鲜嫩可口，咸淡相宜”而久负盛名。据《北京风俗类征·饮食》云：“举凡南朝北味、口外牛羊、关东货物、沿海珍馐、江南茶酒、云腿野笋、川椒疆瓜，无不车载船航，齐来王畿。”可见，宣威火腿早在清代已成为贡品。

宣威火腿携带，保存、食用方便，可做主料，可做辅料，炒、蒸、炸、煮、炖、烩、烧、烤、焖皆可。

云南牛干巴

YunNanNiuGanBa

云南牛干巴，产于云南回民聚居的县市，其中以昆明寻甸、昭通鲁甸、会泽所生产的为佳，长期以来畅销于省内外。牦牛小干巴为丽江纳西族民间制作。

云南牛干巴历史悠久，最少已有三百多年的历史了。据罗养儒《云南掌故》记载："清道光年间……过顺城街……只见街之两廊屋檐下，挂满牛干巴……"可见，牛干巴早在清代中叶以前已成为滇省之畅销品。诗曰："云山牧野牛畜壮，腌成干巴分外香。胜似山珍海味美，今朝方食盼来年。"

腌制牛干巴要选用壮菜牛，在寒露节令前宰杀，经放血、剥皮、开膛、剔骨等多道工序，按部位分割成24块。腌制前，先将净肉铺在通风处凉透，再加盐揉搓，使之均匀，方可入缸。装缸时要放平、压紧，再撒上一层盐，用三层纸或纱布盖住缸口并扎紧密封，放置阴凉处，腌制20天左右取出牛干巴，淋去肉上盐水，挂在有阳光的通风处，晾晒两天后把肉取下放平在木板上加压挤出水分，然后再晒，直至肉面干硬，呈板栗色即为成品（每100千克净肉用食盐6—8千克）。

牛干巴保存、携带、加工方便，炒、炸、蒸、煮、熘……任你选择。

牦牛干巴

诺邓火腿

NuoDengHuoTui

诺邓火腿，因产于大理州云龙县的诺邓而得名。

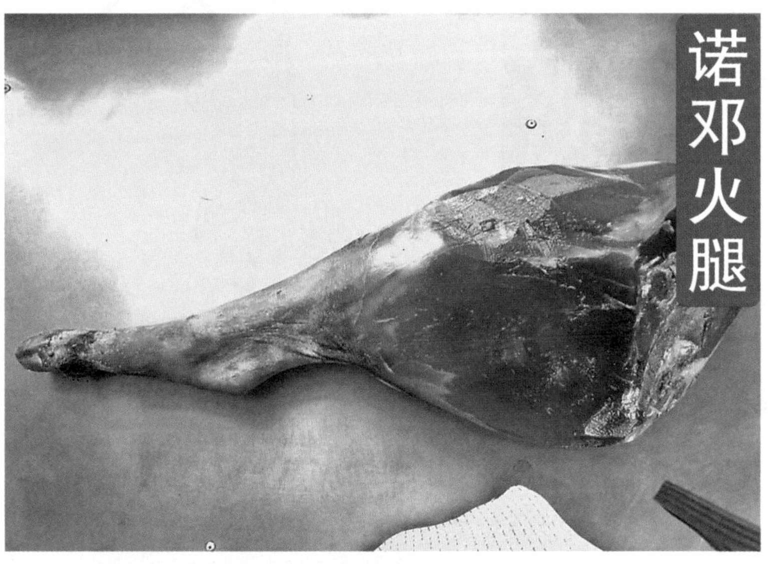

诺邓火腿以其制作考究，瘦肉多，口味独特而著称，中央电视台《舌尖上的中国》对诺邓火腿优质味美的影视，使诺邓火腿名扬四海。

诺邓地处滇西北横断山脉中段，山川如画，有"群山吐颖，众壑盘空，映彩流霞之美"，以盛产食盐而著名。诺邓火腿是选用当地一种瘦肉多的猪种，利用当地盐井的原卤腌制火腿。其方法如次：生猪宰杀去毛后，用松针叶将猪皮烤黄，割下后退，浸泡在新汁卤水中腌3—5天，使盐卤逐渐渗透至肉，然后捞出略微晾干，喷上酒，抹上食盐、红曲、草果粉等作料，挂在通风处晾10天，在喷抹一次酒、盐继而用棉纸糊严，涂上灶灰或白灰，外面再包一层白纸或牛皮纸加以密封，埋入地下约1米深的地窖里，1—2个月后即可取出食用。

诺邓火腿的应用、烹法可参照宣威火腿。

鹤庆圆腿

HeQingYuanTui

鹤庆圆腿，因其产于鹤庆，其腿脚弯曲，外形圆整，形如圆盘，故名鹤庆圆腿。是云南著名的火腿之一。

鹤庆圆腿历史悠久，据《鹤庆县志》记载，清嘉靖年间（公元1522—1566），鹤庆籍名宦查伟就以“斗酒肥腿飨客”。肥腿即圆腿，其腿“肉质丰满，四边膘肥，三针清香，味鲜色美，食而不腻。”在明末清初，鹤庆圆腿已销往本省的下关、昆明等城市。民国时期已远销缅甸、印度等国家。1980年，在全国火腿评选会上评为国家名牌火腿之一。

鹤庆圆腿的应用、烹法可参照宣威火腿。

三川火腿

SanChuanHuoTui

三川火腿，产于云南省丽江市永胜县三川坝，生于“三川之间”，故名。三川火腿是中国名腿之一。

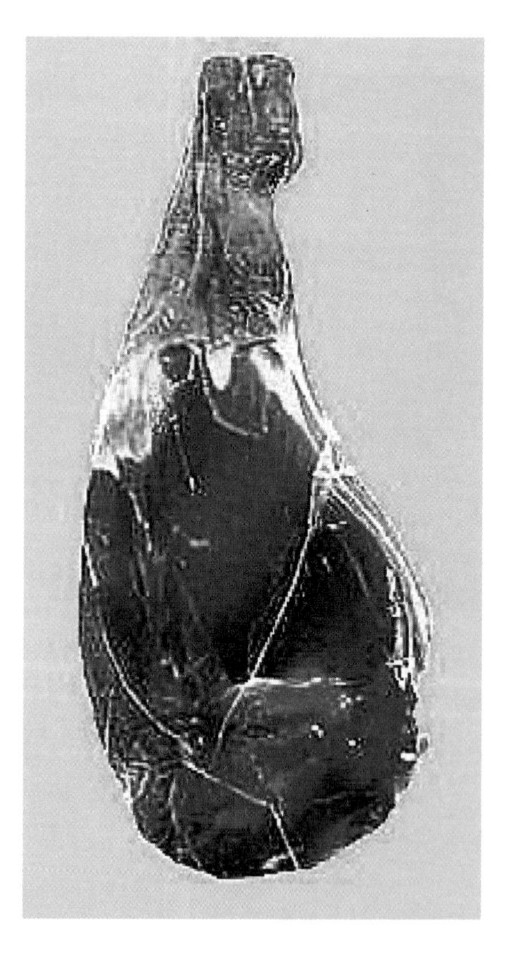

三川火腿已有近五六百年的历史，其应用民间流传近四百年的独特工艺，经六十道工序腌制而成。成品为琵琶形或柳叶形。颜色鲜艳，盐分适中，香气醇厚，质地柔软，风味独特，是我国唯一的“软性火腿”，被誉为“国粹”。三川火腿是用干腌和湿腌相结合的混合腌制法腌制的，其加工工艺独特，曾荣获第八届中国专利新技术新产品博览会金奖、第九届中国专利新技术新产品博览会特别奖、中国名牌产品、第六届中国国际食品博览会金奖……多项荣誉。

三川火腿的应用及烹法可参照宣威火腿。

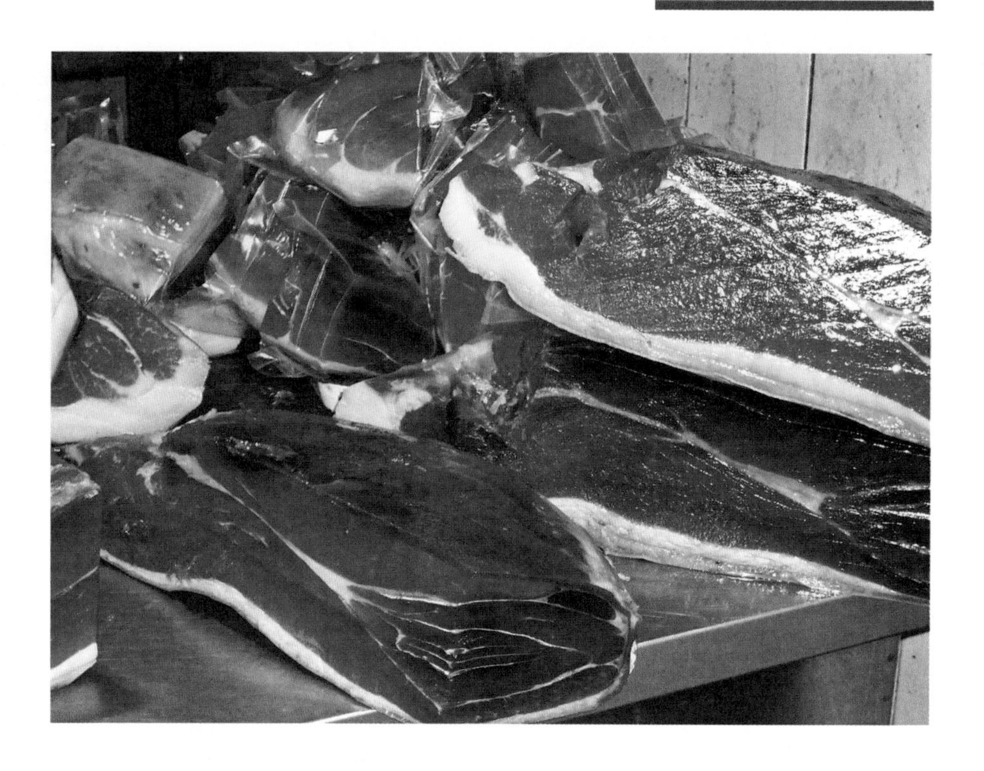

撒坝火腿

SaBaHuoTui

撒坝火腿，产于云南省禄劝县的撒坝。云南知名火腿之一。

禄劝县科技局引进云南农业大学“新云腿”加工技术，采用撒坝生态猪进行腌制，获得成功后定名为“撒坝火腿”。撒坝火腿的特点是：“低盐、色泽鲜艳、口感鲜美，生态营养。”现市场销售及反映良好，已成为云南省内知名品牌。撒坝火腿的应用及烹法参照宣威火腿。

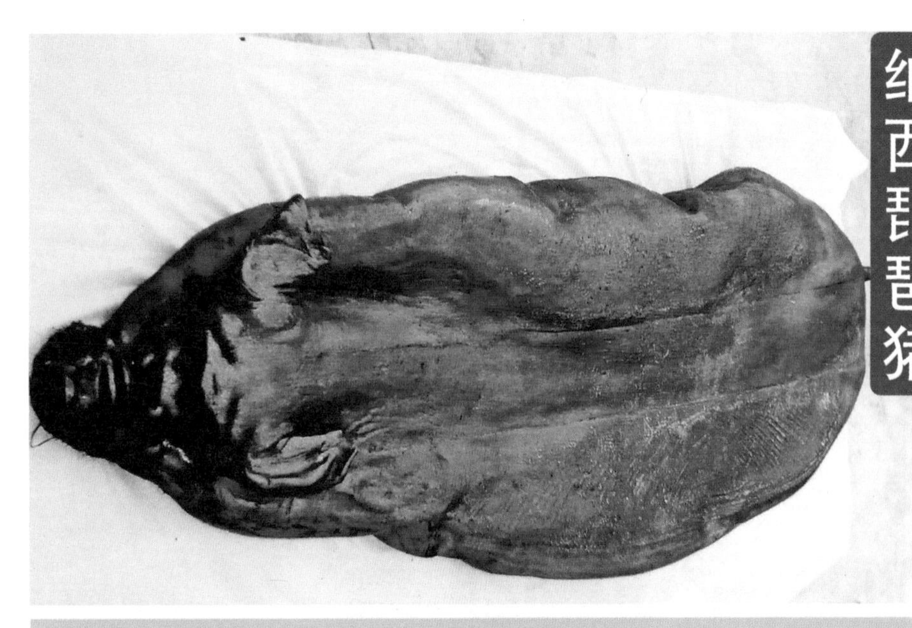

纳西琵琶猪

NaXiPiPaZhu

琵琶猪，是云南丽江纳西族的传统名食，早在数百年前就因其形似琵琶、内质香醇糯嫩、肥而不腻而得名，并行销全省各地。

据《滇海虞衡志》载："蛮俗养豕至多，未有囚而豢于室。故其产益蕃。豧隋、豮、么幼、奏猥矣，巨者数百斤，割即腊之为琵琶形，曰琵琶猪。蛮女争负而贸于客，此丽江之俗也。"又乾隆余庆远《维西见闻录》云："麽些……多畜马牛羊及琵琶猪为富，头目倍畜之。冬日屠豕，去骨足醃，令如琵琶形，故云。"乾隆张泓《滇南新语》说："取猪重百余斤，去足，刳胃肠，大石压之，薄腻若明珀，形类琵琶。丽江女子，挟以贸远，望若浔阳商妇地。"

取琵琶猪膘肉洗净即可供用。炒、炸、蒸、煮、炖皆可。

吹肝

ChuiGan

吹肝，是云南白族、纳西族、藏族等少数民族独特的传统腌肉制品。

吹肝，取新鲜猪肝，将肝上的胆管开口除留一大的外，其余的全部用线扎紧，从胆管口用人工吹气，边吹边用手拍打，边灌入作料（用适量的食用盐、草果粉、辣椒面、蒜泥用温水调成乳状），一半加酒灌入肝内，一半抹在肝叶上。肝叶之间用竹片或玉米芯撑开，挂在通风处晾干，经1个月左右的腌制即成，可保存1年左右。

入烹前，取吹肝洗净，煮熟，可切丝、片、丁，加作料拌食；也可以与一些素食料配伍，炖、扣、烧、烩、煮吃；还可套糊煎、炸、烤食。

傣族牛皮干

DaiZuNiuPiGan

牛皮干，是云南省傣族人民特有的传统食品，风味独特。

牛皮干系用新鲜的水牛皮、黄牛皮或干牛皮为原料制成的，其加工方法有两种：一是将干牛皮切割成10—20厘米的皮块，烧至焦黄，浸泡在烫水中，用小刀刮去残毛及污物洗净煮软滤出，改为小条，晒干后放入温油中浸泡3小时后捞出风干即成。二是把切成块片的新鲜牛皮蘸冷水，放火上烧至焦黄后，浸泡在热水中，用小刀刮尽残毛及污物洗净，置凉水中浸泡2—8小时取出，放锅中煮软后捞出刮洗干净，切割成5厘米长、1厘米宽的皮条，晒干即成。

烹饪牛皮的方法一般分为两种。一是用油炸，炸成微黄泡脆的条状后改为小块。二是将牛皮干放入炭火灰中捂埋10分钟左右，待牛皮干发泡，色微焦黄时取出，用刀刮净食之，或涂上猪油，再稍加烘烤后擗成小块。然后蘸“喃咪”食用（“喃咪”，傣语“酱”的意思，“喃咪”有多种，一般是蘸“番茄喃咪”食用）。

傣家酸肉

DaiJiaSuanRou

傣家酸肉，是云南省傣族人民特有的传统食品。风味独特。

酸肉，傣语称为“紧松”。制成酸肉的原料有猪肉和牛肉，一年四季均可腌制，一般多在傣历年（即阳历4月中旬）前一两个月腌制。其方法为：选新鲜精瘦肉，剔去精腱及肥肉，先用淘米水漂洗，再用清水洗三次后滤去水分，切成小条块，加入适量的精盐、鲜花椒叶、辣椒面、姜末等调料和少量糯米饭（用凉开水洗两遍）拌匀，盛入陶罐中压紧，再用稻草团塞严，盖上盖，将盖与罐口的空隙处用草末灰、泥土、水调和后封严，一般腌制两个月左右即成。然后取鲜芭蕉叶，放上酸肉，分别包裹成形，即可入集市或用其为串亲访友的礼品。

傣家酸肉质嫩酸香，色泽鲜红，凉拌、炒、煮、炖食皆可。

永平腊鹅

YongPingLa'e

永平腊鹅，产于大理白族自治州的永平县，是当地回族人民的传统食品，以其味道鲜美、清香醇和而著称，为云南名特食品。

永平曲硐回族乡，几乎家家养鹅，多至一户养几十、上百只，每到秋末冬初，将成年鹅圈起来养，每天用焖熟的玉米团填味三次，经20天左右育肥，每只鹅重的可达5千克以上。制法：将鹅宰杀，腿毛洗净，当胸剖开，去内脏，用火烤干，抹上食盐、花椒面，压成饼状，放入瓦盐中腌渍数日，待食盐、香料渗入鹅肉后取出，上挂通风处晾干即成。

腊鹅烹制方法一般为：煮、蒸、煎、炸、炖、焖等。

骨头生

GuTouSheng

骨头生，又叫骨头肉，是滇中、滇南、滇西各民族人民广泛制作的一种传统食品。其中，以彝族、西双版纳傣族和布朗族制作的品质为佳。

骨头生以新鲜的猪排骨、脊椎骨为原料，配以食盐、辣椒面、花椒面、八角面、草果面等调料制作而成（即将骨头剁碎，加各种调料拌匀，盛瓦缸内密封，腌制2—3个月后即成）。

或将上述拌好的原料做成饼状，用芭蕉叶包裹四层，再用细绳扎紧，置阴凉处，2—3个月即可取食。

骨头生，可为菜，又能当调料使用，保存、携带、制作方便。常见的烹调方法为：炒、蒸、炖、焖等。

板鸭

BanYa

板鸭，在云南有陆良、永昌、宜良等几个品牌，板鸭是云南传统的名牌食品，深受广大群众喜爱。

昆明宜良、陆良、保山等市县的坝区，水域宽广，适宜养鸭。每年秋、冬季节，使用肥嫩活鸭加工板鸭。其肉质肥厚香醇，皮色白嫩光润，品质上乘，除春节期间供本地群众需要外，还要出口港澳地区。永昌板鸭早在清朝末年间就远销港澳地区和缅甸等国家；陆良板鸭在国际市场上是颇具盛名的“云南板鸭”的内涵。

板鸭的烹调方法可参照永平腊鹅。

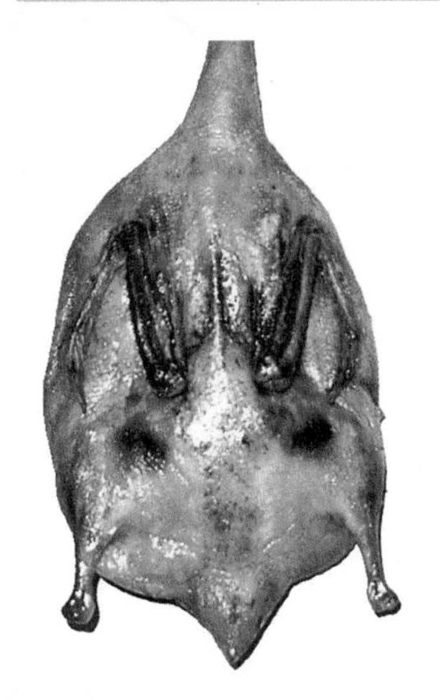

陆良板鸭

永昌板鸭

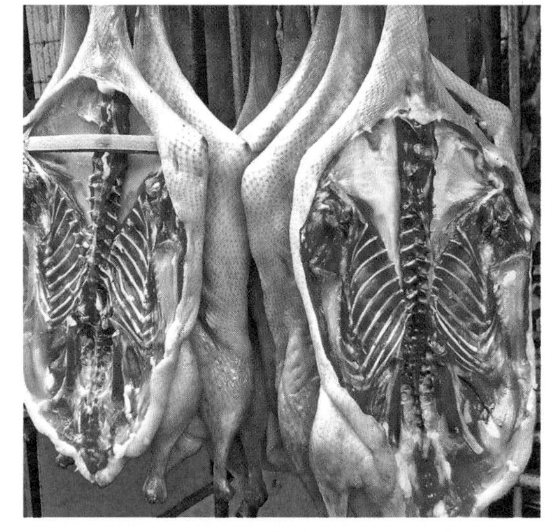

宜良板鸭

名特乳豆制品

乳制品、豆制品，是现代人们日常饮食生活中不可缺少的食品。路南乳饼、洱源乳扇、云南石屏用井水点制的石屏豆腐、建水小（烧）豆腐、呈贡臭豆腐、宣威黄豆腐……风味各异，闻名遐迩。产品质量的升华，新产品的开发和创新，将拓展其无限发展的空间。

一般来说，我国食用乳制品是以北方民族为主的。从古代典籍如《礼记、礼运》《齐民要术》《饮膳正要》《本草纲目》《史记》中记载，我国古代的乳制品主要有：酪（即今日的发酵乳）、酥（是从牛乳或羊乳中提炼而得的酥油）、醍醐（最高级的乳制品，即酥酪上凝集的油）、乳腐（又叫乳饼，即干酪）、牛酒（即奶子酒）。从近代历史的记录来看，像乳腐，即乳饼这种乳制品在北方已难觅其踪迹。云南彝族创制的乳饼，白族创制的乳扇正好填补了这个空间。在这里还要提及的是，在元明或更早的时期，云南还有一种乳制品——乳线。《云南图经志书》和《曲州土产》载："乳线积牛乳澄淀造之，土人以为素食 ，名曰连煎。"《徐霞客游记》中有"妙乐以乳线赠余"的记载。《南诏野史》云："酥花乳线浮怀绛。"《宋氏养生部》曰："乳线，用温油煠之，洒以蜜或掺以白砂糖。"谢肇制《滇略·俗略》有"浓煎乳酪而揭之，曰"乳线"的记载。可是，这"乳线"在当今的云南已无影无踪。传统的美食是必须发掘、继承和发扬的。

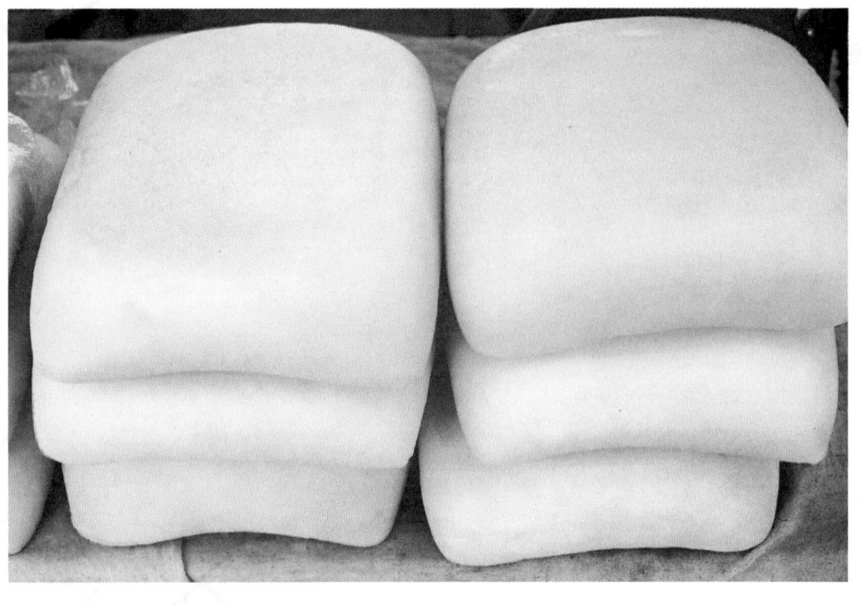

路南乳饼

LuNanRuBing

乳饼，是云南少数民族中人口最多的彝族人民擅长制作的传统风味食品，其中又以石林彝族自治县制作的乳饼为最佳。

乳饼是用新鲜羊奶制作的，石林圭山的奶山羊是云南本地优良畜种，是制作优质乳饼的理想奶源。其制法为：先将鲜羊奶煮沸，加入适量食用酸浆水点脑，使之渐渐凝固，然后包裹加压成方块，晾干即成。据传说，路南乳饼已有300多年的历史。《滇海虞衡志》云："而通省各都大镇多教门（回族），食必牛……故角皮之外，而乳扇、乳饼、醍醐、酪酥之具。"可见路南乳饼在清代已风靡全省，并深受各族人民喜爱。

乳饼营养丰富，品质如同欧洲的奶酪。经分析，乳饼含水40%，优质蛋白质达20%，脂肪约含30%，含有人体必需的氨基酸8种，还含有大量的脂溶性维生素A和钙等，是一种高蛋白、高脂肪的营养滋补品。

乳饼质地细腻，油润光滑，乳香浓郁，回味无穷。其保存、携带、食用方便。可单料为菜，还能与一些荤素食料相搭配。一般的烹调方法为：煎、炸、蒸、烩、炒等，还能与面粉、米粉等食料结合制作小吃、点心等。

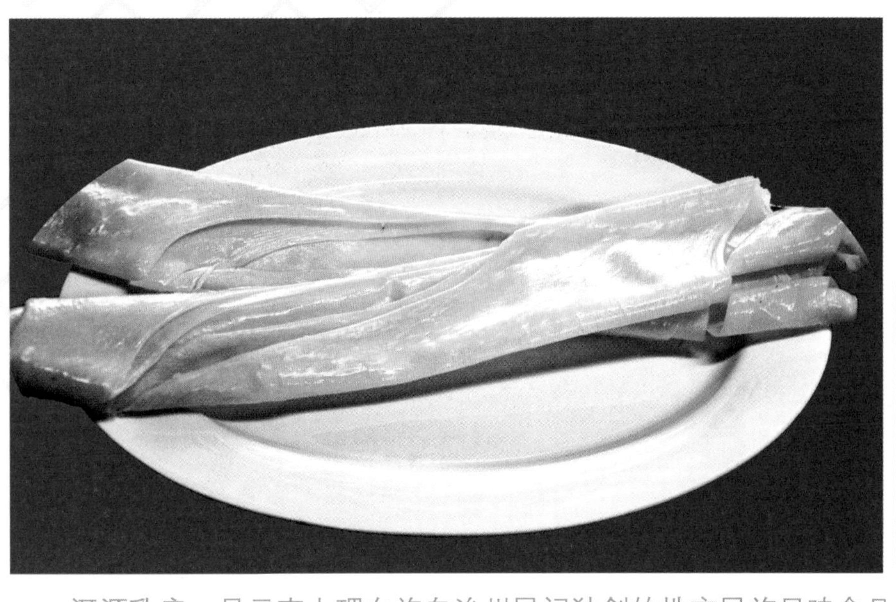

洱源乳扇

ErYuanRuShan

洱源乳扇，是云南大理白族自治州民间独创的地方民族风味食品，因其形同纸扇而得名，主要产于洱源县的邓川坝，故又称邓川乳扇。

洱源位于洱海之滨，为云南著名的乳牛胜地。邓川乳扇历史悠久，嘉庆元年（公元1776）《邓川府志》云："乳扇售之一张，值一钱，商贩载诸运。""凡家喂四牛，日作乳扇二百张，八口之家足资俯仰矣。"乳扇是用新鲜牛奶经热处理后加工而成。《邓川府志》曰："幸有乳扇利：乳扇者以牛乳杯许，煎锅内点酸汁，削二圆箸轻荡之，渐成饼，拾而纸摊之，仍以二箸轮卷之，布于竹架，成张页而干之，色细白如干……为美味，香脆愈酪酥。"

乳扇营养丰富，据分析，乳扇含脂肪49.3%、蛋白质35%、乳糖6.8%和维生素A、钙以及其他诸多营养物质，是老少皆宜的滋补佳品。

乳扇油润光亮，香醇甘美，保存、携带、食用便捷，咸甜皆可。常用的烹调方法为：烤、煎、炸、蒸、炒、拌、煮等。

香格里拉奶渣

XiangGeLiLaNaiZha

奶渣，简单地说就是鲜牛奶去油脂后发酵而成的乳制品，可以说奶渣是酸奶的原型。奶渣是藏族人民传统的美食。

奶渣色灰白，味酸，具有极强的助消化作用。其内含丰富的蛋白质、矿物质、乳糖、酵素和多种维生素以及钙、铁、磷等营养物质。奶渣的制作方法为：把鲜牛奶打制分离出酥油后，将剩的奶水用火煮沸后冷却，制成酸奶水，然后倒入竹斗形器滤去水分，压实成形，即为奶渣。

奶渣可泡茶，可为肴，可制作饼、糕点、包子、面包、饺子等，甜咸皆可。例如：绣球奶渣、酥油煎奶渣、酥油奶渣卷等。

石屏豆腐

ShiPingDouFu

石屏豆腐，是云南省石屏县的著名特产，自明代初叶问世以来，已有600多年的历史。

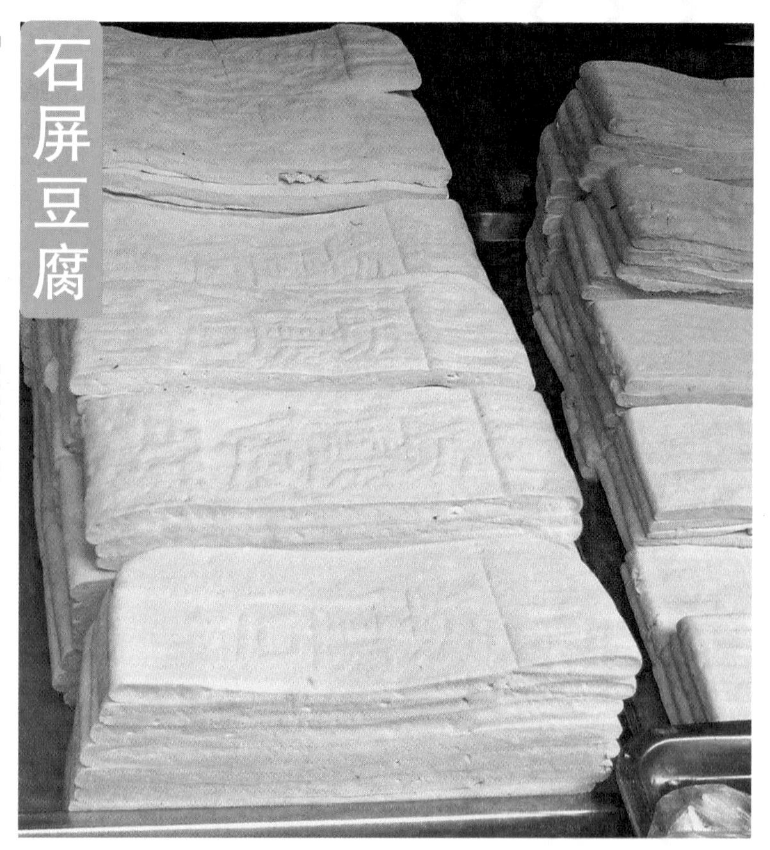

石屏豆腐最显著的特点是：采用当地的地下“酸水”制作而成，这种水质自然含卤，代替石膏点浆，所制的豆腐为其他豆腐所不能及。曾先后被评为云南省和国家商业部的优质产品。

石屏豆腐色泽青灰，质地细密，柔软而有筋骨，入油膨化，食之香酥而松脆。其内含（100克）蛋白质11.9克、脂肪8.2克、铁0.17克，还含有丰富的无抗盐、维生素和游离氨基酸，具有清热散血、利尿解毒的功效。

石屏豆腐入炊应用广泛，可单料为菜，还能与各种荤素食料相配搭。一般的烹调方法为：拌、烤、煎、炸、蒸、瓤、煮、烤、焖等。

宣威黄豆腐

XuanWeiHuangDouFu

宣威黄豆腐，产于宣威倘塘，据传起源于明代中叶。

宣威黄豆腐采用倘塘镇内特有的黄石碴矿泉水及本地生产的黄豆为原料，通过泡豆、磨浆、烫浆、滤渣、酸浆点制、包块成型、水煮染色、上串吊挂等传统工艺精制而成。

宣威黄豆腐，姜黄色泽，细嫩滋润，清香鲜脆，营养丰富，具有养颜、减肥的功效。

宣威黄豆腐可任意切割为整齐的丝、丁、条、片、块、粒；可单料为菜，还能与各类荤素食料相配伍为肴。一般的烹调方法为：拌、炝、炒、卤、烩、烧、煎、炸、烤、焖等。

呈贡臭豆腐

ChengGongChouDouFu

呈贡臭豆腐，产于昆明市呈贡县，相传始于清康熙年间（公元1662—1721）。

臭豆腐是云南民间颇为盛行的一种名特豆制品，以呈贡县豆腐的品质为最佳。据说，呈贡臭豆腐创于清康熙年间，最早是由该县七步场村的王忠发明的。康熙帝品尝后对其美味甚是赞赏，列为“御膳坊”小菜名录，并赐名为“青方臭豆腐”。为了奖励王忠的创举，赐王忠一名——敬（晋）荣。直至当今，七步场有三分之二的人家都属晋氏家族，且多系制作臭豆腐专业的高手。

呈贡臭豆腐质地软糯，异香可口。常见的烹调方法有：煎、炸、蒸、炒、煮、烩等。

魔芋豆腐

MoYuDouFu

魔芋豆腐，是用魔芋的淀粉制作的。魔芋豆腐是新型的理想的保健食品。魔芋豆腐是云南广大人民群众喜做喜食的美食。

云南是中国魔芋资源最多的省份，全省都有魔芋的分布，生产上应用最多的为白魔芋、花魔芋，主要作魔芋豆腐供食用。

魔芋内含葡萄甘露聚糖、氨基酸、脂肪、钙、铁等营养物质，具有降血压、防治心血管疾病、降脂降糖、减肥、开胃、防癌的作用。

魔芋豆腐软润清香，入炊前应漂透洗净，改刀后需焯水漂净。可单料为菜，还能与一些荤素食料结伴为肴。常见的烹调方法为：拌、烙、炸、炒、烩、炖、焖、烧等。

石屏豆腐皮

ShiPingDouFuPi

石屏豆腐皮，是云南省久负盛名的一种豆制品，产于石屏县，历史悠久。

据《石屏县志》记载，豆腐皮生产始于明代初期，盛于清代后期。光绪年间，该县有个姓罗的壮士进京会试，得中武状元，留作慈禧宫中倆佩侍卫，官达四品。有年罗回乡省亲，返回时捎去豆腐皮献于慈禧，慈禧食后连声称好，遂为贡品。

石屏豆腐皮选用优质黄豆为原料，经筛选、脱皮、浸泡、制浆、煮浆、过滤、蒸浆、揭皮晾晒至干而成。其色泽金黄，油光发亮，质地细密均匀，味道鲜美，营养丰富，蛋白质高达40%以上，为牛肉的2倍、大米的8倍，是男女老幼皆宜的高蛋白的保健品。

豆腐皮入炊应用广泛，用清水泡发开后即可供用。可单料为肴，还能与各种荤素食料相搭配。一般的烹调方法为：凉拌、炝、炒、烩、炖、烧、蒸、瓤、烤、炸等。

豌豆凉粉

WanDouLiangFen

豌豆凉粉，是云南各族人民群众皆喜爱的传统豆制食品。

豌豆凉粉是用上等干豌豆（麻绿豌豆）为原料，经淘洗、晒干、开瓣、去皮，用石磨磨成粉，过筛，注水调为糊状，再缓缓注入烧至40℃~50℃的水中，不停地搅拌至熟透，然后倒入容器中，待凉透凝固即成。

豌豆凉粉清香软嫩，鲜醇回甜，多为小吃，可做菜肴，丁、丝、片、条任你改刀，口味浓淡随尔调理。常见的烹调方法为：凉拌、煮、烧、煎、炸等。

大理粉丝

DaLiFenSi

大理粉丝，是云南大理白族自治州生产的以蚕豆（干）淀粉为原料的豆制品，历史悠久，是云南的一种名特食品，深受广大人民群众的喜爱。

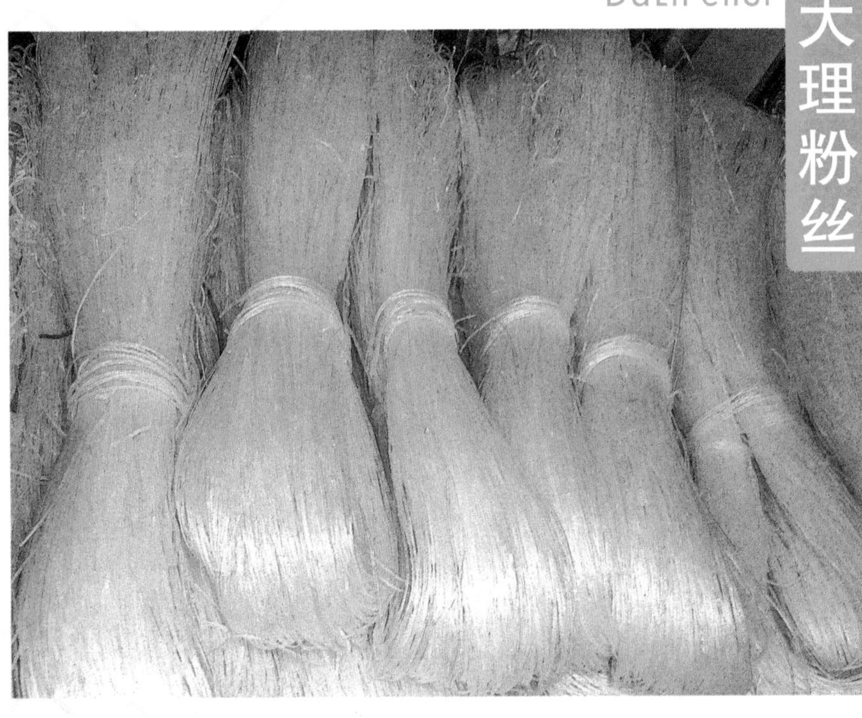

制作粉丝，以蚕豆淀粉为原料，经过烫粉、漏粉、过沸水、漂洗冷却、上架、干燥工序制成。其洁白如玉，质地均匀，细长如丝，柔韧滑润，营养丰富。《滇海虞衡志》云："豆收倍于麦，故以豆为重。始则连荚而烹以为菜，继则杂米为炊以当饭。干则洗之以为粉，故蚕豆粉条，明澈整缩，杂之燕窝汤中，几不复辨。"由此可见清代中叶粉丝在滇菜中的应用实况及滇之食俗。

粉丝用烫水泡发开洗净即可供用。可做菜，可为小吃，能单料为肴，还能与各种荤素食料相配伍。常见的烹调方法有：凉拌、煮、炒、烧、炖、炸、烩等。

建水小（烧）豆腐

JianShuiXiao(Shao)DouFu

建水小豆腐即建水烧豆腐的生胚。建水烧豆腐是云南闻名遐迩的特色小吃。

建水烧豆腐，别名临安（古称）豆腐，其历史悠久，早在清代中叶就享有盛名。民谣咏："云南臭豆腐，要数临安腐；闻着臭，吃着香；胀鼓圆圆黄灿灿，四棱八角讨人想，三顿不吃心就慌。"

建水小豆腐选用大而圆的白皮黄豆，水是用开凿于明洪武年间，坐落于建水西正街左梨园巷尽头的板井水，经过筛选、脱壳、浸泡、磨浆、过滤、煮浆、点浆、成型、包块、重压、滤水等工序制作而成。小豆腐制好后取出放簸箕内，撒上少许食盐拌匀，隔日翻动一次，待豆腐呈灰白即可烧烤食用。如晒为豆腐干，其味更佳。

经发酵成熟的建水小豆腐主要以烧烤食用为常，但还可炸、煎或与其他食料配伍蒸、炖、煮、烧食。

建水烧豆腐

传统名特米豆及制品

云南栽培稻谷的历史悠久。"云南不仅有全国各种类型的籼、粳、糯稻栽培品种，而且中国仅有的三种野生稻（普通野生稻、疣粒野生稻、药用野生稻）都曾在这里生长。云南起源的铁壳麦是小麦的独特亚种。就连引种不到500年的玉米，也在云南净化出特有的蜡质种（糯玉米）。在云南，野生大茶树种类之多居世界之冠"《云南作物种质资源、序一》。

在大理宾川白羊村、剑川县海门口、元谋大墩子、滇池地区以及曲靖董家村，普洱县民安、耿马石佛洞等地的新石器遗址中均发现了大量的炭化稻谷、遗留在陶器上的稻痕，以及禾叶粉末，经鉴定为粳稻。说明在距今五六千年的新石器时代的云南广大地区就已经普遍栽培稻谷了。战国时期成书的《山海经·海内经》云："西南黑水之间，有都广之野……爰有膏菽、膏稻、膏黍、膏稷，百谷自生，冬夏播琴。"说明了在远古的云南大地上不但生长着许多野生稻谷，而且已经广泛驯化栽培了。

现代许多中外学者研究认为：云南不仅是稻谷作物的原产地，同时也是稻谷作物在亚洲的发源地之一。

"米线"、"饵饮"是用稻米制作的食品，同时均为古代食品。自古以来，在云南各族人民的饮食生活中，"米线"、"饵饮"是不可可少的。并且用"米线"、"饵饮"所制出的小吃是色彩缤纷，五光十色。

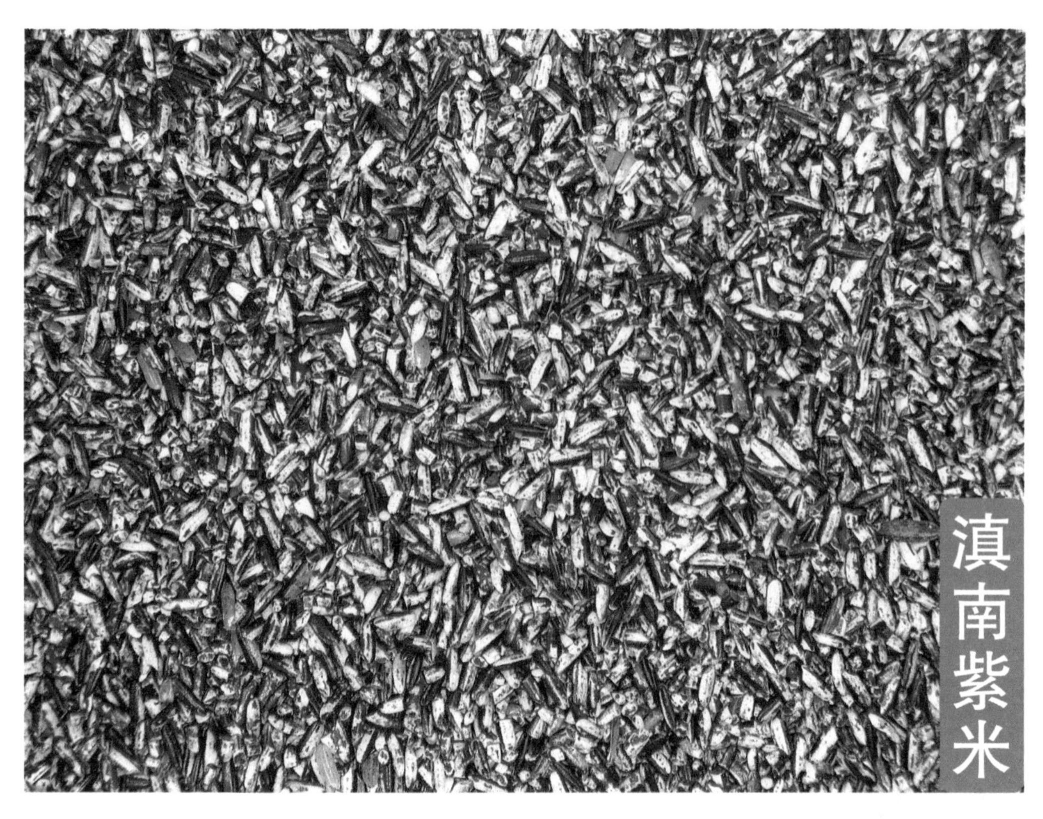

滇南紫米

DianNanZiMi

紫米，产于滇南墨江、石屏、景谷、瑞丽等地，是稻米中的名贵品种，是云南省独特的名贵大米。紫米分为米皮紫色、胚乳白色和皮胚皆紫色两大类；食用上，又分为糯性紫米（俗称紫糯米）和非糯性紫米两大类。

滇南紫米历史悠久，早在元、明朝代就已普遍种植。然而，滇南紫米又以墨江所产的紫米为最佳。据《墨江县志·他郎厅志》载：紫米“紫色，圆粒，碎者蒸之、其粒复续，故名接骨米。阖府俱产，郎 属为最”。在元、明朝代，每年收获后，都要人背马驮千里迢迢运往京城，向皇帝进贡，俗称贡米。50年代末期至60年代，石屏每年都有上万斤紫米调北京，供招待外宾之用。

紫米内含蛋白质9.45%，比一般大米高1.5%，赖氨酸含量比一般大米高40%左右，还含有多种人体所需的微量元素，并具有补血益气、健肾润肝、健脑明目、延年益寿的功效。

紫米清香软润，鲜醇回甜，可为主食，能制小吃，还可酿酒。

广南八宝米

GuangNanBaBaoMi

广南八宝米，主要产于文山州广南县壮族聚居区八宝一带。

八宝米，俗称贡米，生产历史悠久，在清代列为贡品。据《广南府志》记载：“八宝米每岁贡百担。”1981年被列为全国名贵米。

八宝米属籼稻属，米粒椭圆形，按色泽分为两种：一种是粒白里透青；一种是米粒呈雪白色，颗粒比一般米粒大，且稍长。

八宝米清香软糯，软而不烂，隔夜不硬，味美可口，主做粮，可制小吃。

遮放贡米

ZheFanGongMi

遮放米，产于山清水秀、森林茂密、山泉水质好的潞西县傣族聚居的遮放坎子。

“芒市谷子遮放米”，历来被人们称道。遮放米也叫软米。软米性质介于糯米与饭米之间，属籼稻属，是一种色香味俱佳的米中珍品，驰名全国。遮放米历史悠久，在清代被列为“贡米”，据说，清朝的官吏都喜欢食用遮放米熬的稀饭。

遮放米悠香回甜，滋润爽口，饭冷不硬，主做粮，可制小吃。

荞麦

QiaoMai

荞麦，主要别名有莜、荞、荞麦、乌麦、莜麦、花荞、甜荞、苦荞、三角米等。

荞麦，属蓼科一年生草本植物。原产中国和亚洲中部。荞麦分为甜荞（普通荞麦）、苦荞（鞑靼荞麦）、翅麦（翅荞麦）、米荞等种。

荞麦属杂粮，籽粒去皮壳后即可供煮饭熬粥食用；磨成粉可制面条、糕、粑粑、饵饮、烙饼、煎饼、凉粉、窝头等。在荞麦中，苦荞的营养价值最高，苦荞粉每100克含水分19.3克，蛋白质9.7克，脂肪2.7克，碳水化合物60.2克，膳食纤维5.8克，硫胺素0.32毫克，核黄素0.21毫克，尼克酸1.5毫克，维生素E1.73毫克，钾320毫克，纳2.3毫克，钙39毫克，镁94毫克，铁4.4毫克，锰1.31毫克，锌2.02毫克，铜0.89毫克，磷244毫克，硒5.57毫克。另外，苦荞各部分都含芸香甙等黄酮成分，是黄酮的丰富来源。据现代医学研究证明，苦荞对治疗高血压、高血脂、减肥、美容等均有疗效。

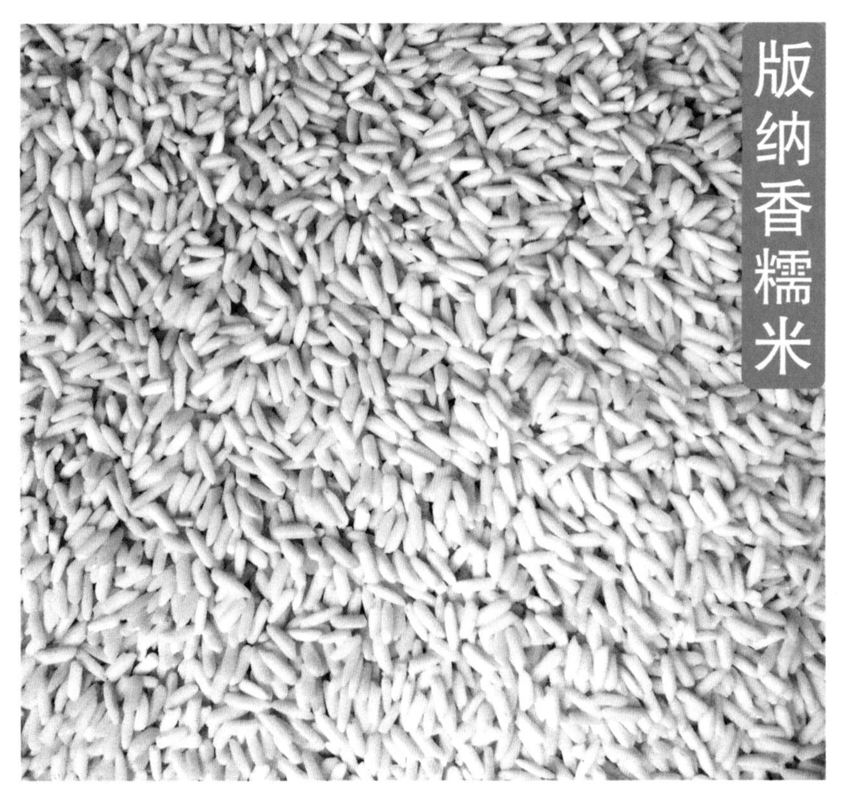

版纳香糯米

BanNaXiangNuoMi

版纳香糯米，产于西双版纳傣族自治州。西双版纳傣族主食糯米，植稻历史相当悠久。傣族是百越民族的后裔，是最早驯化野生稻的民族之一。

糍粑

稻谷中籼稻、粳稻两个亚种都有糯稻，故糯米又分为籼糯米和粳糯米两种。籼糯米粒形瘦长，与籼米相似；粳糯米粒形短圆，与粳米相似。版纳香糯米粒长色白，属籼糯米。

版纳香糯米色雪白、粒长，制熟后清香糯润，鲜醇回甜。糯米入炊，可做菜肴（如：糯米鸡、糯米排骨、珍珠圆子、八宝饭等），可做小吃（如汤圆、糯米糕、粽子、糍粑等），还可酿酒。傣族用糯米制作的小吃更是别有风味。如：毫萝索（年糕）、毫崩（泡酥片）、毫打晚（太阳饼）、毫寄（糍粑）、毫冻桂（糯米芭蕉）、毫版卷（千层糕）等等。

五色米

WuSeMi

花糯米饭

五色米，是用糯米制成。一份保持本色，另四份用天然的植物染料汁染成红、黄、黑、紫混合而成的米。这种米是云南傣族、壮族、瑶族、布依族等民族传统年节制作花糯米必备的佳品。

制法：将糯米淘洗干净滤出，均匀地分为五份：一份保持本色（白色）；一份用糯谷草汁浸泡染成黑色；一份用红饭草汁浸泡染成红色；一份用杨花汁浸泡染成黄色；一份用紫香藤汁浸泡染成紫色。染好的糯米均匀地混合后即成为红、黄、黑、白、紫五色米。

将五色米用清水洗净，泡透，上笼蒸熟，即成为五彩缤纷、香糯滋润的花糯米饭。

YanMaiMi

燕麦米

燕麦，主要别有雀麦、爵麦、牛星草、皮燕麦、迟燕麦等。

燕麦，属禾本科一年生草本植物。燕麦共有16种，中国栽培者属于一年生的普通燕麦。《尔雅》已载，《博物志》已载食用。云南《丽江府志》指出当地以“燕麦粉为干糇，水调冲服，为土人终岁之需”。可见，自古以来，云南的一些地区就有以燕麦粉为粮的食俗。

碾去麦燕外层的稃面毛可整粒煮为饭、粥；磨成粉可制粑粑、糕点、窝头、炒面、面条等。燕麦炒面是云南的传统食品。中医认为，野麦味甘、性温，能补虚损，可用于吐血、出虚汗及妇女红崩等症。

苡仁米

YiRenMi

苡仁，主要别名有薏米、稃苞、六谷米、解米、薏实、必提珠等。

苡仁，为禾本科一年生或多年生草本植物薏苡的种仁。薏米原产南亚，很早以前即由越南传入中国，周代已有栽培。李时珍《本草纲目》云：“薏苡有二种：一种黏牙者，尖而壳薄，即薏苡也，其米白色，如糯米，可作粥饭及磨面食，亦可用米酿酒；一种圆而壳厚坚硬者，即菩提子也，其粆，即粳糒也。”我省产于西畴、富宁、勐海一带。

苡仁米营养丰富，内含蛋白质、脂肪、钙、磷、铁、维生素、糖分等，并有健脾、利尿、补肺、清热、消水肿等药用功效。苡仁米是制作补膳佳料。

苡仁米经淘洗干净即可供用，作制粥、饭，可制肴小吃，咸甜皆可，如：苡米羹、珍珠汤圆、苡米鸡、苡米炖排骨、苡米焖猪脚等。

皂角米

ZaoJiaoMi

皂角米，主要别名有皂仁、皂荚仁、皂角子、指皂儿、皂核等。

皂角米为双子叶植物豆科皂荚的籽实。云南特产的食药兼用名品。

中医认为，其性温、味辛，入肺、大肠二经，具有润燥通便、祛风消肿的功效，可治大便燥结、肠风下血、下痢里急等症。子仁含三萜皂甙、蜡醇、廿九烷、豆甾醇等成分，有抗菌、祛痰等作用。

将皂角米洗净，用温水泡软，上笼蒸至涨透，且软糯透明即可供用，一般做甜菜用。如：白果皂仁、冰糖皂仁、银耳皂仁、金耳皂仁等。常用的烹调方法为：蒸、煮、炖等。

大白芸豆

DaBaiYunDou

大白芸豆，学名菜豆，主要别名有芸豆、芸扁豆。云南著名特产，在国内外久负盛名。

云南的大白芸豆主要分布在海拔1700—3000米的地区，以2100—2500米的山区为多，主要产于大理和楚雄两个自治州。

云南产的大白芸豆粒大肥厚，皮薄光泽，质地细腻，营养丰富。每100克含蛋白质23.1克、脂肪1.3克、碳水化合物56.9克，还含有钙165毫克、磷410毫克、铁7.3毫克和多种维生素。中医认为，其味甘、性平，具有温中下气、温胃利肠、益肾补元的功效，还有镇静作用，特别适合心脑病、高血压、肾疾病患者食用。

大白芸豆（干）煮软后可炸、炒、烩、炖食用，还可制作糕点、豆沙、豆馅等。

红刀豆米

HongDaoDouMi

红刀豆米，主要别名有红腰豆、红芸豆、刀豆子、魔豆、巴西豆等。

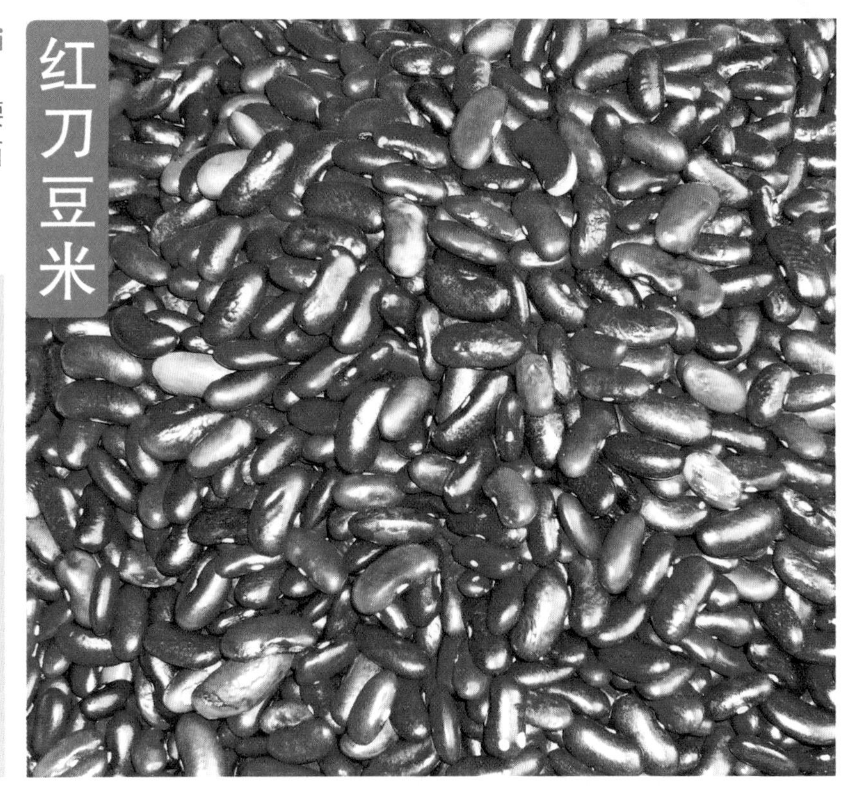

红刀豆米为豆科刀豆属缠绕草质藤本植物红刀豆的种子。

红刀豆米内含蛋白质、淀粉、膳食纤维、游离氨基酸、刀豆氨酸、可溶性糖类脂物、维生素C、B族维生素、钙、铁等营养物质。其性温、味甘，入手、足阳明经，具有温中下气、益肾补元、健脾胃、止呃逆的功效。主治虚寒呃逆、呕吐、腹胀、肾虚腰痛、胃痛、痰喘等疾患。

将红刀豆米洗净，即可单料或与腌、鲜肉类煮、炖、煨食；红刀豆米煮沙后可炒、炸、烩、煮、焖食。如：酥红豆、腌菜肉末炒红豆、腌菜红豆汤等。

马龙荞丝

MaLongQiaoSi

马龙荞丝，产于云南省马龙县，云南传统名食。

马龙荞丝，是将苦荞制成精粉后，煮熟，冷凉后以手工工艺划丝，放置于竹簾上晒干而成。

马龙荞丝，历史悠久，据传，早在500多年前的明朝初期当地居民就开始制作荞丝了。马龙荞丝，营养丰富，味美可口，颇受广大群众的喜爱。民谣曰："凭栏欢稼楼，二三子，一壶酒，油炸荞丝香满桌，诱人醉，劝君更进一杯酒。"

马龙荞丝（荞片）一般炸食，但水泡发后可炒、炖、烩、烧食（能与各类荤食料配伍）。

米线 MiXian

米线，云南各族人民自古以来最喜食的稻米制品。

米线是一种古老的食物。《食次》称米线为“粲”；《齐民要术》记载了粲（即米线）的制作方法，又称米线为“乱积”；宋代称米线为“米缆”；明清时期米线又称作“米糷”。

云南的米线有两种类型：一种是昆明酸浆米线，这种米线是要经过发酵过程的。另一种俗称干浆米线。这种米线无顺经发酵过程，经磨粉、挤压、摩擦加热、糊化成型制成（图示的干浆米线、软米线、建水干米线皆为此类型）。云南所产的米线，以昆明酸浆米线、建水米线、蒙自米线、户撒米线最为有名。

米线吃法多样，凉热皆宜。凉拌、煮、炒、卤、烫为常用烹法。名特品种如过桥米线、过手米线、小锅氽肉米线、什锦凉米线等。

干浆米线

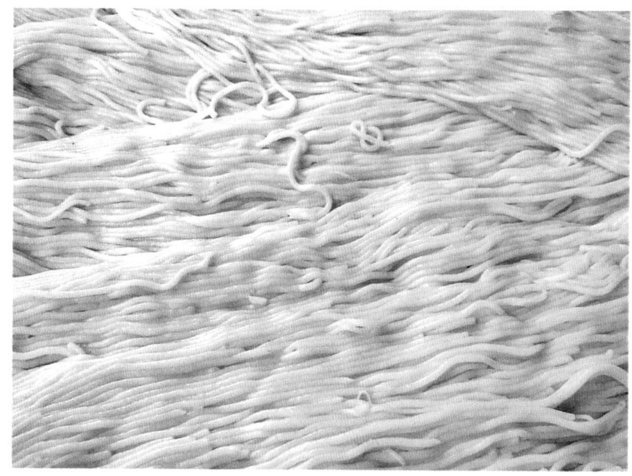

软米线

建水干米线

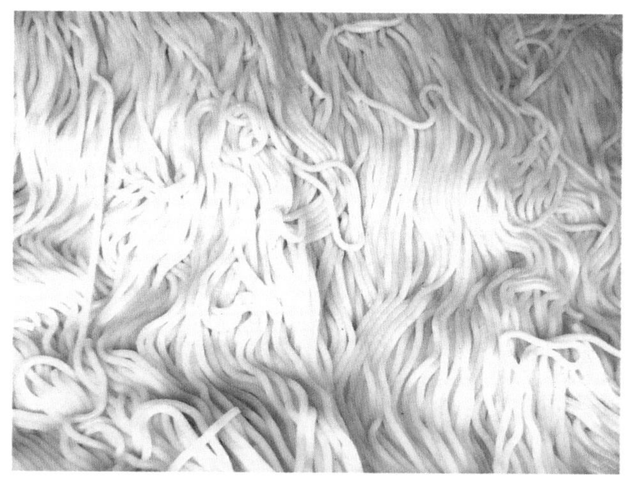

昆明酸浆米线

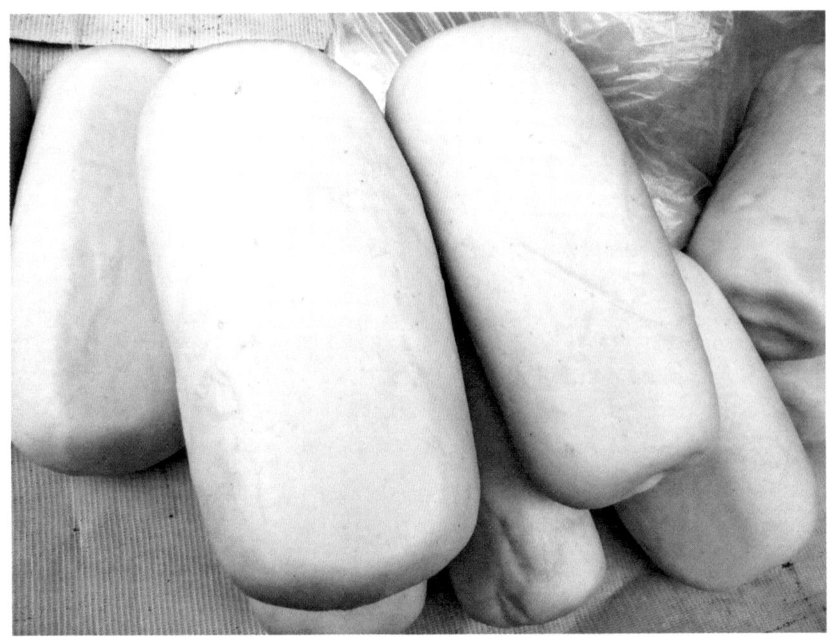

饵块 erKuai

饵块，是以大米为原料，经淘洗泡、蒸熟舂制而成的米制食品，云南特产，自古以来深受云南各族人民喜爱。在当今，除用大米原料制作饵块外，还用苞谷、荞麦、高粱、紫米等食料来制作。

饵块，古老食品。据《周礼·天官·笾人》注载：“合蒸曰饵，饼之曰餈，谓稻米黍合以为饵，饵既不饼，明饼之曰餈。”制作、食用、年节时将饵块作为礼品相互馈赠，是云南广大人民群众自古以来形成的习俗。景泰《云南图经志书》阿迷州（即临安府）载：“钽饵致馈（州中土人，凡是时节往来，以白粳米炊为软饭，杵之为饼。折而捻之，若半月然，盛以瓦盘，致馈亲厚，以为礼之至重）。”大观楼著名长联作者孙髯翁《雪冬有感》诗咏：“青盐赤米家家觏，白饵黄柑处处圆。赖有邻居张冷眼，满盘相馈过新年。”由此可见云南人对饵块的爱恋之情。

饵块的食法颇多，甜咸皆可。一般的烹调方法为：炒、煮、卤、蒸、烧、泡等。名特名种如：昆明炒饵块、昆明小锅卤饵块、腾冲大救驾、巍山块肉饵丝、羊肉汤泡饵块、甜酒煮饵块等。

丽江鸡豆

LiJiangJiDou

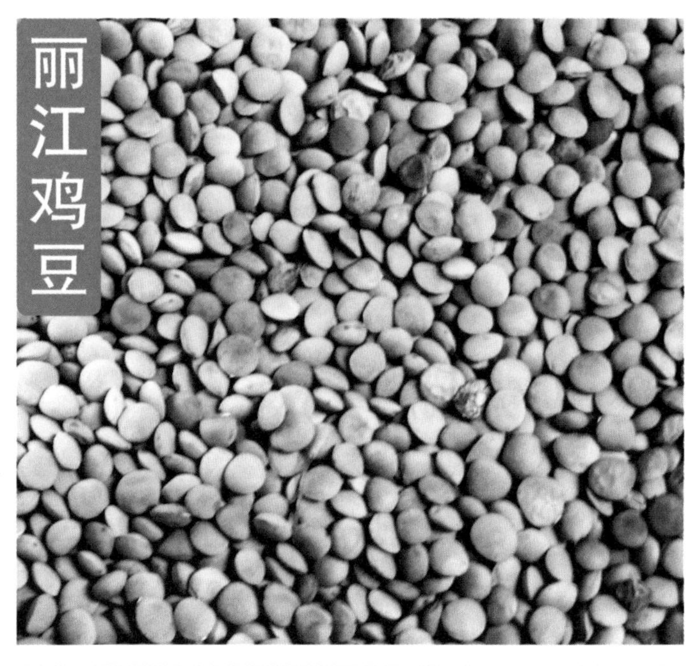

鸡豆，主要别名有回鹘豆、桃尔豆、鸡心豆等。

丽江鸡豆粉

鸡豆为双子叶植物纲豆科一年生草本或多年生攀缘草本植物。适宜生长于海拔2000—2700米的高寒山区。起源于亚洲西部和近东地区，云南的丽江地区有分布，为当地特产。

鸡豆富含多种植物蛋白、多种氨基酸（包括人体必需的8种氨基酸）、维生素、粗纤维及钙、镁、铁等成分，子粒还含腺嘌呤、胆碱、肌醇、淀粉、蔗糖、葡萄糖等。有"豆中之王"的美誉。具有补血、补钙、抗癌细胞增殖的功能，是糖尿病、高血压患者的最佳食品。

鸡豆洗净煮熟后可炒、炸、炖、烩食；鸡豆制成精粉可做鸡豆粉、糕、饼、卷、豆沙、鸡豆粉皮等。

卷粉

JuanFen

卷粉，又名米粉。

卷粉，是用粳米泡透，用石磨磨成浆，入平底盘中，上笼蒸熟成薄片，晾凉后卷成筒状，故名卷粉。

卷粉，深受云南广大群众喜爱，各地均有制作，滇南、滇中食用普遍，开远小卷粉是其地方的名小吃。

卷粉一般用于制作小吃，如炸酱卷粉、鸡丝凉卷粉、炸卷粉，常用的烹调方法为：煮、拌、炒、卤等。

常见补膳食（药）用材

在云南，“药膳”俗称为“补膳”。

在上古时代，人类为了果腹，不得不在自然界到处觅食，当时的人们不知道什么药物，在漫长的岁月里，人们逐渐发现了某些植物、动物吃后不但可以充饥，常吃还能使人们的体质日益健强，或能缓解和解除身体某些地方的不适。随着人们体质和智力的不断增强，在与大自然的斗争中，人们不断地总结经验，才发现了能治病强身的“中药”，并逐步将其与食物分开，这就是食药同源。这种食物与药物合二而一的不断重复，最终导致“药膳”的诞生。云南的“补膳”无疑是“食补”、“食疗”、“药膳”的别称。

“食补”即“食养”，是指用食物养生防病健体延年。

“食疗”，是指用食物治疗疾病。

“药膳”，是用药物（中药）与食物合理配伍，经蒸、煮、炒、熬、烩、爆、炸等烹调方法，制成有保健治疗作用的色、香、味、形俱佳的美肴，以“药借食威、食助药力”达到养生或治病的功效。

制作药膳首先必须要熟知其药物、食物的性、味、功效、宜忌及用量等。这样对症下料、合理配方才可行，这是制作药膳的基本原则。忽思慧在《饮膳正要·养生避忌》中云：“善服药者不若善保养，不善保养者不若善服药。”可见，“养生之道，莫先于饮食”。防病是关键。

SanQi

三七

三七，主要别名有山漆、金不换、血参、参三七、田三七、田漆、田七等。

三七为五加科植物人参三七的根。三七，云南特产，产于云南省文山州。

文山州栽培三七的历史悠久。清康熙、乾隆年间始修的《广南府志》和《开化府志》载："开化三七，畅销全国。"民国《新纂云南通志》亦称："开化、广南所产三七，每年数万斤。"这些三七，行销云南、四川、上海和香港。

三七的根、茎、叶、花、果实和种子等均可入药。据当代研究资料和临床应用证明，三七对人体有强壮滋补、活血散瘀、强心健身之效，其所含成分黄酮类化合物能减去冠心病所致心绞痛的发病因素，并对降低胆固醇有显著作用，三七中的多糖类有抑制癌的作用，三七皂甙具有止血、抗疲劳、耐缺氧、抗衰老、降血糖和提高免疫功能等多方面的作用。

用三七制作补膳，可将其磨成生粉或熟粉（油炸），然后定量兑烫汤调服（也可以用沸水）；鲜三七洗净切片，可直接配禽、畜、鱼等肉类炖、烧、煲、炒食；三七根须是洗净可直接炸食或配各种肉类炖、煲服用。

做药膳应递循无论是单料或配方，都要根据需要和严格把握药材的用量，切不可盲目，以下皆同。

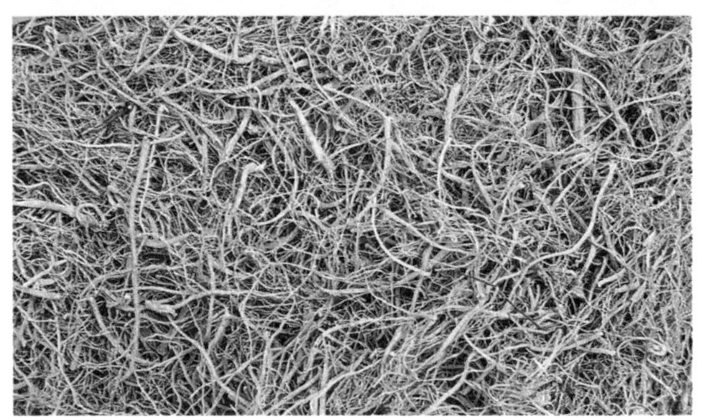

三七根须

XianShiHu

鲜石斛

石斛，异名有金钗石斛、长爪石斛、铁皮石斛、细茎石斛、垂唇石斛、钩状石斛、广东石斛、细叶石斛、罗河石斛、美花石斛等。

鲜

干

石斛为双子叶植物药豆科植物多钗石斛或其多种同属植物的茎。云南多数地区均有分布。常见的石斛品种有铁皮石斛、流苏石斛、金钗石斛、球花石斛、鼓槌石斛、霍山石斛、水草石斛等，其中又以铁皮石斛的品质为最佳。

石斛作为药用最早见载于《神农本草经》，距今有2000年以上，其书谓："……味甘、平、无毒。主伤中，除痹，下气，补五脏虚劳，羸瘦，强阴，久服厚肠胃。轻身，延年，长肌肉，逐皮肤邪热、痱气，定志除惊。"在当今，铁皮石斛经过国家药检局检验中心分析，主要成分为石斛多糖、石斛碱、石斛酚、石斛胺、氨基酸（18种），还有特殊的非类，联苄类抗癌成分、石斛多糖最高达22%。其中经药理实验证明，铁皮石斛的药用成分能滋阴、补五脏虚劳、厚肠胃、扩张血管、降血压、降血糖、抑制脂质过氧化，对心血管系统有积极作用，能提高人体免疫能力。增强记忆力，抗氧化、抗衰老，特别是石斛多糖能显著提高病人白细胞数量，对肿瘤细胞有很好的抑制功效。

鲜石斛洗净改为寸段，拍松即可入炊。鲜石斛可煲汤、可熬粥、可泡茶；能与鸡、鸭、鹅、排骨、甲鱼等荤食料配伍，经蒸、炖、焖、烧等之烹法制为滋补佳肴。

天麻籽

天麻 TianMa

天麻，主要别名有赤箭、独摇芝、定风草、水泣芋、合离草、赤箭芝等。

天麻为兰科天麻属多年生草本植物。云南是我国天麻的生产地，所产天麻个大、肥厚、完整、饱满，色黄白、明亮，呈半透明状，质坚实，品质纯良，称为云天麻，畅销国内外市场。云南天麻又集中产在昭通地区的镇雄、彝良、威信、大观、盐津、绥江、永善，此外，怒江、香格里拉也有出产。

天麻是一种名贵药材，内含天麻素、天麻醚甙、香荚兰醇、香荚兰醛、天麻甙、天麻多糖、维生素A类物质、黏液质及铁、氟、锰、锌、锶、碘、铜等矿物质。中医认为，其味甘、性平，归肝经，有息风止痉、平肝潜阳、祛风通络、镇静、镇痛、抗惊厥、降血压等作用。

将天麻洗净盛碗中，注入肉汤，上笼蒸透取出，切为片，即可与各类荤食料炒、烩、炖、焖、煲、煨、蒸、煮服用，也可将干天麻制成精粉兑烫汤调服（需定量）。天麻籽能与各种荤食料炖、煲、煨、蒸服用，作用同天麻。

黑玛卡

黄玛卡

紫玛卡

丽江玛卡 LiJiangMaKa

玛卡，是一种生长在南美洲秘鲁地斯山区海拔4000米以上高原上的食（药）两用植物，数千年来，一直被印加人看作是安地斯山神赐的神物。

近年来，玛卡已在云南丽江玉龙山区域引种成功，种植技术基本成熟，种植基地已初具规模，其产品已行销各地。

玛卡一般分为黑、紫、黄三种颜色，其中又以黑玛卡的品质为佳。

玛卡内含丰富的蛋白质、碳水化合物、粗纤维、锌、钙、钛、铷、钾、铜、镁、锶、磷、碘等，并含维生素C、B_1、B_2、B_6、A、E、B_{12}、B_5，脂肪含量不高，但其中多为不饱和脂肪酸、亚油酸和亚麻酸。天然活性成分包括生物碱、芥子油苷及其分解产物异硫氰酸卡酯、甾醇、多酚类物质。据现代医学研究表明，玛卡具有增强精力，提高生育能力，改善性功能，治疗更年期综合征、风温症、抑郁症、贫血症及抗癌、抗白血病的作用。

鲜玛卡去泥沙洗净后切片即可入炊，能与各类荤食料炒、炖、焖、煮、蒸食；还可泡制成药酒。干玛卡片除不适炒食外，其他皆相同。

当归

DangGui

当归，主要别名有云归、秦归、干归、马尾当归、土当归等。

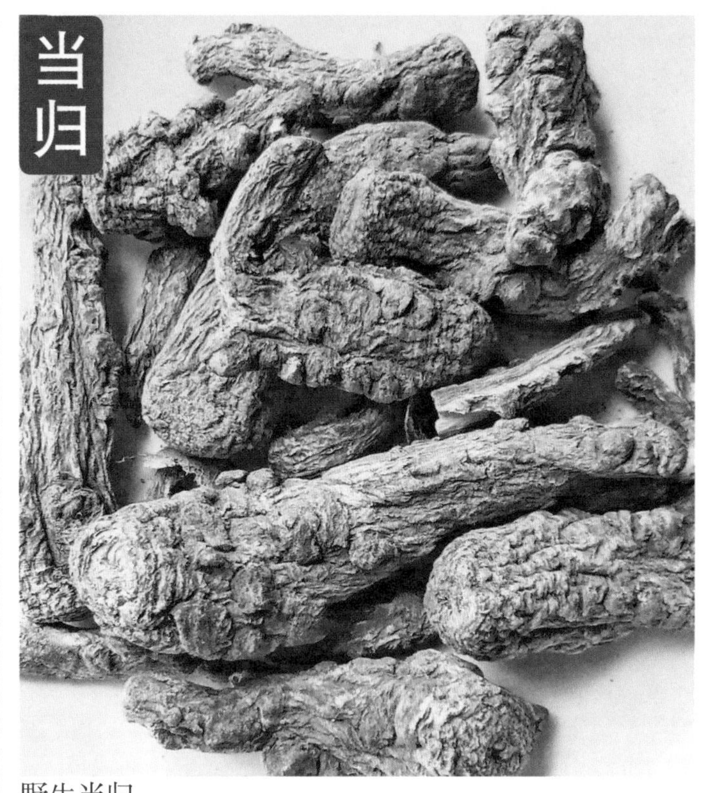
野生当归

当归为双子叶植物纲伞形目伞形科当归属多年生草本植物当归的根茎。云南多数地区均有分布，主要产于丽江、维西、剑川、鹤庆等地区。云归个大、色白、味香浓，畅销国内外。

当归性温、味甘辛，归肝、心、脾经，有补血调经、活血止痛、润肠通便的功效。现代医学研究表明，当归含有叶酸、烟酸、维生素B_{12}、维生素E等成分，有抗贫血、改善血循环、增加冠状动脉血流量，对冠心病有防治作用，对肝脏有保护作用，可防肝糖之减少。补血用归头和身，活血则用归尾。

当归洗净，浸肉汤中蒸软，切为片，即可入炊（蒸当归的汤汁可用在所烹制的菜中）。能与各种肉类配伍为肴，如“当归羊肉、当归炖鸡”，常用的烹法为：蒸、炖、焖、扣等。当归放卤制品的配料中能去腥增香，还能与其他药材、荤食料配伍制作药膳。

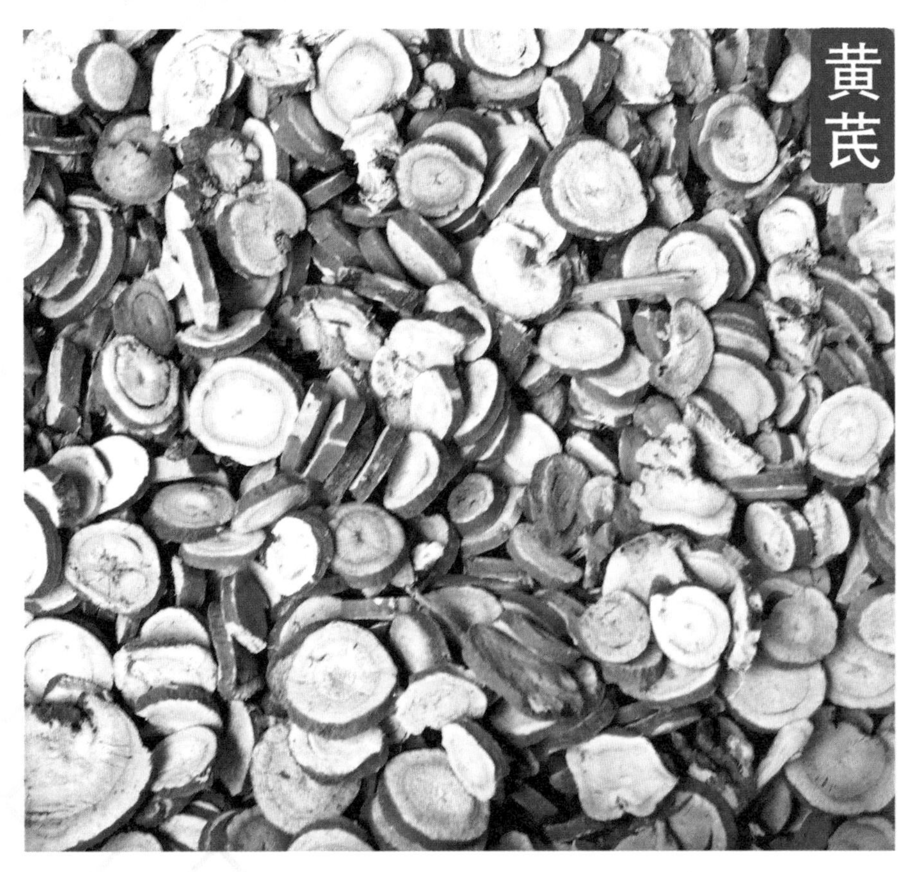

黄芪

HuangQi

黄芪，主要别名有棉芪、黄耆、独椹、黄参、百本等。

黄芪为双子叶植物纲豆科黄芪属多年生草本植物黄芪的根茎。滇中、滇西有分布。

黄芪味甘、性微温，归肝、脾、肺、肾经。补气类药。含糖类、叶酸和多种氨基酸等成分。主要具有补肺气、益脾气、抗疲劳，提高人体免疫功能，增强抗病力，预防感冒、强心、利尿、降压等作用。

黄芪片可泡茶，可与畜类、禽类等荤食料配伍，经炖、煮、蒸、煲等烹法制作补膳。还能与其他药材、荤食料配伍制作药膳。

白芨

BaiJi

白芨，主要别名有甘根、冰球子、白鸟地头、地螺丝、白鸡儿等。

白芨为双子叶植物药兰科多年生草本植物白芨的块茎。云南多数地区有产出。

白芨性凉，味苦甘，入肺、肾二经。具有补肺、止血、消肿、生肌敛疮的功效。可治肺伤、咳血、衄血、金疮出血、痈疽肿毒、溃疡疼痛、汤火灼伤、手足皲裂等症。

白芨洗净，与禽畜类食料蒸、煮、炖、煲服用。还可以白芨为主配方、配料制作药膳。

茯苓

FuLing

茯苓，主要别名有茯灵、云苓、松苓、玉苓等。

茯苓为担子菌亚门层菌纲多孔菌目多孔菌科卧孔属茯苓的菌核。滇中、滇东、滇西有分布。中国自古作为食品与药材。《神农本草经》将其收藏，列为“上品”。

茯苓内含蛋白质、脂肪、碳水化合物、纤维素、维生素E、锌、硒及β-茯苓聚糖、茯苓酸、酸性三萜和茯苓酶等物质。具有利尿、抗菌、降血糖和降低胃酸、预防胃溃疡等作用。中医认为，其味甘淡，性平，入心、脾、肺经，具渗湿利水、益脾和胃、宁心安神等功效。

茯苓用于食品，多取粉制成糕、饼、包子、粥、甜点类（制糕、饼等应掺入淀粉和富含淀粉的原料如山药、莲子、荸荠等）；茯苓片还可以与畜禽类的荤食料炖、煲服用。

HeShouWu

何首乌，主要别名有地精、首乌、黄花乌根、赤葛、紫乌藤等。

何首乌为双子叶植物药蓼科多年生缠绕草本植物何首乌的块根。云南各地区均有分布。

何首乌性微湿、味甘苦涩，入肝、肾经，有补肝肾、益精血、乌须发、延年益寿之功效；生首乌有润肠通便之力。现代医药研究表明，首乌含意酮的衍生物、卵磷脂以及肾上腺皮质类物质，对动脉硬化、高血压、冠心病、高血脂症，以及脑供血不足者，有良好的效果。

用何首乌制作补膳，可单料与各种禽畜荤食料炖、蒸、煲、煮服，也可配方应用。

BeiMu

贝母为单子叶植物纲百合科多年生草本植物贝母的地下磷茎。按品种分为川贝母、浙贝母、土贝母。

贝母按特性一般分为川贝母、浙贝母两类。川贝母用于润肺止咳；浙贝母偏于清肺化痰、散结消肿。云南的滇西、滇西北有分布，类型为川贝母类型。

用贝母制药膳应根据各人的症状，分别选用相应的食物配伍制作药膳。比如：川贝与冰糖梨同炖，可润肺止咳；稀饭煮川贝、冰糖，能治小儿百日咳；蜂蜜蒸贝母可润肺化痰、止咳等。

太子参

TaiZiShen

太子参，主要别名有孩儿参、童参等。

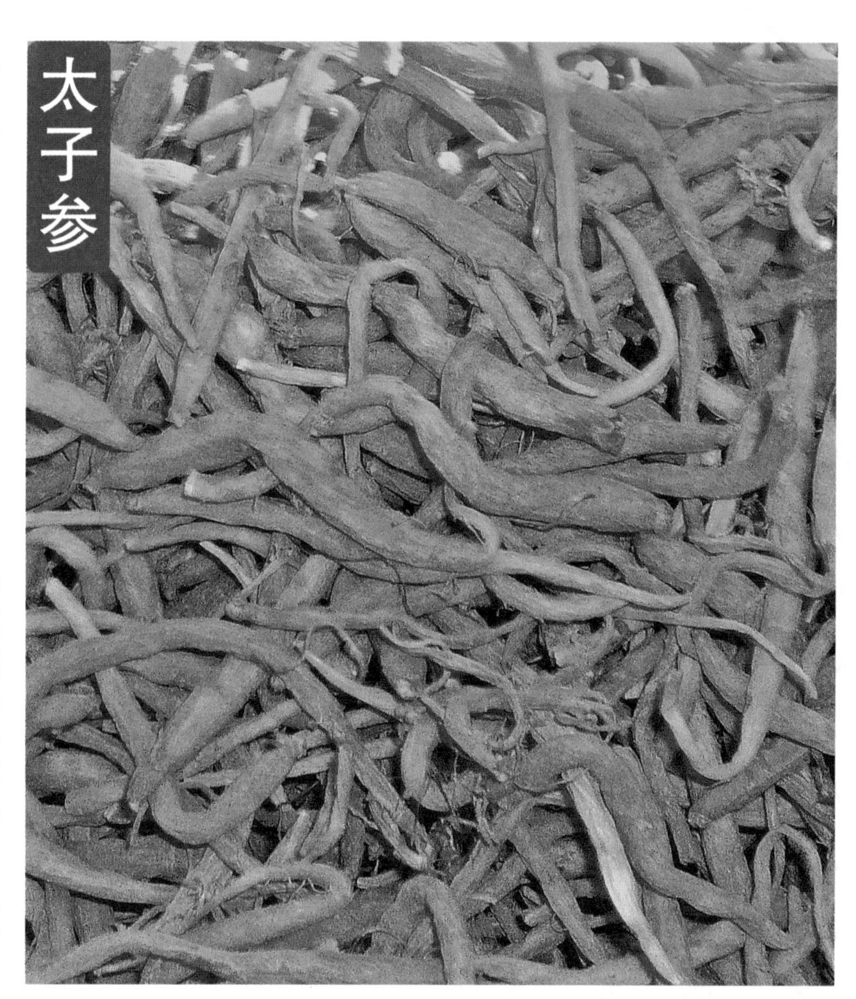

太子参为双子叶植物药石竹科多年生草本植物异叶假繁缕的块根。

太子参内含多种氨基酸（包括8种人体必需氨基酸）、糖类、多种微量元素、太子参皂苷、胡萝卜素、磷脂素、环肽素、甾醇素、挥发油等物质。其味甘微苦、性平，入脾、肺经，具有补益脾肺、益气生津的功效。主治肺虚咳嗽、脾虚食少、心悸、水肿、消渴、精神疲乏等症。

用太子参制作补膳，可单料或与其他药材配方同各种畜禽荤食料或与一些素食材搭配，经炖、煮、煨、蒸服用。

黄精

HuangJing

黄精，主要别名有太阳草、野生姜、土灵芝等。

黄精为双子叶植物药百合科植物黄精的根茎。云南产的黄精称滇黄精，分布于滇中、滇西等地区，其品质较佳。

黄精味甘、性平，入脾、肺、肾经，有滋肺、滋肾、养胃之功，主治肺阴虚、胃阳虚以及肾阴不足的证候。黄精含有黏液质、淀粉和糖等成分。现代医药研究发现，黄精有提高人体T淋巴细胞的作用；还能降血糖、降胆固醇，对防止老年人的心血管病、糖尿病有一定作用。

黄精的鲜品及干品均可制作补膳，应用及烹法可参照黄芪。

玉竹

YuZu

玉竹，主要别名有萎、节地、藏参玉术、竹七根、尾参、山姜等。

玉竹为双子叶植物药百合科多年生草本植物玉竹的根茎。云南各地均有分布。

玉竹味甘、性平，入肺、胃经，有养阴润肺、益胃生津的功效。玉竹内含铃兰甙、铃兰苦甙、糖类、黏液质、胡萝卜素、维生素B_2、维生素A及钙、镁、磷、钠、铁、锰、锌、铜等营养物质。主要用于肺、胃阴虚的证候；还可改善心肌缺血的异常心电图。据报道，近年来，玉竹还用于治疗风湿性心脏病等引起的心力衰竭，冠心病引起的心绞痛等。

用玉竹制作补膳，鲜品、干品均可，可单料或与其他药材如石斛、麦冬等配伍，再配以鸡、羊、鱼等荤食料，经炒、煮、炖、蒸、煲等烹法制作。

麦冬

MaiDong

麦冬，主要别名有沿阶草、书带草、麦门冬、寸冬等。

麦冬为百合科沿阶草属多年生草本植物麦冬根部的纺缍形肉质块根。云南的中、东、西部有分布。

麦冬味甘、微苦，性凉，入心、肺、胃经，具有养阴生津、润肺止咳、清心除烦的功效，主治热病伤津、心烦、咽干口渴、肺热干嗽、咯血、肺痿、肺结核等症。

麦冬能与禽畜类荤食料，米、枣、莲子、茯苓等素食料配伍制作菜肴、糕、饼、粥等。

枸杞子

GouQiZi

枸杞子，主要别名有苟起子、枸杞果、枸棘、枸地芽子等。

枸杞子为双子叶植物药茄科植物枸杞的成熟果实。云南多有分布。

枸杞子味甘、性平，入肝、肾经，具有养阴补血、益精明目的功效。其内含甜菜碱、多糖、粗脂肪、粗蛋白、胡萝卜素、维生素A、维生素C、B_1和B_2及钙、磷、铁、锌、锰、亚油酸等营养成分，有促进造血功能、抗衰老、抗肿瘤、抗指肪肝及降血糖等作用。

枸杞子单料或与其他药材配伍，可与多种荤素食料结伴制作菜肴、羹、粥、糕、饼等。

白龙须

BaiLongXu

白龙须，主要别名有八角枫根、大风药、白金条、大力王、白筋条等。

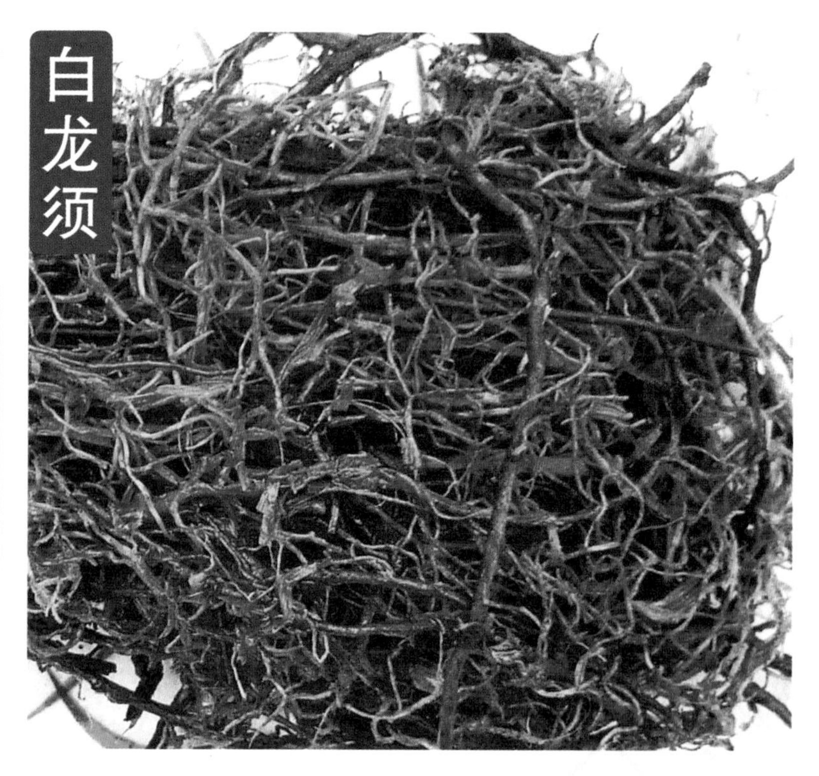

白龙须为双子叶植物药八角枫科植物八角枫的根、须或根皮。云南的中部、东部、西部有分布。侧根叫白金条，须根叫白龙须。

白龙须性温、味辛，入肝、肾二经，具有祛风、通络、散瘀、镇痛，并有麻醉及松弛肌肉的作用。主治风湿头痛、麻木瘫痪、心力衰竭、劳作腰痛、跌打损伤等症。

白龙须洗净即可供用，白龙须能与禽畜等荤食料搭配，经炖、煮、煲等烹法制作药膳，但需要注意的是药材的用量要合适，服用时也不能过量，最好是在懂得此药性的人指导下进行为妥。

芦子

LuZi

芦子，主要别名有蒌子、大麻疙瘩、芦子藤、细麻药等。

芦子为双子叶植物药胡椒科植物等荨麻叶胡椒圆柱状的穗状体果实。云南的南部、东南部、西南部均有分布。

芦子性温、味辛，入肺、心、肝、脾、胃经，内含黑胡椒酚及甲荃丁香酚，具有祛风除湿、舒经通络、行气止痛的功效。可治风寒外感、风湿、跌打损伤、月经不调、痛经、胃痛等症。

芦子洗净即可供用，能与禽畜等荤食为伍煮、炖、煲服，滇西南的布朗族、佤族、拉祜族群众常用芦子、芦子叶炖煮岩鼠，常与鸡等肉类制作药膳，可治病强身。

草乌

CaoWu

草乌，主要别名有草乌头、乌头、独白草、土附子、断肠草、五毒根等。

草乌为双子叶植物药毛茛科植物乌头（野生种）、北乌头或其他多种同属植物的块根。在云南各地分布的有昆明乌头（黄草乌）、显柱乌头、紫乌头、大草乌等。

草乌性热、味辛，有毒或有大毒，入肝、脾、肺经，具有搜风胜湿、散寒止痛、开痰下气、温肾壮阳、解毒疗疮的作用，可治风寒湿痹、中风瘫痪、破伤风、头风、脘腹冷痛、痰癖、气块、冷痢、喉痹、痈疽、疔疮、瘰疬等疾患。

用草乌煨肥壮猪肉、火腿或其他荤食料制作药膳，是云南民间传统的习俗，此肴曾被称为“天下第一毒菜”，然而这种习俗至今还在延续，由此可见其治病强身的功力。故，要制作此类药膳，必须要由熟悉此药性能及有操作经验的人来掌握才行。谨记，一般人是切切不可轻易为之。

千针万线草

QianZhenWanXianCao

千针万线草，主要别名有麦参、筋骨草、大鹅肠菜等。

千针万线草为双子叶植物药石竹科植物云南繁缕的根。多年生草本植物。云南特有药材。

千针万线草味甘、性平、无毒，入脾、肾、肝三经，具有健脾、养肝、益肾的功效。可治体虚贫血、精神短少、头晕心慌、耳鸣眼花、潮热、遗精、腰痛脚弱、月经不调、带下淋沥、小儿疳积等疾患。

千针万线草去泥沙洗净即可供用，能与禽畜类荤食料配伍，经炖、煨、煮、蒸之法制作补膳，还能与其他药材配方制作。据《滇南本草》载："千针万线草三钱，水牛肉三用，煎食三四次，可治妇人白带年久、头晕耳鸣、腰疼、夜间发热、精神短少、饮食无味。""千针万线草、大黑药等分碾粉，加鸡蛋、红糖煮吃，可治体虚贫血、头晕耳鸣、虚肿、出虚汗。"

地蚕

DiCan

地蚕，主要别名有草石蚕、甘露儿、宝塔菜、石蚕、银条、石蚯蚓、白花石蚕等。

地蚕原产东亚、中国大陆。生于水边及潮湿地，云南多数地区有分布。

地蚕为唇形科多年生草本植物草石蚕的根状茎葡萄（块茎）。

地蚕内含水苏碱、水苏糖、蛋白质、脂肪、氨基酸、葫芦巴碱等营养物质。中医认为，其味甘、性平，归肺、肝、脾经，具有解毒清肺、利湿解表、补肾健脾、养阴润肺的功效。主治风热感冒、虚劳咳嗽、小儿疳积、黄疸、淋症、疮毒肿痛、毒蛇咬伤。

地蚕洗净后即可单料或与其他药材配方同禽畜等荤食料搭配制作补膳。如与猪肺炖可润肺止咳，与田鸡百合炖服能清养肺胃、化痰止咳。

XiaoHeiYao

小黑药，主要别名有铜脚威灵仙、草三角枫、叶三七、川滇变豆菜、昆明变豆菜等。

小黑药为双子叶植物药伞形科植物川滇变豆菜的根。多年生草本植物。生于海拔1500—3000米的河边杂木林下、山坡草地阴湿处，云南各地区均有分布。

小黑药性温、味甘微苦，入肺、肾二经，具有补肺益肾的功效，用于治疗肺结核、肾虚腰痛、头昏等症。

小黑药洗净切碎即可供用。能单料或同其他药材配伍，与禽畜等荤食料搭配制作补膳。常用的烹调方法为：煨、炖、煮、烧等。

FoZhangShen

佛掌参，主要别名有佛手参、掌参、手儿参等。

佛掌参为双子叶植物药兰科植物手参和脉手参的块茎。多年生草本植物。生长于海拔2500—3000米的高寒山区，云南的西北地区有产出。

佛掌参味甘、性平，入脾、肺、胃经，具有补益气血、生津止渴的功效，主治肺虚咳喘、虚劳消瘦、神经衰弱、失血、带下、乳少、慢性肝炎。

佛掌参洗净即可供用。能单料或同其他药材配伍与禽畜等荤食料搭配制作补膳。常见的烹调方法为：煮、蒸、炖、焖、煨、烧等。

臭参

ChouShen

臭参，主要别名有臭党参、兰花参、胡毛洋参等。

臭参，又称云参，为桔梗科党参属植物，是云南高山林区特产的一种植物药。臭参在云南具有悠久的栽培史、食用史和群众应用基础。其资源丰富（有野生、有家种），是云南民间群众喜爱的食疗药物之一。

臭参性平、味甘微苦，具有补中益气、补阴益血，通经活络的功效。现代科研成果表明，臭参中的维生素B的含量较高，是其他根茎药的3—84倍。

臭参去泥洗净即可供用。其应用及烹调方法可参照佛掌参。

沙参

ShaShen

沙参，主要别名有南沙参、北沙参、泡参、白参、虎须等。

沙参为桔梗科沙参属植物四叶沙参、杏叶沙参或其同属植物的根茎。常生长于海拔600—3000米的草地、林木地带、灌木丛中和岩缝中。沙参分为南沙参及北沙参。南沙参偏于清肺祛痰；北沙参偏于养胃生津。云南产的是四叶沙参（轮叶沙参），属南沙参。

南沙参内含膳食纤维、胡萝卜素、碳水化合物、钙、磷、烟酸、维生素A和维生素C等营养物质。其味甘微苦、性微寒，归肺、胃经，具清肺化痰、养阴润燥、清热凉血的功效。主治阴虚发热、肺燥干咳、肺痿痨咳、痰中带血、喉痹咽痛、津伤口渴等症。

沙参洗净即可供用。其应用及烹调方法可参照佛掌参。

双参

ShuangShen

双参，主要别名有萝卜参、童子参、子母参、合合参、对对参、土洋参等。

双参为川继断科双参属柔弱多年生直立草本植物双参的根茎。云南的中、东、西部地区均有分布。

双参味甘、微苦，性平，具有健脾益胃、活血调经、止崩漏、解毒的功效。用于治疗肾虚腰痛、贫血、咳嗽、遗精、阳痿、风湿关节痛、月经不调、崩漏、带下、不孕等症。

双参洗净即可供用。其应用及烹调方法可参照佛掌参。

小红参

XiaoHongShen

小红参，主要别名有滇紫参、小活血、小红药等。

小红参为双子叶植物药茜草科植物云南茜草的根，云南特产。

小红参味微苦甘、性凉，入肝经，具有祛风除湿、温络活血的功效，主治头晕、失眠症、肺结核、吐血、风湿病、跌打损伤、月经不调。

小红参洗净即可供用，可单料泡酒及水煎服，其他可参照佛掌参。

党参

DangShen

党参，主要别名有防风党参、黄参、防党参、止党参、狮头参等。

党参为桔梗科党参属植物党参的根茎，多年生草本植物。生长于海拔1560—3100米的山地、林边及灌木丛中。云南的中、西、西北部地区有分布。

党参含多糖类、酚类、甾醇、挥发油、维生素B_1和B_2、多种人体必需的氨基酸、黄芩素葡萄糖甙及微量生物碱，对神经系统有兴奋作用，能增强抗体的抵抗力，有调节胃肠运动、抗溃疡的作用，有扩张血管而降低血压，又可抑制肾上腺素的升压作用。中医认为，其性平、味甘，入手、足太阴经，具有补中益气、健脾益肺的功效，用于脾肺虚弱、气短心悸、食少便溏、虚喘咳嗽、内热消渴等作用。

党参去泥洗净即可供用。其应用及烹调方法可参照佛掌参。

云芝

YunZhi

云芝，主要别名有采绒革盖菌、采纹云芝、千层蘑、杂色云芝等。

云芝为担子菌亚门非褶菌目多孔菌科云芝属（革盖菌属）。多生长于栎属、李属、柳属、柿、苹果、胡桃、银杏等阔叶林树的腐木上，偶尔也生于松、杉的腐木上，丛生。在云南的东、南、西、北、中等区域均有分布。

云芝内含丰富的蛋白质、脂肪、多糖、多糖肽、葡聚糖、木质素、氨基酸等。现代医学研究证实，云芝能提高人体免疫力，调节内分泌，改善肿胀，对人体各器官机能（如中枢神经、循环系统、呼吸系统、肝脏等）都有良好的调节和保护作用；能有效地抑制癌细胞扩散及肿瘤的胀大；云芝内的A型胚胎蛋有助预防癌症。中医认为，云芝味甘淡、性微寒，入肝、脾、肺经，具有健脾利湿、止咳平喘、清热解毒、抗肿瘤等作用。

云芝幼嫩时可为菜食，成熟后质硬，可单料或与其他药材配伍，再搭配禽畜等荤食料经蒸、炖、煨透后喝汤、吃肉，以求治病强身。

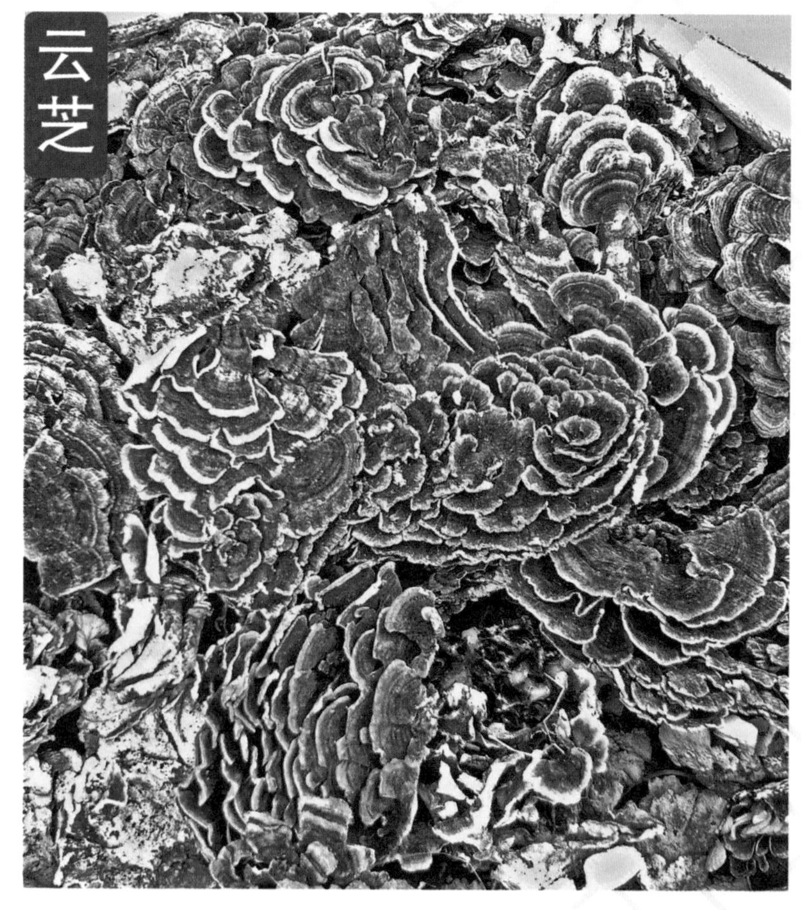

NiuBang

牛蒡，主要别名有恶实、大力子、山牛蒡等。

牛蒡为菊科两年生草本植物牛蒡的直根。常见于山坡草地、村落附近、田间、河岸、山麓、丘陵地、林缘及沙质地，云南各地均有分布。

牛蒡内含菊糖、牛蒡酸、挥发油、多种酚类物质、纤维素、胡萝卜素、蛋白质、钙、磷、铁等营养物质。其味辛、性凉，具有疏散风热、宣肺透疹、散结解毒的功效。

鲜牛蒡去粗皮洗净改刀后可供用，能炒、煮、炖、蒸、煨食，能与禽畜等荤食料搭配制作补膳。

JiJiaoCiGen

鸡脚刺根，学名大蓟。主要别名有虎蓟、野红花、鸡脚刺、马刺刺、刺萝卜等。

鸡脚刺根为菊科多年生草本植物大蓟的肉质圆锥根。多野生于路旁、荒地或山坡上。云南各地区均有分布。

鸡脚刺根内含蛋白质、脂肪、碳水化合物、胡萝卜素、核黄素、维生素C，并含生物碱、挥发油，有降低血压和抗菌作用，临床用于治肺结核、高血压等均有较好的疗效。中医认为，其味甘、性凉，入肝、脾经，具有凉血、止血、祛痰、消痈肿的作用。

鸡脚刺根去泥沙去须洗净可供用，其应用及烹调方法可参照牛蒡。

茴香根

HuiXiangGen

茴香根为伞形花科茴香属多年生宿根草本植物小茴香的根茎。

茴香分布于海拔400—1900米的红河、普洱、临沧、保山、玉溪、昆明、曲靖、楚雄等地区。

茴香根含挥发油，主要成分为茴香醚、茴香酮、茴香醛，具有特殊香味。此外，还富含胡萝卜素、钙、钠、铜、钾等营养物质。其性温，味辛、甘，具有理气健胃、散寒止痛的功效。

茴香根去泥洗净即可与禽畜等荤食料搭配制作补膳。一般的烹调方法为：炖、煮、煨、蒸等。

人参果

RenShenGuo

人参果，主要别名有人寿果、人头七、开口箭等。

人参果为双子叶植物药兰科植物多年生草本植物角盘兰的球状或卵状的块根，生长于山坡、草地，云南的滇西北有分布。人参果鲜时径约1厘米，干燥后表面灰黄色至灰褐色，具纵皱。

人参果味甘、性温，入脾、胃二经，具有强心补肾、生津止渴、补脾健胃、调经活血的功效。主治神经衰弱、失眠头昏、烦躁口渴、不思饮食等症。

人参果洗净即可供用。能单料或与其他药材配伍与禽畜等荤食料炖、煨、煮、蒸食（还可单料加红糖或蜂蜜、酥油炖、蒸服用，也可泡酒喝。）

芡实

QianShi

芡实，主要别名有鸡头米、鸡头莲、刺莲藕等。

芡实为睡莲科一年生水生草本植物芡实的种仁，云南多数地区有分布。

芡实主要以种仁供食用，内含蛋白质、脂肪、糖、粗纤维、维生素B_1和B_2、尼克酸、维生素C、钙、磷、铁等营养物质。芡实性平、味甘涩，入心、肾、脾经，具有固肾涩精、补脾止泻的功效，主治遗精、淋浊带下、小便不禁、大便泄泻等症。

芡实能与禽畜等荤食料和一些素食材为伍经炖、煮、蒸、煨服用，还可熬粥、制羹。

雪三七

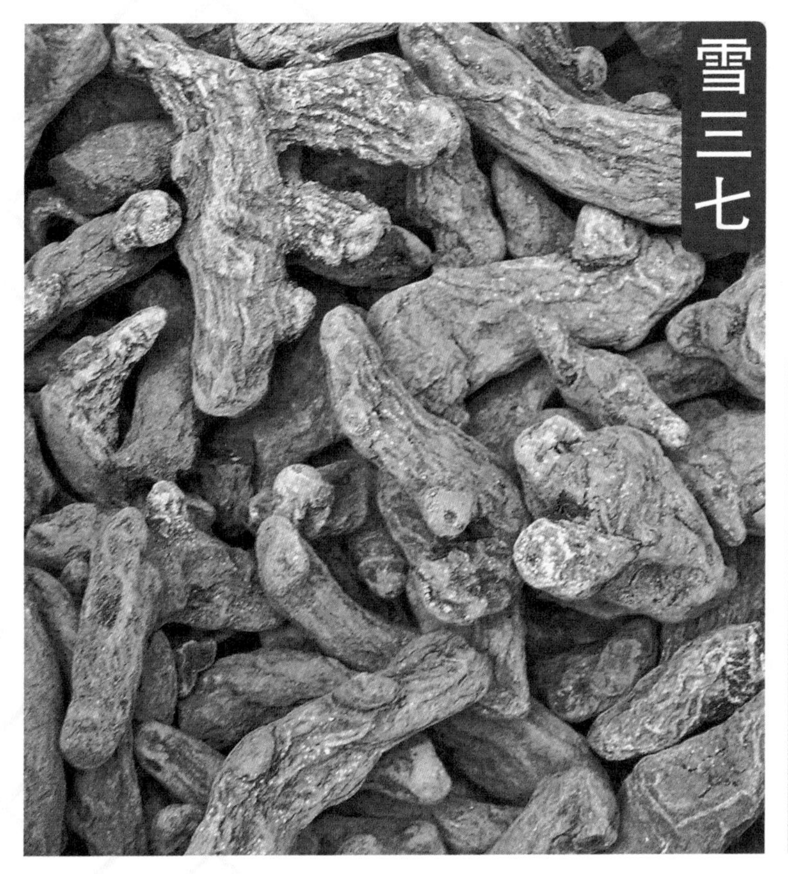

XueSanQi

雪三七即丽江大黄，别名有黑七。

雪三七生于海拔2500—4000米的高山林下或灌木丛、草甸。分布于云南、四川、西藏等地区，云南的丽江、香格里拉有产出。

雪三七为双子叶植物纲蓼科植物丽江大黄（牛尾巴）的根茎。

雪三七内含大黄素、芦荟大黄素、大黄素甲醚、大黄酚等蒽醌类成分及鞣质。其味苦涩、性寒，入脾、肝二经，具有活血止血、散瘀止痛、止痢的功效，主治跌打损伤、痢疾等。

将雪三七洗净改为片，也可禽畜等荤食料炖、煨服；可泡酒；可制熟研末兑肉汤调服；能与其他药材配方与禽畜荤食料搭配炖、煨、煮服。

怒江漆籽油

NuJiangQiZiYou

漆籽油为漆树科落叶乔木漆树的籽实榨的油，漆籽的油又称漆蜡。

据有关专业机构测定：怒江漆子油中的高级脂肪酸分别为棕榈酸、油酸、硬脂酸、花生酸、二十烷二酸。其中棕榈酸的质量分数高达76.9%。

漆籽油是怒江各民族（怒江州是傈僳族自治州，其他民族为汉族、怒族、白族、独龙族等）群众主食的木本油之一，食用历史已有上千年。漆籽油熔点高，常温下为蜡状固体，故又称漆蜡。据当地群众的多年食用经历称：漆籽油有提神补气、利血养身、催乳、消炎、收敛、益胃、舒筋活血的功效。当地的名肴“漆油鸡”是傈僳族祭神、年节、待客及妇女坐月子时必备的传统佳肴。各种荤素食材皆可用漆籽油烹制。

漆籽油分黑、白两种，其中以黑色的漆籽油营养价值为高。少数人食用漆子油会产生过敏反应，应注意。

野坝棵

YeBaKe

野坝棵为生长在楚雄一带的小灌木。

楚雄当地的彝族群众常用野坝棵煮鸡、牛肉、羊肉、猪肉等食用。称有提神补气、滋阴壮阳的功效，而且加野坝棵制出的菜肴芳香可口，回味悠长，风味特异。

酸辣辛香植物调味料

植物调味料，是指原生态的能对食物进行调味的可食性植物。

每一种植物都有它自身特有的味道，但不是说每一种植物只有一个味道。比如说番茄，它主要有酸味，但它还具有甜味，主味为酸，次味为甜。这种植物本身先天所具有的味是植物的“自然味”、“基本味”。植物调味料的主要特点是自然、个性强、风味特异等。“五味调合滋味香”，只有科学的烹调，才能有营养美味的馔肴。对植物调味料的应用来说，识料，知其性、味、宜忌是关键。

在云南，特别是少数民族地区，采用新鲜的植物作为食品调味料的实践较为广泛，历史已较久远，虽然是“近水楼台”看起来似乎“原始”，然而，与现代那种滥用添加剂、堆叠使用调味料、胡乱制造调味剂等等情况相较，这“原始”的调味料应用要比过度地开发、使用调味料更时尚，更绿色，更健康。

回归自然味，开发新滋味，享受美食、美味。回归是找到支点，开发是基础思想和行为的张扬，绝不是张狂，让这“张扬”迈步在健康的大道上！

干

鲜

香茅草

XiangMaoCao

香茅草，主要别名有包茅、大风茅、柠檬茅、柠檬草、香巴茅等。

香茅草为禾本科植物香茅的全草。多年生草本植物。全株天然含柠檬香味，又称柠檬香草。生于高温多雨、阳光充足、排水良好的肥沃土壤中。在云南，主要分布于滇南及滇西南地区。

香茅草全草含酸性皂甙类物质、鞣质、蛋白质、挥发油、黏液质、苦味质、糖类及酚性物质。其性温、味辛，入肺、膀胱、胃经，具有疏风解表、祛瘀通脉、和胃通气、醒脑催情的功效。主治感冒头痛、胃痛、泄泻、风湿痹痛、跌打损伤等症。

香茅草入烹主要作为辛香型调味料，是用于烧、烤、煮鱼、鸡、肉类的主要调料之一。是云南的傈僳族、景颇族、德昂族、基诺族等少数民族日常不可缺少的植物调味料之一。菜肴如“香茅草烤鱼”、“香茅草烤牛肉”等等。

香柳

XiangLiu

香柳即辣柳，主要别名有香蓼、辣蓼等。

香柳为蓼科一年生草本植物辣柳的全草。生长于海拔30—1900米的湿地、湿草地及水沟边，在云南的东、南、中、西部地区均有分布。

香柳的植株具有香味，内含辛辣的挥发油。主要成分为水蓼二醛、密叶辛木素、水蓼酮和水蓼素等。其味辛、性温，具有理气除湿、健胃消食的功效。主治胃气痛、消化不良、小儿疳积、风湿疼痛等症。

香柳入烹主要作为辛香型调味料，云南的东、南、西南部地区的少数民族常用于制作鱼类、禽类、肉类的调味料。

荆芥

JingJie

荆芥，主要别名有假苏、稳齿菜、姜芥、香荆芥、线芥、四棱秆蒿等。

荆芥为双子叶植物药唇形科一年生草本植物荆芥的全草。主要生长于海拔540—2700米的山谷、林缘或山坡、路旁、湿润草地上。在云南的东南、南、中、西南部地区均有分布。

荆芥内含的主要成分为薄荷酮物质。中医认为，其味辛、性温，入肺、肝经，具有祛风解表、宣毒透疹、理血止痛的功效，主治感冒寒热、头痛、目痒、咽痛、咳嗽、麻疹、风疹、痈疮、吐血、便血、崩漏、产后血晕等症。

荆芥入烹主要作为辛香型调味料。禽畜水产类食料皆可用其作调味料，云南的傣族喜欢用荆芥为主要调味料煮、烤、包烤鱼类食用。据有关资料载："荆芥反驴肉，无磷鱼。"

打棒香

DaBangXiang

打棒香，主要别名有吉龙草、暹罗香菜等。

打棒香为双子叶植物药唇形科香薷属植物吉龙草的茎叶。生长于海拔800—1000米的宅旁或阳坡次生林边，野生少见，多为栽培，主要产于云南的南部、西南部。

打棒香含挥发油（1.7%），油中成分为柠檬醛。打棒香具有清热解毒的功效，主治咽喉肿痛、乳鹅疮、齿龈红肿，风热感冒引起的发热、恶寒、咳嗽等症。

打棒香含芳香油，具悦人的柠檬香气，嫩茎叶可制菜，清香可口；花序作肉类食物的辛香调味料。云南的景颇族人家喜用打棒香烧、烤、煮鱼类食用。

DaYanSui

大芫荽

大芫荽即缅芫荽。主要别名有刺芫荽、假芫荽、阿佤芫荽等。

大芫荽为伞形科刺芹属两年或多年生草本植物刺芹的全草。常生长于海拔100—1540米的丘陵、山地林下、路旁、沟边等湿润处，在云南主要分布于西双版纳、临沧、德宏等地区。

大芫荽具有特殊的芳香气味。其味辛微苦、性温，具有疏风除热、芳香健胃的功效。主治感冒、麻疹内陷、腹泻、气管炎、肠炎、急性传染性肝炎。

大芫荽入肴，洗净凉拌做菜食，但是西双版纳、临沧、普洱、德宏一带的少数民族群众多用其为制作各类荤素食料的芳香调味料。

LaTeng

辣藤

辣藤为胡椒科植物黄花胡椒的干燥藤茎。

辣藤在云南的西双版纳、临沧、德宏地区均有分布。

辣藤性热、味辣，有温通气血、发汗除寒、活血消肿、除风止痛的功效，主治冷季感冒、胃寒怕冷、周身酸痛、鼻寒流涕、风湿痛、跌打摔伤等病。

辣藤入肴主要作为辛香型调料，云南的傣族、景颇族等民族群众常用辣藤煮、炖禽畜等荤食料和一些素食料食用。如“辣藤煮鸡”、“辣藤煮芭蕉花”等。

香椿子

XiangChunZi

香椿子，主要别名有椿树子、椿芽树花、春尖花等。

香椿子为楝科植物香椿的果实。椿原产中国（多年生落叶乔木），多生长于海拔1000—2000米的山坡、溪谷、疏林中和房屋前后。香椿含有香椿素等芳香族挥发性有抗物，香椿子性温、味辛苦，入肝、肺经，具有祛风、散寒、止痛的功效，主治风寒感冒、心胃气痛、风湿关节疼痛、疝气等病。

香椿子入肴，主要用作辛香型的调味品，整用或研粉皆可，能用于各种荤素食料中。

橄榄枝

GanLanZhi

橄榄枝为橄榄科橄榄属常绿乔木白橄榄的嫩枝条。

橄榄树产于中国海南岛，已有数千年的栽培史。橄榄树常生长于低海拔的杂木中，云南的中、西南等地区有分布。

橄榄外层绿皮含芳香胶黏性树脂，有清热解毒、健脾和中的功效，云南滇西的许多少数民族常用于制作菜肴，如“拌橄榄生”，以及用橄榄皮为辛香型调味料制作禽畜等荤食料素，如“橄榄生拌猪肉”等。要说明的是，橄榄皮做菜或做调味料应刮去橄榄皮表层，取绿皮到木质中间的部分。

苤菜根

PeiCaiGen

苤菜根为百合科葱属多年生草本植物韭菜的根。主要别名有山韭菜、宽叶韭、起阳草等。

韭菜多生长在海拔800—1600米的山坡、草地、沟边、林缘等地，云南的东南、南、西南地区多有分布。

野韭菜内含糖类、胡萝卜素、硫胺素、维生素B_2、维生素PP、维生素C、膳食纤维、钾、纳、钙、镁、铁、锰、锌、铜、磷、碘等营养物质。中医认为，其味辛、性温，入肝、胃、肾经，有补肾益胃、散淤行滞、壮阳的功效。据现代一些报道称，常吃韭菜有抗癌的作用。

韭菜根入饮，可做菜，能单料或与各类荤素食料搭配为肴；韭菜根含有特殊香味可作辛香型调味料，荤素皆然。

涮涮辣

ShuanShuanLa

涮涮辣为茄科辣椒属涮涮辣的果实，为云南特有珍稀种质资源。分布于普洱、德宏等地区。

涮涮辣，又名象鼻辣。据有关植物测定，其辣度为444.133万斯科维单位，是中国辣椒辣度第一的辣椒，也是世界上最辣的辣椒之一，与印度的魔鬼辣椒不相上下。

涮涮辣未成熟时绿色，成熟后变成鲜红色或橙色。以鲜果调味为主，即将果肉弄破，在汤里、水里、蘸水碗中涮几下即可。涮涮辣为清香鲜辣型调味料。

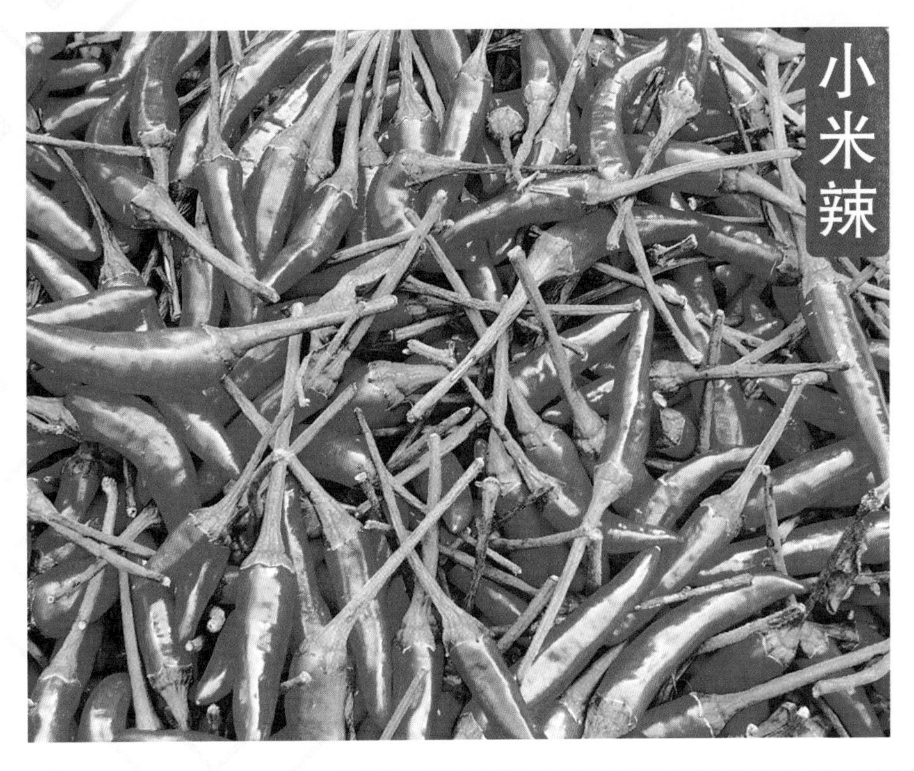

小米辣

XiaoMiLa

小米辣，主要别名有小米椒、鸡嘴椒、辣虎等。

小米辣为双子叶植物纲茄科辣椒属低矮灌木植物小米辣果实。分布于印度、欧洲、南美以及中国云南等地区，属亚热带野生植物，现已人工栽培。

小米辣内含维生素C、胡萝卜素、蛋白质、糖类、矿物质（钙、磷、铁、碘、钴）、色素（隐黄素、辣椒红素、微量辣椒玉红素）、龙葵素，脂肪油、树脂、挥发油、辣味成分（辣椒碱、二氢辣椒碱等）。其味辛辣、性热，具有温中健胃、杀虫的功效。辣椒是一种潜在的抗癌物质，抗氧化剂。小米辣内含的生物碱、辣椒素比大多数簇生辣高一倍，为清香鲜辣型调味料。

丘北干辣椒

QiuBeiGanLaJiao

丘北干辣椒，俗称，“云南红”。是云南著名的出口商品，以果形细长，大小均匀，果肉厚实，色红油亮，食味香辣，含油脂多为特点。

丘北干辣椒营养丰富，其内含蛋白质15%、脂肪8.2%、碳水化合物61%、粗纤维0.2%，还含有丰富的胡萝卜素和抗坏血酸，以及辣椒碱、辣椒红素，辣椒子含龙葵碱和龙葵胺等。

丘北干辣椒可整用、可切段、可磨粉，为干香辛辣型调料。

菌粉

JunFeng

菌粉，即用多种野生食用菌（如：牛肝菌、香菇、羊肚菌、鸡纵、白参、虎掌菌等等）按比例配方，经清洁、烘干、碾细而成。

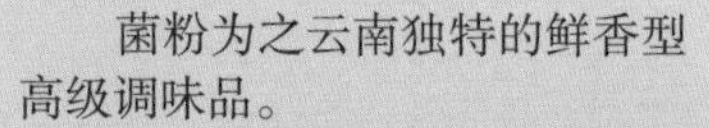

菌粉为之云南独特的鲜香型高级调味品。

菌粉营养丰富，香醇鲜美，适用广泛，无论是制作各类荤素冷热菜，还是煲汤、熬粥、制馅皆可使用。

绿柠檬

LvNingMeng

柠檬为艺香科柠檬属长绿小乔木的果实。

将鲜绿柠檬榨挤后所得到的汁液为柠檬汁，这是一种果酸型的酸鲜调味品，其酸味来源于所含的柠檬酸和苹果酸。

柠檬汁味酸涩，性平，富含维生素C、维生素B_1和B_2、烟酸、钙、磷、铁、糖等等营养物质。鲜柠檬汁中的柠檬酸含量达5%，能大大提高人身对钙的吸收率，增加胃肠蠕动，有助于消化吸收，并有止咳、化痰、健脾、降压的功效。用其制肴，能达到去腥、增泽、增香、杀菌的作用。

鲜柠檬汁颜色淡黄，鲜香酸涩，回甜，云南的南部、西南部地区的傣族、景颇族等许多少数民族群众自古以来皆喜欢用其为制作各种荤素菜点的酸鲜味型调味料。如：“牛撒撇”、（傣族）“鱼撇”（景颇族）、“柠檬手撕鸡”（傣族）等等。

树番茄

ShuFanQie

树番茄，主要别名有酸汤果、木本番茄、缅茄等。

树番茄为双子叶植物茄科多年生常绿半木本植物树番茄的果实。多生长在低海拔地区的山野、村寨及庭院中，云南的西双版纳、德宏、保山等地区较常见。

树番茄内含蛋白质、脂肪、柠檬酸、苹果酸、维生素C和A、钙、镁、铁等。其味酸、性平，具有健脾益胃、助消化的功效。

在云南的南部、西南部地区的一些少数民族群众日常均用树番茄做酸味调食料。如傣族，自古以来喜欢将树番茄经烧后与辣椒、大蒜、大小芫荽配搭，制成酸辣味的酱，即蘸料“番茄喃咪”，用各类荤素食料煎其食用，或将树番茄放入荤素食材中炒煮炖食。如：“树番茄炒芭蕉心”（拉祜族）、“树番茄烧泥鳅”（布朗族）等。

野薄荷

YeBoHe

野薄荷，主要别名有水薄、仁丹草、夜息香、苏薄荷草。

野薄荷为唇形科薄荷属多年生宿根性草本植物。多生长在中低海拔地区的沟边、河岸、湿地上，云南多数地区多有分布。

野薄荷内含蛋白质、碳水化合物、脂肪、膳食纤维、灰分、胡萝卜素、维生素B_2、维生素E、钾、钠、铁、锰、锌、铜、磷等，另外还含薄荷、挥发油等。其性温、味辛苦，具有祛风、化痰、消暑、解毒、醒脑、杀菌、止痒的功效。

野薄荷芳香（其香味来源于薄荷脑）清凉，鲜醇爽口，可凉拌煮汤食，但一般作为食用羊肉、牛肉、狗肉、鳝鱼、泥鳅等的辛香型调味料，可达到去腥增香的效果。

大蒜

DaSuan

大蒜，主要别名有卵蒜、蒜、百合蒜等。

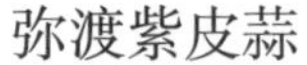
弥渡紫皮蒜

大理独头蒜

野香蒜

大蒜为百合科葱属植物一至二年生植物蒜的地下磷茎，俗称蒜头。分为独头蒜和多瓣蒜两种。按皮色可分为紫皮和白皮两类。

大蒜含挥发油约0.2%，具油辣味和特殊气味，内含大蒜辣素等物质。大蒜辣素即蒜素，对数种细菌性、真菌性与原虫性感染具有较强的预防、治疗价值；对生殖细胞及肿瘤细胞均具有杀死和抑制作用；对心血管的一些疾病有一定防治作用等。中医认为，其性温、味辛，入脾、胃、肺经，有行滞气、暖脾胃、消症积、解毒、杀虫的功效。然而，要注意的是大蒜不可多吃，过量会影响人的身体健康。

大蒜是辛辣型的调味料，生用，特别是制成泥后，特有的风味更浓（即辛辣味最强），一般用于拌菜。故应根据所做菜品的需要来应用。还可制成蒜油、蒜水调味。

小香葱

安宁弯葱

葱

Cong

葱，主要别名有苍、青葱和事草、四季葱、大葱草。

葱为百合科葱属多年生宿根草本植物，主要以叶鞘组成的假茎（俗称葱白）和叶供食用，葱根须供药用。中国古时已广泛食葱，既做菜肴，也做调味，又用于养生。

葱分为大葱、分葱、细香葱、胡葱等种。葱除了含有一般蔬菜所含的营养物质外，还含蒜素、二烯丙基硫醚、棕榈酸、亚油酸、多糖等等。其挥发成分具抑菌作用；近年医学研究报道，经体外实验筛选，葱白对癌抑制率达90%以上。中医认为，其味辛、性温，具有发表、通阳、解毒等功效。

葱作为辛辣型调味品应用广泛，可压腥、增香。但生用辣味强烈且清香悠悠；熟后辣味基本散失，甜味感产生，香味更浓；制成葱油又别有一番风味。

韭葱

JiuCong

韭葱，主要别名有扁叶葱、扁葱、洋蒜苗、洋大蒜等。

韭葱为百合科葱属多年生宿根草本植物，叶扁而宽，剑形，深绿色，叶鞘部分粗白细嫩，层层包裹，呈圆筒形，俗称为葱白。云南的东部、中部地区多有栽培。

韭葱的嫩叶和葱白部分肉质柔嫩，具有葱与蒜混合型的芳香，辣味较少，食味可口。韭葱作为辛香微辣的调味料，应用广泛，凉拌、热炒、烧、焖、炖荤素菜皆可使用。

洋葱

YangCong

洋葱，主要别名有胡葱、团葱、甜葱、球葱等。

洋葱为百合科葱属多年生草本植物。一般认为洋葱起源于中亚、近东。古埃及于公元前3200年已食用洋葱。后据学者研究，中国西部和北部内蒙古，有洋葱的野生种；20世纪间，在西藏发现了洋葱的变种藏葱，证明了中国原有洋葱，引入的是栽培种。云南洋葱以上市早而闻名。

洋葱内含蛋白质、脂肪、碳水化合物、膳食纤维、胡萝卜素、核黄素、尼克酸、抗坏血酸，维生素E及多种矿物质，对高血压、高血脂、糖尿病、动脉硬化以至癌症均有调理、治病作用，并可杀菌，还可利尿，治咳嗽、咽炎等病。但要注意，多食易致贫血。

洋葱入炊，可做菜、单料凉拌或炒吃皆可，还能与各种荤食料为伍，但多为配料。洋葱可代大葱作为辛辣型调味料，生用时鲜辣味强烈，但辣而回甜，清香脆嫩，制熟后其辣味基本散失，香味依然。

姜

Jiang

姜，主要别名有生姜、白姜、川姜、黄姜等。

姜为姜科多年生草本植物姜的根茎。罗平黄姜产于南盘江低热河谷大槽区及九龙河中下游地区。素以肥硕饱满、含油量高、色泽美观、芳香浓郁的品质著称。

生姜性温、味辛，入脾、胃、肺经，具有发汗解表、温中止呕、温肺止咳、解毒的功效（生姜入肴可解鱼蟹、鸟兽内毒素）。姜的辣味成分：姜酮、姜醇、姜酚具有刺激胃液分泌、促进肠道蠕动和帮助消化等作用。

姜是极重要的调味品，姜的辛辣味是烹制荤腥类菜肴的主要调味料，可去腥除膻、增鲜添香；姜的辣味不烈，常用于拌、炒、泡、烩等菜式；对于一些性寒味异（如苦菜）的素菜，加入姜可起到调合、去异、增香的作用。

小芫荽

XiaoYanSui

小芫荽，主要别名有香菜、芫荽、香荽、芫酱等。

小芫荽为伞形科一二年生草本植物。常用调味蔬菜之一，云南各地均有栽培。

小芫荽内含的胡萝卜素、核黄素、尼克酸、抗坏血酸、钙、镁等，比一般蔬菜较高。此外还含有d-芳樟醇、二戎烯、乙酸龙脑脂、蒎烯等等；其特有香气来源于葵醛。中医认为，小芫荽味辛、性温，入肺、胃经，有透发麻疹、芳香健胃、消食散积、驱风解毒的功效。

小芫荽入炊，一般凉拌生食，主要作为辛香型调味料应用，无论是素食料还是荤食料皆可用它增加其异香味。特别对含有腥膻气的牛、羊、狗、鱼、虾等食料，可起到压腥增鲜增香的作用。

酸木瓜

SuanMuGua

酸木瓜，为双子叶植物蔷薇科木本植物酸木瓜树的果实，云南特产。

酸木瓜青色，放的时间超长颜色就会变成金黄色，气味就越香。

酸木瓜内含蛋白酶，可将脂肪分解为脂肪酸；其木瓜酵素可帮助分解肉食，降低胃肠的工作量；其木瓜碱具有抗肿瘤的功效，并阻止人体致癌物质亚硝胺的合成；其所含的齐墩果成分是一种护肝降酶、抗炎抑菌、降低血脂、软化血管的化合物。中医认为，酸木瓜性温、味酸，具有平肝积胃、舒筋活络、降血压的功效。

青酸木瓜是天然的果酸型调味料，可制酸木瓜醋；可切片炖、煮、烘、煨各种荤食料（特别是有腥膻味的肉类），可起到除腥除膻、增鲜添香的特殊作用。云南大理地区的白族群众，常用酸木瓜（青色）炖鸡、鱼、猪蹄食用。

版纳酸角

BanNaSuanJiao

酸角，别名罗望子为双子叶植物纲豆科植物酸角树的果实。

酸角为云南特产，生长于云南的湿热河谷地区。酸角分为酸味、甜味角两种，两种酸角均可为调味料，酸味角偏酸甜淡；甜味角偏甜酸淡。用两种角分别制成汁或酱，即成为酸甜味型的天然调料味，可应用于各类荤素菜肴的烹调中。这种天然的果味调味剂调出菜味纯天然，并且还有除腥异味、增鲜香味的作用。酸角果肉中含有丰富的还原糖、维生素B_1和B_2、钙、磷、铁以及蛋白质、脂肪等营养物质。其味酸、性凉，具有清热解毒、开胃消积、生津止泻、止咳化痰、消除咽喉疼痛的功效。

文山八角

WenShanBaJiao

八角，主要别名有八角茴香、大料等。

八角为木兰科常绿乔木八角的果实。原产中国。云南省文山的富宁县是有名的八角之乡。所产之八角色大红，含油量多，芳香浓郁，质量上乘。

八角味甘、辛，性温，入脾、胃经，具有湿中、散寒、理气的作用。八角内含丰富的挥发性茴香油，香气浓郁，味甜醇，是重要的辛香型调味料，无论是腌咸菜，拌凉菜，还是煮、蒸、卤、炖、煨、烘各类荤食料皆可使用，除增香外，还能起到去腥膻而增鲜的作用。八角可整用，能制成粉或炸制成八角油。

滇南草果

DianNanCaoGuo

草果，主要别名有香果、漏蔻、豆蔻等。

鲜

草果为姜科豆蔻属多年生高大草本植物草果树的果实。云南特产，主要产于云南文山州的麻栗坡。据有关资料称，云南草果的产量占全国的95%。

云南草果的栽培历史悠久，质量上乘。明代《本草纲目》载："滇广所产草果，长大如诃子，其皮黑厚而棱密，其子粗而辛臭，正如斑蝥之气，元朝饮膳，皆以草果为上供。"

草果是烹调中常用的香味调味料。其内含挥发油（其香味来源于油中芳香醇等成分）除有增香作用外，还有一定的脱臭作用。中医认为，草果味辛、性温，入脾、胃经，有燥湿健脾、除寒、消滞、祛痰截病功效，对心腹疼痛、脾虚泄泻、反复呕吐有一定的治疗作用。

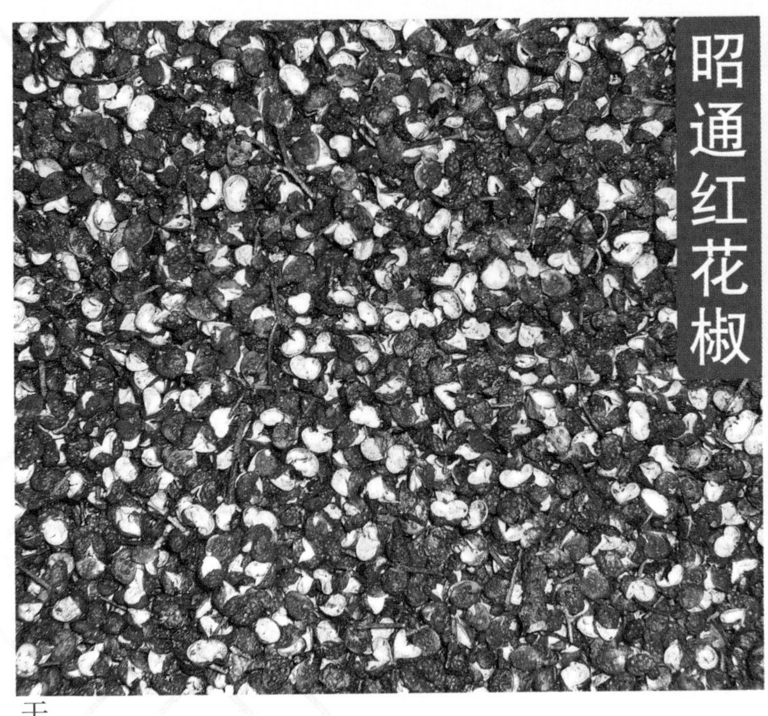
干

昭通红花椒

ZhaoTongHongHuaJiao

花椒，主要别名有同椒、巴椒、川椒等。

绿花椒（鲜）

花椒为芸香科有刺灌木花椒的果实。花椒按颜色可分为红花椒、绿花椒；按大小可分为大椒、小椒。云南产的均为小椒，其香麻味优于大椒，特别是昭通地区产的红花椒品质更佳。其芳香浓郁、麻味醇足、油性重，畅销于省内外。

花椒内含蛋白质、脂肪、碳水化合物、钙、磷、铁等，并含挥发油，具有独特的芳香气和麻辣味。中医认为，其味辛、麻，性温，入脾、肺、肝、心四经，有温中散寒、除湿、止痛、杀虫、解鱼腥毒的功效。

花椒是重的香麻型调味料，应用广泛，适用于各种荤素食料及各种烹调技法的调味，特别是适用于牛、羊、狗、鱼等带有腥膻性的食材，可起到去腥除膻、增香的作用。

小茴香

XiaoHuiXiang

小茴香，主要别名有茴香籽、茴香、土茴香等。

小茴香为双子叶植物纲伞形科小茴香的籽，形如麦粒。

小茴香内含挥发油，其主要成分为茴香脑，其次为柠檬烯、小茴香酮等。小茴香有较浓郁的香味，主要来自茴香脑（50%~65%）、葑酮、茴香醛、蒎烯等香味物质。小茴香性温、味辛，入肝、肾、脾、胃经。具有温肾暖肝、散寒止痛、理气和中的功效。

小茴香是常用的辛香型调味料，是烧鱼、炖肉、蒸肉，制作卤制品、腌成菜的必备之品，有除异味增香味的作用。

胡椒

HuJiao

胡椒，主要别名有白胡椒、黑胡椒、野胡椒等。

胡椒为胡椒科多年生常绿大型攀援藤本植物胡椒的果实，原果干燥后为黑胡椒，脱去果皮的为白胡椒。云南的南部、西南部地区有分布。

胡椒内含粗蛋白、粗脂肪、淀粉、可溶性氮、挥发油、胡椒碱等。《本草纲目》云：“胡椒太辛热，纯阳之物，肠胃寒湿者宜之。”有暖肠胃、除寒湿的作用。

胡椒是中外烹调中主要的香辛调味料之一，应用广泛，无论是荤素食料、冷热菜品，还是汤、羹、小吃等均适用。特是带腥膻的肉类、海味，具有去腥解腻、提味增鲜的作用。

丁香 DingXiang

丁香，主要别名有公丁香（表蕾）、母丁香（果实）、丁子香、支解香等。

丁香为木犀科丁香属薄法灌木或小禾木丁香的花蕾及果实。烹饪中常用的丁香是丁香的花蕾经干燥而制成。

丁香的花蕾含挥发油即丁香油。油中主要成分为丁香油酚、乙酰丁香油酚、β-石竹烯等。其香味主要来自于丁香酚（占80%左右）、丁香烯、香草醛、乙酸酯类等。其味甘辛、性大热，入胃、肾二经，具有暖胃、温肾的功效。

丁香是辛香型调味料，在烹饪中常用于制卤和烧菜（如丁香鸡、丁香排骨等）。

草豆蔻 CaoDouKou

草豆蔻，主要别名有豆蔻、草蔻、草蔻仁、大果砂仁等。

草豆蔻为姜科草本植物草蔻的成熟种子。

草豆蔻含挥发油等成分，其味辛、性温，入肺、脾、胃经，具有燥湿健脾、温胃止呕、开胃消食的功效。

草豆蔻为辛香型调味料，多用于制卤菜，有除异味、增香味的作用。

肉豆蔻

RouDouKou

肉豆蔻，主要别名有肉蔻、肉果、玉果等。

肉豆蔻为肉豆蔻科肉豆蔻属植物的果实。主要产于印度尼西亚、西印度群岛等地区，国内云南等省有栽种。肉豆蔻是一种重要的香料、药用植物。

肉豆蔻的乙醇提取物具有抗真菌和抗微生物作用；肉豆蔻油对肠胃还有局部刺激作用，少量能促进胃液分泌及肠蠕动，量大则呈抑制作用；肉豆蔻醚对人的大脑有中度兴奋作用，服用不能过量。中医认为，其味辛苦、性温，入脾、胃、大肠经，有温中涩肠、行气消炎的功效。

肉豆蔻的香味主要来源于莰烯、茨烯、二戊烯、芳樟醇、肉豆蔻等香味物质，在烹调中，肉豆蔻是重要的辛型调味料，经常与花椒、丁香、陈皮配伍，常用于卤、烧、蒸等技法。

香叶

XiangYe

香叶，也称月桂叶，别名有香艾。

香叶为牻牛儿苗科植物香叶天竺葵的全草。

香叶含挥发油、薄荷酮、甲基庚烯酮、柠檬醛等物质。中医认为，其味辛、气香，性温散，有治疗风湿、疝气的功用。

香叶是辛香型调味料，在西餐中应用较多，中餐烹调中常用于肉类的烧、烤、煲汤、卤、煨菜品，有除异味、增香味的作用。

白芷

BaiZhi

白芷，主要别名有川白芷、大活、杭白芷、滇白芷等。

白芷为伞形科植物滇白芷的根（云南牛防风）。

白芷性温、味辛，入肺、肠、胃经，具有散风除湿、通窍止痛、消肿排脓的功效。

白芷的香味来自白芷醚、香柠檬内脂、白芷素等香味成分。在烹调中白芷主要作为辛香调味料应用，常用于卤和烧烤的菜品中，也可以与鱼、鸡、肉类配伍制作补膳。

桂皮

GuiPi

桂皮，学名柴桂。主要别名有官桂、香桂、肉桂、五桂皮等。

桂皮为樟科樟属植物天竺桂、阴香、细叶香桂、肉桂或川桂等树皮的通称，为常用中药、食品香料或烹饪调料。云南的西部有产出。

桂皮味辛、甘，性太热，入心、肝、脾、肺经，具有暖脾胃、通血脉、益肝肾的功效。桂皮中含桂皮醛、丁香油酚，这是桂皮的香味来源。

桂皮是辛香型调味料，在中餐烹调中，常用于卤、烧烤、腌渍荤食料；西餐烹调中多用于荤食材的烧烤、煎、炸和面点的制作。

荜拨

BiBo

荜拨，主要别名有荜茇、毕勃、鼠尾、野毕菝（盈江）等。

荜拨为胡椒科植物多年生草质藤本荜拨的果穗。分布于云南的东南至西南部。

荜拨内含胡椒碱、棕榈酸、四氢胡椒酸、芝麻素等成分，其味辛、性热，具有温中散寒、下气、止痛的功效。

在烹调中，荜拨为辛香型调味料，有矫味增香作用，常用于烤、烧、煨、卤的荤食料，也可单料相配禽畜肉类制作补膳。

砂仁

ShaRen

砂仁，又名小豆蔻。主要别名有缩砂仁、春砂仁、阳砂仁、蜜砂仁等。

砂仁为姜科豆蔻属砂仁的果实。在云南的南部有分布。

砂仁味辛、性温，入脾、胃、肾经，具有化湿开胃、温脾止泻、理气安胎的功效。主治湿浊中阻、脘痞不饥、脾胃虚寒、呕吐泄泻、妊娠恶阻、胎动不安。

在烹调中，砂仁为辛香型调味料，其香味主要来源于砂仁油中的右旋樟脑、龙脑、乙酸龙脑脂、芳樟醇、橙花醇等物质。常用于烧烤、焖、炖菜式及卤制品。有解腥除异、调香增香的作用。

莨姜

LiangJiang

莨姜，主要别名有山良姜、高良姜等。

莨姜为姜科山姜属多年生草本植物莨姜的根茎。云南多有分布。

莨姜根茎中含高莨姜素、山柰素、槲皮素及挥发油等。莨姜的辛辣成分为高莨姜酚。其味辛、性热，入脾、胃经，具有散寒止痛、温中止呕的功效。

莨姜作为辛香型调味品，在烹调中多用于带腥膻味食料烧烤、炖、煨、卤的技法，有去腥膻、调滋味、增鲜香的作用。莨姜的香味主要来源于所含之樟脑醇、丁香酚、按油素等香叶味成分。在烹饪中常与八角、胡椒等调味料配合使用。

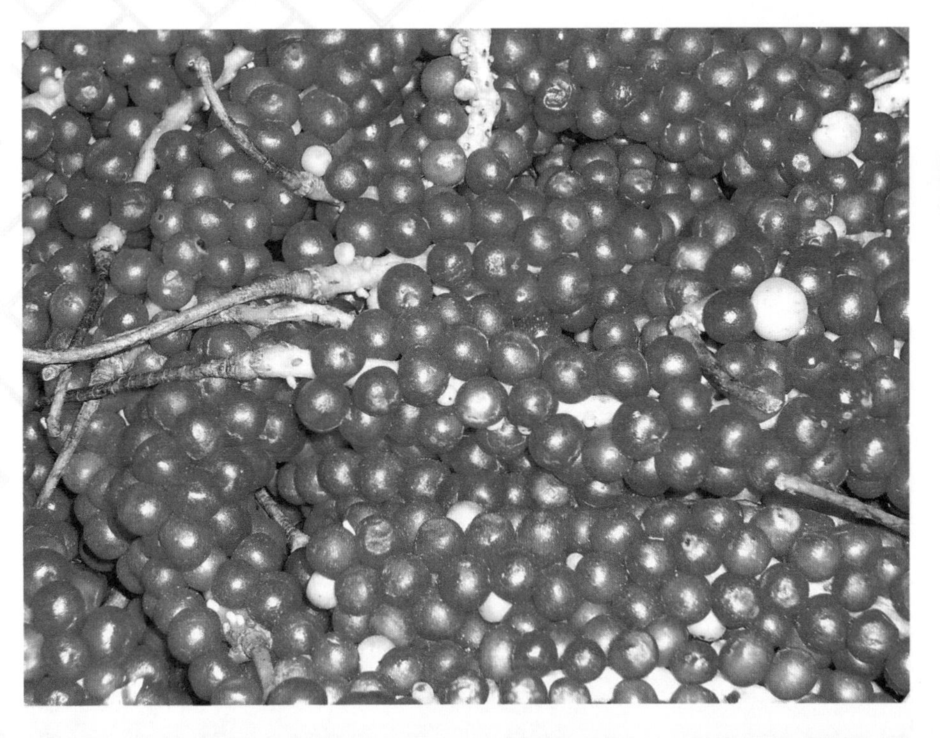

五味子

WuWeiZi

五味子，主要别名有玄及、五梅子、山花椒、壮味、吊榴等。

五味子为五味子科五味子属植物五味子的成熟果实，在云南的西部、西北部有分布。

五味子果实味酸、甘，性温，具有固涩收敛、益气生津、补肾宁心的功效。用于久咳虚喘、遗尿、尿频、遗精、久泻、盗汗、伤津口渴、气短脉虚、内热消渴、心悸失眠、肝炎等疾患。

五味子果实含五味子素、苹果酸、柠檬酸、酒石酸、维生素C、挥发油、脂肪油、糖类、树脂、鞣质等成分。其鲜果汁可作为酸甜型的果味调味料应用，有去腥、去异味、增鲜添香的作用。荤素食料皆适。

山林果

ShanLinGuo

山林果，学名山楂。主要别名山里红、酸里红、山里红果、酸枣等。

山林果为蔷薇科山楂属落叶乔木山楂的果实。在云南的中部、东部、西部地区多有分布。

山林果含糖类、蛋白质、维生素C、胡萝卜素、淀粉、山楂粉、苹果酸、枸橼酸、钙和铁等物质，具有降血压、降血脂、强心、抗心律不齐等作用，同时又是健脾开胃、消食化滞、活血化痰的良药；山楂内含有黄酮类化合物牡荆素，是一种抗癌作用较强的药物。山林果味酸、甘，性温，入肝、脾经，具有补中消积、化瘀止痛的功效。

山林果色泽红艳，肉酸而回甜，将其洗净，去把、去蒂、去核，加清水经煮熬成稠液，过滤，再加热慢熬成黏糊状，制成山楂果酱，即山楂酱。在烹调中用其作为米酸型调味料，色好，味美，有去腥增鲜的作用。各种禽畜及素类食材皆适。

佛手柑

FoShouGan

佛手柑，主要别名有佛手、佛手香橼、福寿柑、佛手果等。

佛手柑为芸香科柑桔属常绿小乔木或灌木植物佛手的果实。云南东部、中部有分布。佛手是香橼的变种，佛手具有浓郁独特的芳香。

佛手柑内含挥发油、佛手内脂、柠檬内脂、橙皮甙等。其味辛苦酸、性温，入肝、胃经，具有舒肝解郁、理气和中、化痰止咳的功效。

鲜佛手柑皮薄片（或丝、粒）、汁入肴，是制作凉拌菜、腌渍、烧烤、炸菜较好的芳香味调味料，特别是凉拌菜，有去腥、去腻、调滋味、增鲜添香的作用。

梅子

MeiZi

梅子，亦称青梅。为龙脑香料乔木果梅结的果。

梅子原产中国，是亚热带特产果类。云南青梅是国家地理标志认证产品，产于大理洱源县。

梅子性味甘平、果大、皮薄、肉厚、核小、质脆、肉细、汁多、酸度高。高含人体所需的有机酸（柠檬酸、苹果酸、琥珀酸、酒石酸等等）、糖类，齐墩果酸样物质、多种维生素、多种微量元素、黄酮等营养物质。其中含的苏氨酸等8种氨基酸和黄酮等极有利于人体蛋白质构成与代谢功能的正常进行，可防止心血等疾病的产生。梅子具有敛肝止咳、涩肠止泻、除烦静心、生津止渴、杀虫安蛔、止痛止血的作用。梅子酸中带甜，清香脆嫩，用青梅制作的梅子醋、梅子汁、梅子酱是上好的清香果酸型酸味调味料，有去腥、去异味、增鲜增香的作用。用青梅制作的“雕梅”是云南白族的传统食品，也是制作滇菜的好食材。如：“雕梅扣肉”等。

木姜子

MuJiangZi

木姜子即山鸡椒。主要别名有山苍子、山姜子、木香子等。

木姜子为樟科木姜子属落叶灌木或小乔木山鸡椒的果实。常生长于海拔500—3200米的山地、灌丛或林中、路旁、水边。云南多数地区均有分布。

鲜木姜子含挥发油（主要成分为柠檬醛）。其味辛、微苦，具有温肾健胃、行气散结的功效，主治胃寒腹痛、暑湿吐泻、食滞饱胀、痛经、疝痛、疮疡肿痛。

木姜子入烹主要作为辛香型的调料（木姜子有独特的芳香气味），荤素食料皆可用，整用或碾细均可。

主要参考文献

【1】张光亚：《云南食用菌》，云南人民出版社1984年版。
【2】张光亚：《中国常见食用菌图鉴》，云南人民出版社1999年版。
【3】黄兴奇：《云南作物种质资源（食用菌篇）（蔬菜篇）》，云南科技出版社2008年版。
【4】聂凤乔：《中国烹饪原料大典》（上卷），青岛出版社，1998年版。
【5】江苏新医学院：《中药大辞典》，上海科技出版社，1977年版。
【6】云南食品工业协会：《云南传统食品大全》，云南科技出版社，1994年版。
【7】周继文：《诗·图话野菜》，云南科技出版社，2010年版。
【8】韩嘉文：《百蔬艺苑·科普趣说》，云南科技出版社，2008年版。
【9】陈晓鸣、冯颖：《中国食用昆虫》，中国科学技术出版社，1999年版。